Mateen A. Khan

Neurodegeneração do ferro

Mateen A. Khan

Neurodegeneração do ferro

Como o ferro ativa a tradução do amiloide de Alzheimer através da regulação IRE/IRP

ScienciaScripts

Imprint

Cover image: www.ingimage.com

This book is a translation from the original published under ISBN 978-620-8-11956-0.

Publisher:
Sciencia Scripts
is a trademark of
Dodo Books Indian Ocean Ltd. and OmniScriptum S.R.L publishing group

120 High Road, East Finchley, London, N2 9ED, United Kingdom
Str. Armeneasca 28/1, office 1, Chisinau MD-2012, Republic of Moldova, Europe
Printed at: see last page
ISBN: 978-620-0-53757-7

Conteúdo

Capítulo 1

Introdução

Investigações recentes apontam para a homeostase do ferro no cérebro como um possível alvo para tratamentos farmacológicos de doenças relacionadas com o envelhecimento. A saúde humana depende da manutenção da homeostase do ferro, e o desequilíbrio do ferro no cérebro está associado a várias doenças neurodegenerativas, como a demência, a atrofia de múltiplos sistemas, a doença de Alzheimer, a doença de Parkinson, a neurodegenerescência com acumulação de ferro no cérebro (NBIA), a ataxia de Friedreich e as doenças de Huntington. A neuroquímica do ferro tem sido associada a proteínas como a amiloide-0, a-sinucleína e huntingtina, que foram identificadas em várias doenças. Como o ferro está envolvido em numerosos processos celulares, incluindo a síntese de neurotransmissores, mielina, respiração mitocondrial e metabolismo, o ferro no cérebro é essencial para manter as funções fisiológicas normais. No entanto, um excesso de ferro pode causar danos oxidativos nas células neuronais através da formação de radicais livres. A sua absorção, transporte e armazenamento devem ser rigorosamente regulados de modo a cumprir as actividades celulares, mantendo o seu nível abaixo do limiar de toxicidade devido à ausência de um sistema de exportação para todo o organismo. Consequentemente, o cérebro possui um sistema preciso e cuidadosamente controlado para regular o ferro. Tanto a sobrecarga como a deficiência de ferro podem ser prejudiciais para o cérebro quando os níveis de ferro não são corretamente controlados.

A doença de Alzheimer, uma doença neurológica que progride com o tempo e para a qual não existem atualmente tratamentos eficazes, é o principal fator de risco para a maioria das doenças crónicas que afectam os idosos. A doença de Alzheimer é uma doença degenerativa neurológica. A deposição de A0, os emaranhados neurofibrilares, a fosforilação da tau, a perda de neurónios e a inflamação persistente são as alterações patológicas anormais associadas à doença de Alzheimer (DA). Vários processos fisiológicos, particularmente os que envolvem o sistema nervoso central, dependem do equilíbrio adequado dos iões de ferro. De acordo com os relatórios, os iões de ferro têm um papel no aparecimento da DA. Para saber mais sobre a função dos iões de ferro na doença de Alzheimer, li um capítulo sobre a relação entre os iões de ferro e a doença e falei sobre estudos publicados. A acumulação de produtos do processamento do péptido beta amiloide clivado pela proteína precursora amiloide (APP) é uma caraterística da doença de Alzheimer. O principal constituinte das placas neuróticas na doença de Alzheimer é a proteína amiloide 0, cuja acumulação foi identificada como a causa fundamental da fisiopatologia e do avanço da doença. O ferro encontra-se nas placas amilóides dos doentes de Alzheimer porque favorece a criação de péptidos beta amilóides. A APP tem uma função não patogénica que consiste em manter o equilíbrio intracelular do ferro. A proteína precursora do amiloide neural (APP), que está envolvida no efluxo de ferro, é traduzida em resposta ao influxo de ferro. Isto é

conseguido pela bem conhecida libertação da ligação repressora entre a proteína reguladora do ferro (IRP1) e o mRNA da APP. Em contrapartida, a IRP2 regula os ARNm que codificam a ferritina, a proteína de armazenamento do ferro.
Através de áreas sensíveis ao ferro nas suas regiões 5'-untranslated (UTRs), o ARNm da ferritina foi traduzido sob controlo. Este é o mesmo método pelo qual o ferro controla a produção de APP. Foi demonstrado que o ferro regula os níveis intracelulares da proteína precursora do amiloide através de um processo semelhante à regulação da tradução dos ARNm da ferritina por elementos de resposta ao ferro (IRE) nas suas regiões 5' não traduzidas (5'-UTRs). As proteínas que respondem ao ferro (IRPs) ligam-se a elementos homólogos que respondem ao ferro (IREs) encontrados nas 5'-UTRs dos transcritos de mRNA da APP e da H-ferritina para regular pós-transcricionalmente estas duas proteínas. O ferro está altamente implicado na neurotoxicidade associada à DA e à DP. Este facto é evidente pela presença de sequências 5'-UTR nos transcritos da proteína precursora amiloide e da a-sinucleína na AD e na DP, pela atividade da APP como ferroxidase de exportação de ferro neuronal, pelo papel funcional da PrPc no transporte de ferro, pela capacidade do ferro para aumentar a neurotoxicidade da beta amiloide (AP) e pelo sequestro de ferro nos complexos PrPSc-proteína. Ao ligarem-se às proteínas reguladoras do ferro (IRPs), as IREs, que são estruturas de ARN com cerca de 30 nucleótidos em anéis de caule que se encontram nos 5'- ou 3'-UTRs dos mRNAs, facilitam o controlo pós-transcricional. Em ambientes com baixo teor de ferro, as IRPs podem ligar-se firmemente às IRE encontradas no 3'-UTR do ARNm TfR1, estabilizando as transcrições e aumentando o nível da proteína TfR1, o que facilita a absorção de ferro. Por outro lado, o baixo teor de ferro também facilita a ligação das IRPs aos IREs encontrados no 5'-UTR do mRNA da ferroportina, o que diminui o nível de proteína da ferroportina que exporta ferro. Por conseguinte, a interação IRE-IRP para a deteção de ferro aumenta a disponibilidade e a absorção de ferro nas células. Inversamente, níveis elevados de ferro diminuem a interação IRPs-IRE, conduzindo a uma diminuição da estabilidade do ARNm de TfR1 e a uma tradução elevada do ARNm da ferroportina, o que, coletivamente, diminui o ferro celular. Por conseguinte, o segredo da homeostase do ferro é compreender a forma como os IRE se ligam aos IRP.
A progressão da doença dependente da idade e a estabilidade do ARN IRE da APP com IRP1 estavam altamente correlacionadas quando o nível de ferro no cérebro era elevado. As IRPs podem ligar-se aos loops de haste do ARN do IRE na região não traduzida para regular a tradução do ARNm alvo. Por outro lado, o ferro pode ligar-se às IRPs, separando-as do IRE e alterando a tradução dos transcritos alvo. A região 5'-UTR da APP codifica o elemento responsivo ao ferro (IRE), que pode ser o foco de controlo da síntese da APP. Os IRPs poderiam regular em baixa as quantidades de APP, peptídeo amiloide 0, a-sinucleína e agregação de proteínas; no entanto, esses níveis são regulados em alta quando há acúmulo de ferro. Assim, a quelação do ferro no cérebro dos doentes ou a inibição da produção de APP e de a-

sinucleína modulada pelo IRE têm valor terapêutico para a doença de Alzheimer. Os avanços recentes reforçaram a noção de que uma das principais causas de morte neuronal é o controlo inadequado do ferro no cérebro. Apesar de a investigação recente ter aumentado significativamente a nossa compreensão deste assunto, é ainda necessária mais investigação sobre a forma como a homeostase do ferro é mantida no cérebro para compreender plenamente a relação entre o ferro e a morte neuronal nas doenças neurodegenerativas. Manter a quantidade ideal de ferro no cérebro para o funcionamento normal do cérebro, reduzir as quantidades elevadas de ferro para níveis normais ou impedir a capacidade do cérebro envelhecido de acumular ferro pode ser uma abordagem de tratamento viável para todas as doenças neurodegenerativas relacionadas com o ferro. É evidente que uma investigação exaustiva sobre a criação de determinadas modalidades de tratamento desempenhará um papel importante na gestão e prevenção de várias doenças. Além disso, analiso o que se sabe atualmente sobre a homeostase do ferro no cérebro e investigo a forma como as alterações no metabolismo do ferro no cérebro afectam a função neuronal, centrando-me na má gestão do ferro na doença de Alzheimer. Também analiso novas investigações que sugerem que o ferro pode ser utilizado para diagnosticar e tratar a doença de Alzheimer. Isto fornecerá informações importantes necessárias para criar compostos minúsculos que, ao criar um bloqueador de tradutores, reduzirão especificamente a produção de APP e A0 no cérebro. Explicarei como os medicamentos para evitar a perturbação da homeostase do ferro, que acelera a AD, a DP e a demência, podem evitar perdas cognitivas ao visar os motivos de ARN do tipo IRE encontrados nos 5'-UTRs dos ARNm da APP e da alfa-sinucleína. Estes são alvos farmacológicos especificamente dobrados. Um alvo possível para a modulação da produção de APP é o elemento responsivo ao ferro funcional (IRE), que é codificado pela região 5'-UTR da APP. Uma vez que a tradução da APP pode ser alterada para melhorar o equilíbrio protetor do ferro no cérebro e proporcionar eficácia anti-amiloide, a regulação orientada da expressão do gene da APP através da alteração da função da sequência 5'-UTR sugere um novo método para a terapia prospetiva da DA. A redução da produção de péptidos amilóides-0 nocivos na doença de Alzheimer é possível através do benefício terapêutico do bloqueio da tradução da proteína precursora amiloide. O ARN serve muitos objectivos, o que sugere que desempenhou um papel no aparecimento da vida. A informação genética é codificada pelo ARN. Pode também efetuar tarefas reguladoras vitais e funcionar como biocatalisador. A forma como o ARN funciona numa célula é determinada pela sua estrutura. Por conseguinte, é necessário um conhecimento exato das caraterísticas estruturais secundárias e terciárias do ARN para compreender os papéis biológicos do ARN. Uma variedade de papéis funcionais na vida humana e o mau funcionamento na doença são conferidos pelas formas 3D que o ARN assume. Os principais desenvolvimentos neste domínio, tais como a criação de ferramentas computacionais que prevêem estruturas de ARN conservadas evolutivamente e tácticas que alargam o modo de ação e facilitam as

interações com a maquinaria celular, ajudaram na procura ativa de abordagens para atingir terapeuticamente as estruturas de ARN com pequenas moléculas.
O segundo capítulo deste livro aborda os conceitos básicos da bioquímica do ferro, incluindo a sobrecarga de ferro, as doenças neurodegenerativas, a utilização, a regulação do metabolismo do ferro, a absorção e o tráfico de ferro. No Capítulo 3, é abordado o tema dos métodos computacionais para a previsão da estrutura do ARN - incluindo o acoplamento ARN/proteína -, juntamente com as suas configurações estruturais secundárias e terciárias. As estruturas de ARN do IRE da APP e do complexo IRE da APP com o IRP1 são discutidas no capítulo 4, juntamente com a localização do domínio de ligação e os resíduos que são importantes nas interações. Os elementos básicos da estrutura do ARN do IRE e da interação funcional com a proteína IRP são apresentados no capítulo 5. Os efeitos do ferro na cinética de ligação do ARN do IRE da ferritina à IRP1 e a correlação entre a afinidade de ligação e a eficiência da tradução são demonstrados nos capítulos 6 e 7. Os efeitos selectivos do ferro sobre a afinidade do ativador IRE/eIF4F e do repressor IRE/IRP na tradução são descritos em pormenor nos capítulos 8-10. A montagem do complexo de iniciação com o ARNm para a tradução e a deteção de iões metálicos na formação do complexo, juntamente com as suas possíveis implicações terapêuticas para a conceção de medicamentos, são outros dos temas abordados.
O livro "Iron Neurodegeneration" é uma obra extensa que examina os mais recentes avanços na biologia do ferro, bem como os métodos convencionais. A biologia molecular, a bioquímica, a biofísica, a bioinformática, a biologia computacional, a neurobiologia e a neuroquímica são alguns dos domínios abrangidos por este livro. Como tal, é uma adição útil ao corpus de conhecimentos actuais.

Capítulo 2

Regulação molecular da homeostase do ferro

Todos os seres vivos necessitam de ferro para o seu metabolismo, e o seu excesso pode ser prejudicial. A homeostase do ferro é estritamente regulada por sistemas integrados e especializados que funcionam tanto a nível celular como sistémico para manter os níveis de ferro dentro do intervalo fisiológico ideal. Os níveis de expressão e as funções dos transportadores de ferro, dos transportadores de ferro, das proteínas de armazenamento de ferro e das proteínas reguladoras do ferro determinam o equilíbrio da homeostase do ferro. O ferro pode ser encontrado em muitas formas não heme ou dentro do heme. O ferro não heme da dieta é transportado pela DMT1 através da membrana apical do enterócito intestinal e exportado para a corrente sanguínea através da FPN1 na membrana basal. Depois de se ligar à transferrina plasmática, o ferro é distribuído para utilização nos tecidos e células do organismo. O ferro entra no citoplasma da célula através do DMT1 na membrana endossómica, depois de o complexo se ter ligado ao recetor 1 da transferrina. O ferro livre é armazenado como reserva celular de ferro na ferritina citosólica ou utilizado em reacções metabólicas, como a formação de hemoglobina e do aglomerado Fe-S. Através da FPN1, o ferro extra pode ser expulso da célula. A hepcidina gerada a partir do fígado é um fator regulador chave que regula o nível de FPN1 no enterócito e, consequentemente, a absorção de ferro em todo o corpo. As proteínas reguladoras do ferro (IRPs) ligam-se ao elemento responsivo ao ferro (IRE) nos mRNAs 5'- ou 3'-UTR de DMT1, TfR1, ferritina e FPN1 dentro da célula para modificar as suas expressões. A variação na concentração de ferro celular está sincronizada com a ligação IRE/IRP e a libertação de hepcidina. Assim, para que as células do corpo utilizem o ferro, é necessário um complemento suficiente e consistente. A aquisição de um conhecimento molecular destes mecanismos e das moléculas reguladoras essenciais que mantêm a homeostase intacta abrirá novas vias para a compreensão das doenças relacionadas com a sobrecarga de ferro nos seres humanos. Várias doenças, como a doença de Parkinson e a doença de Alzheimer, podem ser causadas por uma desregulação do ferro.

2.1 Introdução

Um dos oligoelementos mais importantes no corpo humano é o ferro, que está presente nos locais activos de numerosas enzimas e proteínas transportadoras de oxigénio. É vital para a manutenção de numerosos processos biológicos vitais, incluindo a transferência de oxigénio, a divisão celular, a síntese de nucleótidos e a atividade mitocondrial. As reacções reversíveis de oxidação/redução do Fe^{2+} e do Fe^{3+} envolvem a transferência de electrões simples, que é mediada pelo par redox do ferro. Como o ferro é um ligando no heme, nos aglomerados de ferro-enxofre e nas proteínas que contêm ferro, o ferro catalisa estas reacções. Um nível baixo de ferro conduz à anemia. No entanto, a sobrecarga de ferro é igualmente prejudicial, uma vez que aumenta o stress oxidativo, que prejudica as proteínas, os lípidos e as moléculas de ADN e pode, em última análise, resultar em danos nos tecidos e na morte celular. Para garantir a disponibilidade de ferro e evitar a sobrecarga de ferro, os níveis de ferro devem ser rigorosamente controlados in vivo. A mucosa intestinal absorve o ferro da dieta de uma forma rigorosamente controlada. O transportador de ferro divalente 1 (DMT1) é responsável pela transferência de ferro para as células através da membrana apical (1, 2). A ferritina ou a FPN exportam mais ferro celular, dependendo da situação (3). O principal depósito de ferro no organismo é constituído pelos hepatócitos, que armazenam ferro na ferritina, e pelos macrófagos esplénicos, que fagocitam os glóbulos vermelhos senescentes. A FPN é altamente expressa nestas células, que são cruciais para o tráfico de ferro (4, 5). Os hepatócitos geram hepcidina, uma hormona peptídica, que reduz a atividade da FPN e diminui o fluxo de ferro através das membranas, uma vez que é libertado mais ferro para o sangue e os níveis de saturação da transferrina aumentam (6). A transcrição da hepcidina é desregulada para permitir um maior fluxo de ferro da dieta e do armazenamento quando os níveis sistémicos de ferro são baixos.

As proteínas reguladoras do ferro (IRP1 e IRP2) regulam a homeostasia do ferro a nível celular, enquanto o eixo hepcidina-FPN controla a homeostasia do ferro a nível global. O metabolismo do ferro nas células é regulado pelo sistema IRP/IRE. A ligação de alta afinidade dos IRPs aos IREs em condições de baixo teor de ferro suprime a tradução do ARNm da ferritina quando se situa no 5'-UTR e estabiliza o ARNm quando se situa no 3'-UTR do recetor 1 da transferrina. O TfR1 é regulado negativamente e as ferritinas são desreprimidas quando existe um excesso de ferro (7). Um sistema delicadamente equilibrado que contabiliza a absorção, perda e utilização do ferro é chamado de homeostase normal do ferro. Como o organismo não possui um mecanismo para excretar ativamente o ferro, os níveis de ferro corporal são regulados no intestino delgado, onde o ferro é absorvido. Os erros neste equilíbrio, incluindo os que resultam num aumento da absorção, podem ter repercussões médicas graves. Os depósitos de ferro em diferentes tecidos devido a uma absorção persistentemente elevada de ferro acabam por causar danos nos tecidos e podem mesmo resultar em falência de órgãos terminais. O ferro é essencial para os citocromos da cadeia oxidativa e para os complexos de clusters Fe-S, razão pela qual é necessário para a síntese de ATP. Uma vez que tanto a aconitase como a succinato desidrogenase são enzimas dependentes do ferro, este está também implicado no ciclo TCA. Além disso, a mielogénese e a manutenção da mielina no cérebro dependem do ferro. Consequentemente, é necessário um fornecimento constante de ferro para todos os órgãos do corpo (8). A nível celular e sistémico, o transporte, o armazenamento e a regulação do ferro são estritamente regulados (8, 9). Em média, o corpo humano tem 4-5 gramas de ferro. O ferro da dieta entra na corrente sanguínea no intestino delgado e é absorvido principalmente no duodeno. A DMT1 transporta o ferro não-heme através da membrana apical do enterócito intestinal, enquanto a FPN1 o exporta para a corrente sanguínea. O ferro liga-se à apotransferrina quando está na corrente sanguínea, criando o complexo ferro-transferrina (Tf) (10). A Tf é o principal meio de transporte do ferro para outras células e tecidos do corpo humano através do sistema circulatório (10). O ferro livre é integrado na proteína citosólica de armazenamento de ferro, a ferritina, e actua como um armazém celular de ferro, ou entra na mitocôndria para ser utilizado em processos metabólicos, incluindo a formação de hemoglobina e o aglomerado de ferro-enxofre (11). A proteína de efluxo de ferro FPN1, que está presente na membrana plasmática, é responsável pela remoção do excesso de ferro da célula (12). A hemoglobina, que fornece oxigénio através do sangue, contém cerca de 2,5 g de ferro no organismo. Após fagocitarem os eritrócitos senis e libertarem o ferro, os macrófagos distribuem esta quantidade de ferro por todo o corpo. Ligados à Tf, cerca de 4 mg de ferro viajam pelo plasma. Os complexos de ferritina, que se encontram em todas as células, mas são mais frequentemente observados no fígado, baço e medula óssea, armazenam a maior parte do ferro restante (9, 13). A principal fonte fisiológica de ferro de reserva no organismo é o ferro armazenado no fígado. A mioglobina, os citocromos, a heme peroxidase e as catalases são exemplos de hemoproteínas inferiores que não são hemoglobina e estão envolvidas numa variedade de processos biológicos, como o movimento de gases, a catálise química e a transferência de electrões (14). O organismo mantém uma baixa concentração de ferro solúvel livre devido à sua toxicidade. A interação coordenada de sistemas altamente desenvolvidos e regulados envolvidos na ingestão, armazenamento e secreção de ferro resulta num equilíbrio delicado da homeostase do ferro. Um desequilíbrio nutricional ou a presença de uma quantidade tóxica pode provocar uma carência ou um excesso de iões de ferro, o que pode perturbar este equilíbrio e ter repercussões negativas em tudo, desde a capacidade de sobrevivência de uma célula até à sua própria existência. São conhecidas várias doenças caracterizadas por uma homeostase do ferro deficiente. Por exemplo, doenças como Alzheimer, Parkinson, hemocromatose hereditária, diabetes e cancro foram todas associadas a uma absorção excessiva de ferro (15).

Nos seres humanos e noutros vertebrados, desenvolveram-se sistemas eficientes para conservar e regular com precisão o teor de ferro, o armazenamento e a distribuição aos tecidos, a fim de evitar a toxicidade do ferro e manter um fornecimento adequado de ferro para a formação de hemoglobina e processos metabólicos importantes. O fígado segrega hepcidina, uma hormona reguladora do ferro, a nível sistémico, em resposta à inflamação e aos níveis de ferro no sangue. A hepcidina controla a expressão da ferroportina, o único exportador de ferro conhecido dos mamíferos, que por sua vez controla a distribuição, armazenamento e absorção de ferro através da dieta (6, 16). A fim de maximizar a disponibilidade de ferro para processos celulares críticos como a biossíntese do heme e a biogénese do cluster de enxofre de ferro, as proteínas reguladoras do ferro 1 e 2 (IRP1 e IRP2) registam as concentrações de ferro citosólico e regulam pós-transcricionalmente a expressão dos genes do metabolismo do ferro. Muitas doenças humanas são causadas por anomalias genéticas que afectam as vias primárias que utilizam o ferro na célula ou os mecanismos de deteção do ferro; a acumulação de ferro nas mitocôndrias é uma caraterística de algumas destas doenças (17). Os processos de deteção sistémica e celular do ferro serão abordados neste capítulo, com especial atenção para as vias primárias de utilização do ferro encontradas nas células e para as doenças que afectam as pessoas devido a anomalias nos eixos reguladores que mantêm a homeostase do ferro. É difícil para qualquer pessoa manter ferro suficiente no seu organismo para evitar os efeitos negativos do excesso ou da carência de ferro. A identificação das doenças relacionadas com o ferro e os avanços na terapia das doenças do ferro dependem da compreensão da homeostase celular do ferro. As proteínas reguladoras do ferro (IRPs) regulam a absorção, armazenamento e exportação do ferro de forma coordenada para manter a homeostase celular do ferro. Como reguladores primários do metabolismo do ferro, as IRPs regulam pós-transcricionalmente a expressão dos principais genes envolvidos na homeostase do ferro. Os elementos responsivos ao ferro (IREs) são mRNAs que codificam proteínas envolvidas na captação, sequestro e exportação de ferro às quais as IRPs se ligam. No entanto, os complexos IRP/IRE-RNA desestabilizados pelo ferro promovem um aumento na produção de proteínas. O conhecimento dos mecanismos celulares e moleculares que regem o controlo do ferro tem avançado significativamente. Neste capítulo, será apresentada uma visão geral dos mecanismos que regem a regulação do ferro, a absorção, o armazenamento e o transporte do ferro, bem como o papel que o ferro desempenha na regulação do ARNm-IRP. A compreensão molecular destes processos e de importantes moléculas reguladoras envolvidas na manutenção da homeostase permitirá obter novos conhecimentos para compreender as doenças humanas relacionadas com a sobrecarga e a escassez de ferro.

2.2 Bioquímica do ferro

Os centros activos de numerosas enzimas e proteínas transportadoras de oxigénio contêm ferro, um importante elemento biológico nos seres humanos (18). Com ligandos orgânicos, o ferro pode criar compostos de forma dinâmica através da transição entre os estados Fe^{2+} (ferroso) e Fe^{3+} (férrico). A sua capacidade de facilitar a transmissão de electrões explica a sua importância. O ferro funciona como um aceitador de electrões no estado férrico (Fe^{3+}) e como um dador de electrões no estado ferroso (Fe^{2+}). Por conseguinte, o ferro é essencial para a catálise de reacções enzimáticas que envolvem a transferência de electrões (redução e oxidação, ou redox). É essencial para muitos outros processos biológicos, incluindo o transporte de oxigénio e a respiração celular (19). A mielogénese e a manutenção da mielina no cérebro dependem do ferro. Assim, todos os órgãos do corpo dependem de um fornecimento constante e facilmente acessível de ferro (8). A regulação celular e sistémica do transporte, armazenamento e regulação do ferro é estritamente regulada (8, 9).

O corpo humano médio tem 4-5 gramas de ferro. O ferro da dieta entra na corrente sanguínea no intestino delgado e é absorvido principalmente no duodeno. A hemoglobina, o pigmento vermelho presente nos glóbulos vermelhos que transporta o oxigénio através do sangue, contém cerca de 2,5 g de ferro no organismo. Após fagocitarem os eritrócitos senis e libertarem o ferro, os macrófagos distribuem esta quantidade de ferro por todo o corpo. Ligado à Tf, uma quantidade muito reduzida de ferro (3-4 mg) circula no plasma. Os complexos de ferritina, que se encontram em todas as células, mas são mais frequentemente observados no fígado, baço e medula óssea, armazenam a maior parte do ferro restante (9, 11). As reservas de ferro do fígado são a principal fonte fisiológica de ferro de reserva do organismo. As hemoproteínas não hemoglobínicas relacionadas com a hemoglobina, como a mioglobina, diminuíram. A heme peroxidase, a óxido nítrico sintase endotelial e as catalases são enzimas envolvidas numa variedade de processos biológicos, incluindo a transferência de electrões, a catálise química, a deteção de gases diatómicos e o trânsito de gases diatómicos (14). Os radicais livres são produzidos pelo ferro através da conversão do peróxido de hidrogénio, que pode causar danos a uma variedade de componentes celulares. As proteínas heme e os aglomerados de ferro-enxofre (Fe-S) ligam a maior parte do ferro celular. Este estado lábil e quelatável do ferro ferroso que se encontra no citoplasma é designado por pool de ferro lábil (também designado por ferro livre). Acredita-se que seja a principal causa de stress oxidativo em casos de sobrecarga de ferro (20-22). Dentro do reservatório de ferro lábil, o ferro pode existir como ferro livre hidratado ou como moléculas de baixa massa que estão fracamente ligadas a péptidos, carboxilatos e fosfatos. Menos de 1 iiM e menos de 5% do ferro total está presente nas células dos mamíferos como ferro lábil (23). Através da produção de espécies reactivas de oxigénio, o ferro lábil exerce a sua toxicidade. Através da reação de Fenton, os processos catalisados pelo Fe^{2+} geram radicais livres:

$$Fe^{2+} + H_2O_2 \rightarrow Fe^{3+} + OH^{\bullet} + OH^{-}$$

O H2O2 é facilmente transformado no ERO mais letal, o radical OH*, através da reação de Fenton. Quando o ferro é reciclado entre os seus estados reduzido e oxidado, pode funcionar como um catalisador e libertar uma série de radicais livres. Por outro lado, podem formar-se grupos heme e aglomerados Fe-S através da absorção de ferro lábil da mitoferrina mitocondrial (24, 25). O aumento da peroxidação lipídica e as alterações nas proteínas e nos ácidos nucleicos são caraterísticas do stress oxidativo celular provocado pela sobrecarga de ferro (26). Estes radicais livres interagem indiscriminadamente com o seu ambiente. O ferro contribui para vários processos enzimáticos no cérebro que resultam na produção de neurotoxinas. Os neurónios dopaminérgicos, em particular, que necessitam de ferro para o metabolismo da dopamina, estão entre as células com metabolismo ativo do ferro que são mais vulneráveis à toxicidade do ferro (27, 28). A série de processos químicos conhecidos como metabolismo do ferro humano é responsável pela preservação da homeostase do ferro tanto nas células como no organismo. O corpo necessita de ferro, mas este também pode ser perigoso. Muitas facetas da saúde e da doença humana dependem da capacidade do organismo para regular os níveis de ferro. É crucial compreender o metabolismo do ferro para compreender como a desregulação ou o excesso de ferro podem contribuir para doenças neurodegenerativas, incluindo demência, diabetes, cancro, doença de Parkinson e doença de Alzheimer.

2.3 Absorção e transporte de ferro

Um ião mineral vital para os seres humanos, o ferro é crucial para vários processos metabólicos. A doença nutricional mais comum em todo o mundo é a deficiência de ferro (29). Por outro lado, o excesso de ferro tem sido associado a um risco acrescido de cancro, diabetes, doença de Parkinson e doença de Alzheimer (30). porque o sistema nervoso central tem sido associado a uma série de reguladores da absorção intestinal de ferro. Além disso, a ferroportina foi isolada do sistema nervoso central, onde é expressa numa variedade de tipos de células, incluindo neurónios, astrócitos, oligodendrócitos e as células que constituem a barreira hemato-encefálica, incluindo os vasos sanguíneos e o plexo coroide (31). A nossa alimentação fornece ferro ao nosso organismo. Existem dois tipos de ferro nos alimentos: heme e não-heme. O ferro não heme (férrico) pode ser obtido tanto de fontes vegetais como de fontes animais, mas o ferro heme é obtido principalmente a partir de produtos cárneos (32). O equilíbrio do ferro é mantido principalmente ao nível da absorção intestinal, uma vez que não há excreção regulada de ferro através dos rins ou do fígado. Para maximizar a quantidade de área de superfície disponível para absorção, as células polarizadas estão dispostas nas vilosidades em forma de dedo que se projetam para o lúmen intestinal durante a absorção de ferro, que ocorre na região proximal do duodeno (33). Na superfície luminal, cada célula absortiva ou enterócito possui uma borda em escova de microvilosidades (34). O duodeno e a parte inicial do jejuno, que estão localizados perto da extremidade proximal do intestino delgado, são especialmente adequados para absorver ferro, embora pequenas quantidades também possam ser absorvidas pelas porções mais distais do trato digestivo. Os níveis de ferro no corpo do adulto são de aproximadamente 3,8 gramas para os homens e 2,3 gramas para as mulheres (35). Uma pessoa deve absorver 1-2 mg de ferro da dieta todos os dias para substituir o ferro perdido através da transpiração, urina, células da mucosa intestinal descamadas e outras perdas de sangue (36).

Duodeno

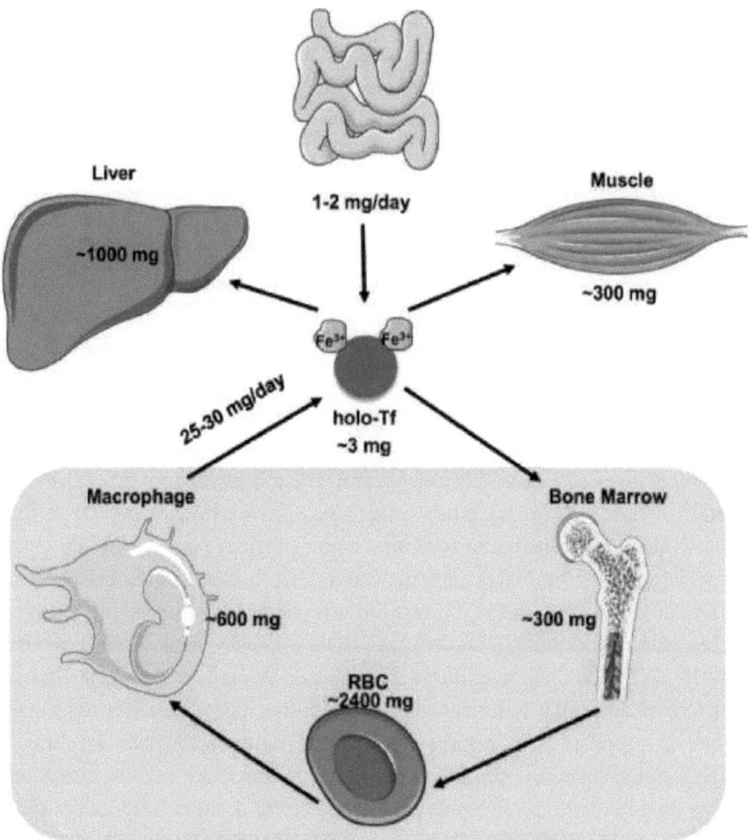

Figura 1. Tráfego de ferro no corpo humano. Retirado da ref. 37.

Os seres humanos absorvem o ferro através do enterócito ativado pelo transportador de metais divalentes 1 (DMT1) no intestino delgado (37). A adsorção só é possível com formas de ferro divalente, ou ferro ferroso. No entanto, 10% do ferro alimentar encontra-se na forma heme e 90% encontra-se na forma férrica (38). Uma enzima chamada redutase férrica, um citocromo B duodenal, converte a forma férrica em ferrosa no lúmen intestinal (39, 40). O ferro iónico divalente é transportado através da membrana apical do enterócito via DMT1. Os transportadores de heme não identificados transportam o ferro heme para o enterócito. Os hemes transportados são convertidos em ferrosos no enterócito (Fig. 1). Após a absorção de ferro pelo enterócito, o ferro ferroso internalizado deixa o enterócito ou é retido na proteína de armazenamento de ferro, a ferritina, onde permanece disponível numa reserva de ferro lábil (LIP), ligando-se a moléculas não identificadas. A ferroportina exporta o ferro ferroso para o plasma através da membrana basolateral. A hefestina, uma ferroxidase transmembranar dependente do cobre, oxida o ferro ferroso de volta em ferro férrico em conjunto com a exportação de ferro pela ferroportina. Relativamente à absorção do ferro heme, sabe-se muito pouco com certeza (41). As especificidades moleculares deste processo são desconhecidas; contudo, presume-se que se liga à borda em escova do enterócito intacto antes de ser provavelmente endocitado. Pensa-se que a heme oxigenase liberta o ferro do heme quando este se encontra no interior do enterócito e que este ferro é depois exportado das células através do FPN1 (ou seja, a mesma via que o ferro não heme). Outros tipos de ferro, como a ferritina (42), também podem passar pelo intestino delgado, mas os mecanismos subjacentes também não são claros para nós.

2.4 Regulação dos mecanismos de equilíbrio do ferro

A capacidade do organismo para regular os níveis de ferro divide-se em dois domínios: o nível celular e o nível sistémico. Para fornecer ferro quando necessário e na quantidade certa para evitar a toxicidade provocada pela acumulação excessiva de ferro, os níveis de ferro do organismo devem ser cuidadosamente equilibrados. Trata-se de uma ação coordenada que é desencadeada por diferentes estímulos fisiológicos e é controlada por sinais provenientes das células e dos tecidos. Os mecanismos de homeostasia funcionam para equilibrar o ferro em todo o organismo ou a nível sistémico a nível celular, que é regulado por mecanismos transcricionais e pós-transcricionais, na ausência de um mecanismo reconhecido de excreção, absorção e armazenamento do ferro. Os enterócitos intestinais, ou as células que revestem o interior do intestino, regulam a absorção do ferro alimentar, que é o principal responsável pela manutenção do equilíbrio correto do ferro no sistema. Como os diferentes tipos de células expressam diferentes proteínas reguladoras e de transporte do ferro, o nível de ferro celular é regulado de forma diferente por cada tipo de célula (24, 43).

2.5 Equilíbrio sistémico do ferro

O equilíbrio sistémico do ferro é conseguido através do controlo dos sistemas de ingestão, armazenamento e reciclagem do ferro. A disponibilidade e a necessidade de ferro controlam a absorção intestinal do ferro. O controlo hormonal da hepcidina faz parte da homeostasia do ferro. Os hepatócitos produzem principalmente hepcidina em resposta a estímulos inflamatórios, hipóxia e níveis elevados de ferro sérico. Diminui o fluxo celular de ferro ligando-se à ansa extracelular da FPN1, causando a sua internalização e destruição (8, 44-46). A hepcidina afecta principalmente a FPN1 dos enterócitos intestinais e dos macrófagos para controlar a homeostase do ferro, o que, por sua vez, afecta a ingestão de ferro pelos intestinos e a libertação de ferro pelos macrófagos (47). O nível de ferro sistémico também controla a quantidade de hepcidina (48). Os níveis de hepcidina aumentam em resposta ao aumento do ferro no organismo, o que reduz a quantidade de ferro em circulação. Os níveis de hepcidina diminuem em corpos com baixo teor de ferro para incentivar a absorção de ferro no intestino delgado. A expressão da hepcidina é regulada não só pelos níveis de ferro, mas também pela eritropoiese, hipoxia e inflamação (49). Para complicar ainda mais a situação, é possível que estes muitos sinais reguladores não sejam totalmente independentes uns dos outros e que partilhem uma molécula para causar variações quantitativas na resposta. Ao regular as proteínas humorais ou plasmáticas que podem funcionar em vários locais, os reguladores que controlam a absorção intestinal podem também controlar a libertação de ferro dos hepatócitos ou dos macrófagos.

2.6 Equilíbrio do ferro celular

As proteínas reguladoras do ferro (IRPs) são essenciais para preservar a homeostasia do ferro nas células. Os níveis de ferritina, transportadores de ferro (TfR1), transportador de metais divalentes 1 (DMT1) e FPN1 são todos regulados pela sua regulação (50). As proteínas reguladoras do ferro, que são proteínas citosólicas com a capacidade específica de identificar e ligar IREs, controlam a expressão de genes que transportam IREs. Dependendo da localização dos IREs, a ligação IRP-IRE provoca reacções reguladoras distintas. Por exemplo, a tradução é impedida de começar quando a IRP se liga a IREs no5'-UTR de mRNAs que codificam ferritina, ferroportina e aminolevulinato sintase, uma enzima envolvida na produção de hemoglobina. Por outro lado, se os IREs estiverem presentes no 3'-UTR do mRNA, como acontece com o TfR1, então a ligação dos IRPs a numerosos IREs no 3'-UTR do TFR1 estabiliza o mRNA do TFR1, impedindo que a digestão por nuclease o degrade (51). As IRPs ligam-se ativamente à estrutura do loop da haste do IRE que se encontra no 3'-UTR dos mRNAs TfR1 e DMT1 quando a quantidade de ferro celular é baixa. Ao estabilizar os ARNm TfR1 e DMT1 e ao aumentar a sua expressão celular, esta ligação melhora a absorção de ferro. Os IRPs são ocupados por 4Fe-4S quando os níveis de ferro são elevados, o que impede que os IRPs se liguem ao IRE de TfR1 ou DMT1, reduzindo os níveis de tradução de TfR1 e DMT1 e diminuindo os níveis de ferro. A estabilidade da ferritina FPN1 é igualmente controlada pelo sistema IRE/IRP. No entanto, a ligação da IRP ao ARNm da ferritina ou ao IRE da FPN1 no seu 5'-UTR impede que estes ARNm sejam traduzidos e resulta numa expressão proteica reduzida (25, 52). As IRPs são, por conseguinte, essenciais para manter a homeostasia do ferro celular. De acordo com os relatórios, os ratinhos knockout para as IRPs apresentam uma desregulação grave da homeostase do ferro, juntamente com neurotoxicidade (52, 53). A regulação da ferritina intestinal e da expressão de FPN1 pelas IRPs restringe a absorção intestinal de ferro, o que, por sua vez, regula o nível de ferro em todo o corpo. As IRPs controlam a tradução do mRNA da 5-aminolevulinato sintase eritroide na medula óssea. Como resultado, a disponibilidade de ferro e a biossíntese do heme eritroide são sincronizadas. Além disso, a regulação da tradução do ARNm do HIF2a pelos IRP nos rins sincroniza a produção de eritropoietina com a disponibilidade de ferro e oxigénio (20, 54).

2.7 Transporte e absorção sistémica de ferro

A transferrina plasmática (Tf) liga o ferro que foi recentemente absorvido ou libertado dos locais de armazenamento e transporta-o através do organismo para os locais de utilização (figura 1). Para além de manter o ferro num estado solúvel, a transferrina funciona como o principal meio de transporte do ferro para várias células. A principal fonte de ferro é o pool difrico-Tf circulante. O complexo diferrico-Tf que resulta desta ligação ao recetor 1 da transferrina (TfR1) na membrana plasmática internaliza-se no endossoma (Figura 2). As alterações conformacionais da Tf e da TfR1 causadas pela acidificação mediada pela ATPase permitiram a libertação do ferro férrico da Tf diferenciada. Quando a Tf se liga à TfR na membrana plasmática a pH 7,4, desencadeia o processo de captação de ferro através da endocitose mediada pelo recetor, que internaliza a DMT1, a proteína de transporte de metais, juntamente com a Tf e o ferro. Como se pode ver na Figura 2, a membrana plasmática que envolve o TfR invagina-se quando o Tf se liga a ele, criando uma fossa revestida de clatrina. O revestimento de clatrina nestes endossomas recém-formados perde-se e estes adquirem ATPases que podem bombear protões para o lúmen endossomal (31). Como resultado, o pH pode cair até 5, o que separa o Fe^{3+} do Tf, onde a oxidoredutase putativa o converte em Fe^{2+} (55). A isoforma II do DMT1 transporta subsequentemente o Fe2+ para fora do endossoma e para o citosol, onde é utilizado ou armazenado na ferritina (56). De seguida, o TfR e o apo-Tf são reciclados, regressando à superfície da membrana celular. O complexo apo-Tf-TfR1 é instável na zona extracelular, onde o pH é de 7,4, e a apo-Tf tem uma afinidade muito baixa pelo TfR1. Como resultado, a apo-Tf é libertada e a Tf e a TfR são ambas recicláveis (Fig. 2). As alterações na afinidade da TfR1 e da Tf facilitam a dissociação da apo-Tf da TfR1 e permitem a recaptura do ferro férrico. A metalo-redutase na célula-alvo converte o ferro férrico libertado em ferro ferroso (57). Transporte do substrato ferroso através da gaiola da proteína ferritina, onde a formação de ferro-oxi-mineral ocorre internamente (58). As necessidades de ferro da célula determinam o que vai acontecer a este ferro. Se o ferro for necessário para processos metabólicos, pode ir diretamente para a mitocôndria ou para outras áreas de utilização. Se não for necessário de imediato, o ferro pode ser armazenado para utilização posterior na proteína de armazenamento de ferro, a ferritina. A célula também pode utilizar a FPN1 para exportar ferro de si própria. Como medida de segurança, esta via de exportação pode ser utilizada se a célula acumular uma quantidade excessiva de ferro. A hefestina oxidase do ferro aumenta a eficiência da exportação celular de ferro nos enterócitos; no entanto, a ceruloplasmina, o homólogo da hefestina que circula na maioria das células do corpo, desempenha esta função na maioria das outras células (59). A transferrina diferencial é uma forma de ferro que a maioria, se não todas, as células do corpo podem consumir, mas não é a única fonte de ferro nas células. Numerosos tipos de células são altamente capazes de absorver ferro não ligado à transferrina (NTBI), e a proteína 14 semelhante à Zrt/Irt foi identificada como um transportador chave de NTBI (60). A ferritina pode ser capaz de transferir ferro para as células, de acordo com alguns dados (61). A hemoglobina e os hemes libertados podem ligar-se à hemopexina e à haptoglobina circulantes, respetivamente, em condições patológicas marcadas pela hemólise. Alguns tipos de células podem também absorver estes complexos (62). Estas vias são cruciais para a recuperação e reciclagem do ferro. Os tipos de células diferem na relevância relativa de vários mecanismos de absorção de ferro. Por exemplo, o fígado utiliza uma variedade de vias alternativas, mas as células eritróides imaturas dependem quase exclusivamente da endocitose da transferrina diferenciada mediada por TfR1 (63). O ferro é necessário para o corpo humano transportar oxigénio. Quase todos os tipos de células necessitam de oxigénio para sobreviver e funcionar. Como está ligado ao grupo heme da hemoglobina nos glóbulos vermelhos, o oxigénio é transportado dos pulmões para o resto do corpo. O ferro liga o oxigénio à mioglobina nas células musculares, controlando a libertação de oxigénio.

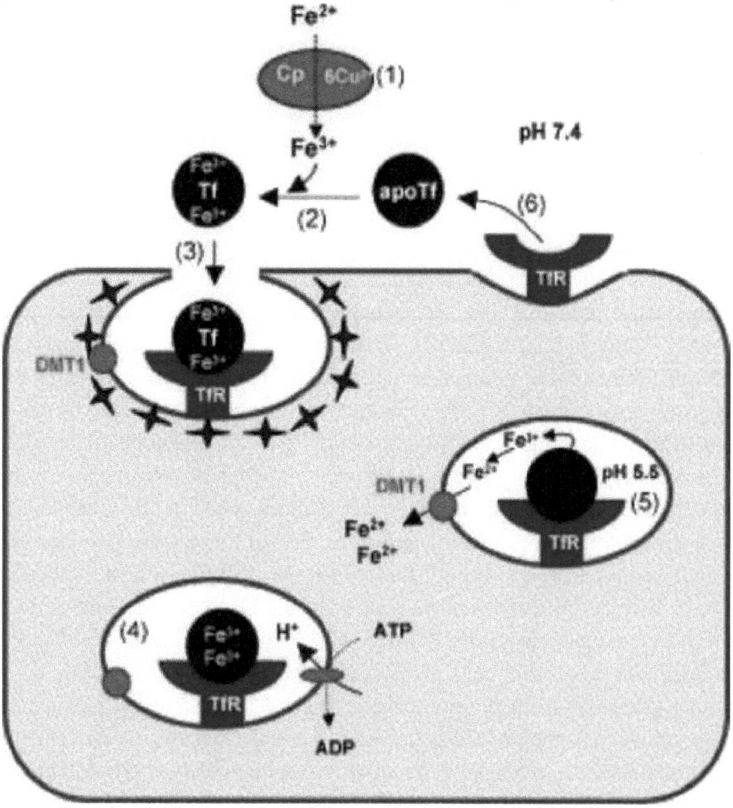

Figura 2. Regulação da absorção celular de ferro. Retirado da ref. 31.

2.8 Proteína de armazenamento de ferro

A manutenção da homeostase do ferro celular depende do armazenamento de ferro, que não só permite que o ferro seja armazenado numa forma inofensiva, como também actua como um reservatório para futuras necessidades de ferro. A principal proteína intracelular de armazenamento de ferro é a ferritina (64). O ferro é armazenado na proteína de armazenamento de ferro ferritina assim que entra na célula e não é imediatamente necessário para utilização (Fig. 3) (65). A grande proteína ferritina é constituída por 24 subunidades organizadas numa concha esférica com uma cavidade central considerável. O ferro pode entrar e sair do invólucro proteico através de poros, e uma única molécula de ferritina pode conter cerca de 4500 átomos de ferro. A célula tem uma capacidade notável de sequestrar ferro devido a esta elevada capacidade e ao facto de a expressão da ferritina aumentar significativamente em resposta a aumentos nas concentrações de ferro celular. As moléculas de ferritina aglomeram-se quando concentrações excessivas de ferritina carregada de ferro se acumulam no interior da célula; eventualmente, estes agregados fundem-se com os lisossomas. A ferritina é decomposta por este processo e a mistura resultante de péptidos e núcleos de Fe^{3+} é denominada hemossiderina (64). Os doentes com doenças que sobrecarregam o ferro têm níveis invulgarmente elevados deste tipo de ferro nas suas células. Quando necessário noutra parte do corpo, o ferro pode ser mobilizado eficazmente a partir da ferritina e da hemossiderina. A capacidade da ferritina de ser segregada das células em quantidades mínimas e a sua elevada correlação com os níveis de ferro intracelular tornam-na uma propriedade chave da proteína. Devido a esta correlação, os níveis séricos de ferritina podem ser facilmente analisados e fornecem uma indicação fiável do armazenamento de ferro no organismo (20, 64). Oito canais no eixo da ferritina (Fig. 3) permitem que os átomos de ferro entrem e saiam do material (66). Ao combinar ferro e oxigénio para criar um mineral de óxido férrico estável, mas fisiologicamente utilizável, em locais não reactivos dentro da cavidade da ferritina, esta funciona como desintoxicante e dispositivo de armazenamento do ferro celular. Outras moléculas biológicas no citosol são impedidas de interagir com os minerais de ferro pela gaiola proteica (67, 68). A ferritina é a proteína que armazena o ferro celular de uma forma não tóxica e solúvel em água em todos os seres vivos, incluindo os humanos (69). Os mamíferos podem fabricar ferritina em várias proporções específicas para cada tecido, utilizando as subunidades H e L. As subunidades H e L são os dois tipos de subunidades que constituem as subunidades da ferritina. Embora as sequências de aminoácidos dos dois tipos de componentes sejam diferentes, partilham uma estrutura comparável de cinco hélices A (69). Aparentemente, os papéis das duas subunidades no metabolismo do ferro são distintos. A ferritina L está mais fortemente associada ao armazenamento celular de ferro (70), enquanto a ferritina H tem sido associada à utilização do ferro (71).

Figura 3. Estruturas da ferritina mostrando que os canais de entrada e saída de ferro ocorrem através de canais quádruplos e triplos. Retirado da ref. 65.

Esta distinção é crucial porque o padrão de armazenamento e utilização do ferro é determinado pelo rácio H:L, que é específico das células e dos tecidos (72). Por exemplo, uma elevada proporção de ferritina da subunidade L encontra-se em tecidos como o fígado e o baço, que são importantes para o armazenamento de ferro; em contrapartida, uma elevada proporção de ferritina da subunidade H encontra-se em órgãos como a medula óssea, o cérebro, o coração e os rins, que têm grandes necessidades de disponibilidade de ferro (73, 74). Devido à atividade ferroxidase da subunidade H, o ferro ferroso é convertido em ferro férrico. Embora a subunidade L não tenha ação oxidante, fornece o ligando para a ligação férrica e inicia a nucleação do ferro (75). Para além de ser utilizado e armazenado, 3-5% do ferro total nas células produz o pool de ferro responsável (LIP), um pool de iões de ferro temporário e disponível (76). Os iões ferrosos e férricos ligados a quelantes com pesos moleculares mais baixos, como o fosfato, o citrato e outros iões orgânicos, constituem o LIP (77). A expressão da ferritina está diretamente correlacionada com a homeostase citosólica do PIL. A ferritina está envolvida na homeostase do PIL de duas formas. A ferritina, a principal proteína envolvida no armazenamento de ferro, liga-se ao ferro para manter a sua solubilidade e evitar reacções redox prejudiciais. Em circunstâncias de baixo teor de ferro, a ferritina também pode libertar ferro no PIL para manter o nível de ferro celular (78). A expressão do gene da ferritina é controlada pelo desenvolvimento e pode ser importante na diferenciação neuronal, onde se prevêem grandes níveis de utilização de ferro (79). A concentração de ferro no cérebro parece aumentar com a idade. Verificou-se que o ferro da substância negra aumenta dez vezes entre o primeiro ano de vida e os 40 anos. Felizmente, à medida que envelhecemos, o nosso cérebro torna-se mais rico em ferritina e liga-se à neuromelanina, protegendo-nos dos efeitos oxidativos dos níveis elevados de ferro (80, 81). Mas este facto deu origem à teoria de que as doenças neurodegenerativas relacionadas com a idade poderiam ser causadas por uma falha na síntese da ferritina.

2.9 Utilização do ferro

Cerca de 90% do ferro consumido diariamente é utilizado durante a eritropoiese para produzir heme nas células eritróides. Uma vez que as células eritróides podem acumular até 1,2 mil milhões de átomos de ferro por célula, têm o maior nível de ferro do organismo. Assim, as redes reguladoras que sincronizam a homeostase sistémica do ferro e a síntese de glóbulos vermelhos ligam o metabolismo do ferro e a eritropoiese. Apenas 10% das necessidades diárias de ferro são absorvidas através dos intestinos, enquanto os restantes 90% são reciclados por macrófagos reticuloendoteliais no baço, fígado e medula óssea através da eritrofagocitose de hemácias senescentes (2). A deficiência de ferro faz com que as células sofram apoptose, demonstrando a importância do ferro para numerosos processos biológicos essenciais, incluindo a divisão e a sobrevivência das células (82). Curiosamente, um mecanismo molecular que explica o envolvimento do ferro na apoptose foi recentemente revelado pela revelação de que os níveis de ferro afectam a atividade do fator de splicing 7, um regulador de splicing rico em serina/arginina. A depleção de ferro nas células T, no entanto, aumentou, através de splicing alternativo, a síntese da forma anti-apoptótica do recetor de morte celular Fas (83), em contraste com evidências anteriores que sugeriam um impacto pró-apoptótico de baixos níveis de ferro. Os precursores eritróides devem coordenar cuidadosamente a formação da proteína globina, a biossíntese da protoporfirina e a aquisição de ferro para produzir hemoglobina. As doenças surgem sempre na sequência de uma perturbação deste equilíbrio delicado. As perturbações da síntese da hemoglobina fornecem informações sobre a homeostasia do ferro.

Uma vez que estão envolvidas na produção do heme e do cluster Fe-S, que é subsequentemente incorporado numa série de proteínas heme, como os citocromos, ou em enzimas do cluster Fe-S3, as mitocôndrias são os principais utilizadores de ferro na célula. Uma vez que as mitocôndrias são uma fonte importante de espécies reactivas de oxigénio (ROS), a gestão do ferro nas mitocôndrias é complicada e consideravelmente mais delicada do que no resto da célula. O ferro, o heme e o aglomerado Fe-S são efetivamente importados e exportados através das membranas mitocondriais, embora nem todos os transportadores envolvidos sejam conhecidos (84). O tráfico mitocondrial de ferro é um reflexo do metabolismo celular do ferro. Além disso, o excesso de ferro é armazenado num tipo de Ft específico da mitocôndria (FtMt) neste organelo. O FtMt tem a capacidade de alterar a distribuição do ferro nas células, atraindo o ferro do citosol para as mitocôndrias. A FtMt é especialmente produzida em órgãos com elevado conteúdo mitocondrial, como o coração, onde protege contra danos oxidativos e mortalidade de cardiomiócitos induzida por fármacos ou ferro (85). Dado que a carência de ferro tem sido associada à disfunção mitocondrial e à cardiomiopatia, níveis baixos de ferro podem também ser prejudiciais nesta situação. Outro tecido que necessita de ferro é o músculo esquelético devido aos seus elevados níveis de atividade mitocondrial e síntese de mioglobina (86). De facto, demonstrámos que, em seres humanos expostos a grandes altitudes, o aumento da necessidade de ferro provocado por uma eritropoiese rápida levava a uma perda de ferro muscular e a uma diminuição da quantidade de mioglobina contendo hemoglobina (86). De acordo com estes resultados, os pacientes com miopatia mitocondrial - uma condição causada por uma formação defeituosa de aglomerados de ferro-enxofre - têm intolerância ao exercício (87). Verificou-se que outras células com muitas mitocôndrias, como os osteoclastos, têm um teor significativo de ferro. Dois estudos recentes demonstraram como a absorção do ferro ligado à Tf favorece a biogénese mitocondrial e, por sua vez, a atividade destas células que necessitam de energia (88). O estudo acima mencionado, que demonstrou que a célula se adapta a condições de privação de ferro através da modulação negativa da expressão de proteínas mitocondriais que necessitam de ferro (89), fazendo assim corresponder a disponibilidade e o consumo de ferro, salienta a importância das mitocôndrias como consumidores de ferro também em células não eritróides. No entanto, as proteínas presentes no citoplasma (como as heme dioxigenases e as óxido nítrico [NO] sintases), nas membranas (como as NADPH oxidases e as ciclooxigenases) ou noutros organelos também podem conter heme e o cluster Fe-S. Outros processos celulares vitais, como a deteção e adaptação ao oxigénio (por exemplo, PHD da família das dioxigenases dependentes do 2-oxoglutarato), a síntese proteica (desoxi-hipusina hidroxilase) e a síntese e reparação do ADN (ribonucleótido redutase), dependem todos do ferro para a sua metalação. Outras proteínas que necessitam de ferro e que desempenham um papel crucial na célula são as chamadas cinases. Investigações recentes revelaram que várias cinases, incluindo a quinase dependente da ciclina 1 (CDK1), uma enzima essencial na proliferação celular, ligam o ferro (90).

2.10 Exportação de ferro

Numerosos tipos de células, incluindo neurónios, glóbulos vermelhos, macrófagos e enterócitos, exportam ferro. Os dois últimos são particularmente importantes, uma vez que afectam os níveis sistémicos de ferro. Atualmente, a única proteína exportadora de ferro que se sabe existir nas células dos mamíferos é a ferroportina (FPN1) (91). O ferro ferroso (Fe2+) é transportado pela FPN1, que é amplamente expressa na membrana de todas as células. Com a ajuda de uma oxidase ferrosa, a ceruloplasmina (CP) ou a hefestina (HP), que oxida o ferro para o seu estado férrico de modo a poder ligar-se à ferritina no meio extracelular, a FPN1 transporta os iões ferrosos para fora das células (24). A hepcidina inibe a exportação de ferro ao provocar a internalização da ferroportina. Além disso, por um mecanismo não identificado, a hepcidina parece regular negativamente tanto o TFR1 como o DMT1 (92). Existem dois factores principais que determinam a expressão da FPN1. Em primeiro lugar, através do sistema IRE/IRE, as IRPs controlam a expressão da FPN1 na fase pós-transcricional. A estrutura IRE está presente no 5'-UTR do mRNA da FPN1 (93). Através da inibição da tradução, a interação IRP/IRE reduz a expressão da proteína FPN1. Para além disso, a hepcidina regula o nível da proteína FPN1. A hepcidina pode identificar e interagir com a FPN1 na membrana para provocar a sua internalização (94). A FPN1 e a hepcidina são transportadas para os lisossomas após a internalização, onde são ambas decompostas (95). Uma vez que a hepcidina actua como "guardiã" da libertação de ferro dos enterócitos para o resto do organismo, é o elo de ligação entre a homeostase celular e sistémica do ferro. A expressão da hepcidina é restrita a tipos específicos de células, como os hepatócitos, e é fortemente regulada ao nível da transcrição (24). A hormona eritroferrona, produzida pelos eritroblastos, inibe a hepcidina, aumentando assim a disponibilidade do ferro necessário para a síntese da hemoglobina (96). O controlo multinível é utilizado para a expressão da FPN devido ao seu objetivo não redundante. Um splicing alternativo do mRNA da FPN que evita o IRE é utilizado para produzir uma expressão específica da célula nas células intestinais e eritróides, permitindo a expressão da FPN mesmo na presença de escassez de ferro e garantindo uma maior exportação de ferro (97). O nível transcricional da expressão da FPN é controlado por uma variedade de factores, incluindo a exposição ao heme, hipoxia e mediadores inflamatórios. Foi demonstrado que a região promotora da FPN contém regiões Nrf2 e HIF-responsivas, que são necessárias para a ativação transcricional por heme e privação de oxigénio, respetivamente. Por outro lado, a redução da modulação da FPN na inflamação é causada por um processo de transcrição que não é tão bem compreendido (98).

O sistema IRP/IRE regula a síntese da FPN a nível pós-transcricional, mas os microRNAs também desempenham um papel na regulação da FPN. De facto, a 3' UTR do mRNA da FPN é o alvo do miR-485-3p, que aumenta o défice de ferro e inibe a exportação de ferro. Além disso, foi demonstrado que existe uma relação inversa entre a expressão da FPN no cancro do pulmão (99) e as quantidades de miR-20a, que se liga a locais alvo altamente conservados na FPN 3'UTR. A relação entre a hepcidina e a expressão da FPN determina o nível de regulação pós-traducional da expressão da FPN. A hipoferremia muito ligeira em ratinhos knockout para a hepcidina indica que se pensa que este mecanismo é o principal regulador da libertação de ferro. Este mecanismo causa hipoferremia, por exemplo, em condições inflamatórias. No entanto, foi demonstrado que a hipoferremia provocada por lipopolissacáridos bacterianos pode ser explicada pela redução do mRNA da FPN (100). Além disso, a modulação transcricional da expressão da FPN pode ser a causa primária da diminuição dos níveis de ferro no sangue, de acordo com um modelo matemático de regulação sistémica do ferro (101). Podemos, portanto, concluir que em situações inflamatórias, ambos os processos moleculares actuam em conjunto para aumentar a resposta de hipoferremia. A FPN é expressa principalmente nas células acima mencionadas que estão envolvidas na homeostase sistémica do ferro, mas também é amplamente expressa e pode ser crucial na gestão local do ferro. Consequentemente, mesmo na ausência de alterações da homeostase sistémica do ferro, a má regulação da FPN pode causar lesões nos tecidos. Por exemplo, foi demonstrado que a supressão da FPN específica do coração é necessária para a homeostase do ferro cardíaco. Além disso, um estudo intrigante mostrou que a ativação das células estreladas hepáticas, que contribuem de forma importante para a fibrose hepática (102), está correlacionada com a expressão da

FPN nestas células, que é regulada de forma parácrina pela hepcidina. A investigação que demonstra uma correlação clara entre a expressão de FPN e o desenvolvimento e agressividade de diferentes tipos de cancro é muito notável. A tumorigénese é sustentada por uma diminuição da saída de ferro mediada pela FPN, o que contribui para as elevadas quantidades de metal necessárias para os requisitos metabólicos mais elevados das células cancerígenas em desenvolvimento. A expressão da FPN tem uma quantidade diferencial de expressão em macrófagos polarizados de forma diferente, o que a torna particularmente relevante não só nos macrófagos eritrofagocitantes, mas também nos macrófagos envolvidos na imunidade inata. De facto, a investigação em macrófagos humanos e de ratinho revelou que os níveis de FPN são elevados em macrófagos com capacidades anti-inflamatórias e de remodelação de tecidos e baixos em células pró-inflamatórias, o que é consistente com os fenótipos de reciclagem e sequestro de ferro destas duas populações polarizadas, respetivamente. A importância da FPN dos macrófagos nas infecções foi demonstrada numa série de estudos, com efeitos diferentes no crescimento dos agentes patogénicos, consoante os microrganismos sejam extracelulares ou intracelulares (97).

2.11 Pool de ferro lábil

O ferro intracelular não ligado a proteínas, ou pool de ferro lábil (LIP), pode produzir radicais de oxigénio através da reação de Fenton, o que pode causar danos celulares oxidativos. Assim, para efeitos de identificação e controlo do estado perigoso do ferro em doentes com excesso de ferro, a medição quantitativa do LIP será benéfica. Os mecanismos de encaminhamento do ferro podem ocorrer devido aos níveis extremamente baixos de ferro "livre" no LIP (na gama micromolar). Contrariamente ao vasto conjunto de conhecimentos sobre chaperones citosólicos e transportadores de cobre, que é semelhante ao ferro na medida em que é altamente reativo e tem propriedades de manutenção da vida, a distribuição intracelular do ferro em diferentes compartimentos celulares é menos bem compreendida e os chaperones de ferro só recentemente foram identificados. O ferro é um componente crucial do organismo. A maior parte do ferro no organismo encontra-se em moléculas heme, como a mioglobina e a hemoglobina. Os hepatócitos e os macrófagos armazenam a maior parte do ferro não-heme sob a forma de hemossiderina e ferritina. Uma pequena quantidade de ferro corporal está em trânsito no plasma e ligada à transferrina. Existe uma quantidade muito pequena de ferro corporal em reservatórios lábeis, como o reservatório de ferro lábil dos eritrócitos (LIP) e o ferro não ligado à transferrina (NTBI) no plasma. Ambas as formas de ferro lábil têm o potencial de serem perigosas e não se ligam a quaisquer proteínas específicas (103). Estes ferros livres participam na reação de Fenton, que transfere electrões e produz o radical hidroxilo, uma das espécies reactivas de oxigénio (ERO) que causa danos nos organelos, peroxidação lipídica e desnaturação de proteínas, conduzindo, em última análise, à morte celular (103,

104). Os indivíduos com 0-talassemia grave, como os que sofrem de P-talassemia/hemoglobina E (HbE), são susceptíveis à sobrecarga de ferro devido às frequentes transfusões de sangue e ao aumento da absorção gastrointestinal de ferro provocado pela expansão eritroide.

A acumulação de ferro pode potencialmente resultar em danos oxidativos no coração, fígado e órgãos endócrinos, entre outros tecidos (104). A avaliação quantitativa do LIP intra-eritrocitário tem a capacidade de ilustrar a toxicidade celular do ferro em indivíduos com doença de P-talassemia que têm sobrecarga de ferro. Para ilustrar a patologia celular causada pelo excesso de ferro em doentes com P-talassemia, avaliámos neste estudo o nível de LIP, o nível de ROS, o número de vesículas eritrocitárias e a percentagem de eritrócitos apoptóticos utilizando citometria de fluxo. O citoplasma contém ferro ferroso numa forma quelatável e solúvel, que é conhecida como a reserva de ferro lábil (~0,001 mM) (105). Pensa-se que o ferro neste reservatório está ligado a substâncias de baixa massa, incluindo fosfatos, carboxilatos e péptidos, embora alguns possam estar num estado livre e hidratado (iões aqua) (105). Como alternativa, as metalochaperonas - proteínas especializadas - podem ligar iões de ferro. Em particular, a transferência de ferro livre para a ferritina (para armazenamento) e para as enzimas de ferro não-heme (para catálise) parece ser mediada pelas proteínas de ligação poli-r(C) PCBP1 e PCBP2 (106). Uma vez que o ferro pode produzir espécies reactivas de oxigénio, o reservatório de ferro lábil tem potencial para ser perigoso. A mitoferrina pode absorver o ferro deste reservatório e utilizá-lo para criar grupos heme e aglomerados Fe-S na mitocôndria.

2.12 A reserva de ferro de armazenagem

Como a cadeia pesada da ferritina contém a enzima ferroxidase, o ferro pode ser armazenado na ferritina como ferro férrico (107). Quando a hemossiderina se acumula devido a uma ferritina disfuncional, pode causar problemas de sobrecarga de ferro (108). Com um intervalo de concentração de 0,7 mM a 3,6 mM, o reservatório de ferro armazenado na ferritina é significativamente maior do que o reservatório de ferro lábil (108).

2.13 Sobrecarga de ferro

Os danos nos órgãos resultam de uma acumulação excessiva e anormal de ferro total no organismo, conhecida como sobrecarga de ferro (109). O excesso de LIP de uma célula pode catalisar processos que produzem ROS e, consequentemente, induzir stress oxidativo nas células e nos tecidos. Em última análise, isto pode resultar em fibrose dos tecidos e em lesões dos órgãos. Numerosas doenças, incluindo doenças neurológicas como Alzheimer e Parkinson, doença hepática gordurosa e fibrose cística, estão ligadas à sobrecarga de ferro. A hemocromatose, a atransferrinemia, a aceruloplasminemia e a ataxia de Friedreich estão entre as doenças de sobrecarga de ferro causadas por anomalias genéticas no genoma (110). Algumas são o resultado de condições a longo prazo, como a doença hepática crónica (111). A hemocromatose é a principal doença primária de sobrecarga de ferro causada por mutações em genes relacionados com o transporte de ferro ou com o controlo do metabolismo do ferro. A expressão da hepcidina é reduzida como resultado de mutações nos genes codificadores da hemocromatose. Devido ao aumento do nível de FPN1 na membrana dos enterócitos intestinais causado pela diminuição do nível de hepcidina, há um aumento da carga de ferro do organismo devido ao aumento da absorção de ferro da dieta. Numerosos órgãos, incluindo o fígado, o coração e o pâncreas, mostraram sinais de acumulação de ferro nestes doentes (112). A doença subjacente determina a forma como o excesso de ferro é tratado. A hemocromatose é normalmente tratada por flebotomia, que remove cerca de 0,5 g de ferro/L de sangue e é um procedimento muito eficaz e de preço razoável. O ferro é liberado do armazenamento para substituir as hemácias removidas durante a eritropoiese. Os doentes com talassemia têm uma produção aberrante de hemoglobina devido a anomalias na cadeia da a- ou da P-globina, o que resulta numa diminuição dos glóbulos vermelhos e em anemia (113). Quando esta doença hereditária é tratada com transfusões sanguíneas, resulta normalmente uma sobrecarga secundária de ferro, que pode causar infecções, osteoporose e problemas cardíacos ou hepáticos. A flebotomia não é adequada para o tratamento da talassemia com carga de ferro; em vez disso, o ferro é extraído com a utilização de medicamentos que ligam o ferro, chamados quelantes de ferro (114). O complexo quelante de ferro é expelido na urina ou nas fezes depois de os quelantes de ferro terem ligado o ferro. Os miméticos da hepcidina ou os medicamentos que aumentam a expressão da hepcidina também podem ser terapeuticamente úteis para o tratamento da talassemia e da hemocromatose (114).

O organismo pode reduzir significativamente a quantidade de ferro que absorve através da mucosa. Não parece ser capaz de parar completamente o processo de transporte de ferro. Mais ferro pode entrar na corrente sanguínea e resultar numa condição potencialmente fatal conhecida como sobrecarga de ferro, quando este destrói o próprio revestimento intestinal. Níveis significativos de ferro livre na corrente sanguínea podem danificar células vitais do coração, do fígado e de outros órgãos metabolicamente activos. O organismo consegue controlar eficazmente a sua absorção de ferro, mas a toxicidade do ferro ocorre quando a quantidade de ferro em circulação ultrapassa a quantidade de transferrina disponível para o ligar. Por conseguinte, em vez de alterações na dieta, a intoxicação por ingestão de ferro é normalmente causada por circunstâncias invulgares, como a utilização excessiva de comprimidos de ferro (109). Entre outros problemas, o tipo de toxicidade aguda provocada pelo consumo de ferro resulta em lesões significativas da mucosa gastrointestinal. Os órgãos onde a deposição de ferro ocorre mais frequentemente são a epiderme, o coração, as articulações, o fígado e o pâncreas. O trio tradicional de cirrose hepática, diabetes mellitus secundária e pele dourada é observado em pessoas com excesso de ferro (115). Várias doenças neurológicas do sistema nervoso central, como a neurodegenerescência com doenças de acumulação de ferro no cérebro, a doença de Parkinson, a doença de Alzheimer, a ataxia de

Friedreich, a esclerose lateral amiotrófica e os acidentes vasculares cerebrais, têm sido associadas a uma acumulação anormal de ferro (116). A acumulação de ferro e o aumento dos danos oxidativos são caraterísticas predominantes das doenças neurológicas, embora a etiologia da maioria destas doenças seja ainda desconhecida (117). A deferoxamina (DFO), um quelante de ferro, demonstrou uma boa eficácia como possível agente terapêutico para a sobrecarga de ferro associada a doenças neurológicas (118).

2.14 Regulação translacional IRP/IRE dependente de ferro

As proteínas reguladoras do ferro (IRP 1 e IRP2) e os elementos responsivos ao ferro (IREs) são os reguladores translacionais primários da homeostase intracelular do ferro (119), que combinam o controlo de proteínas envolvidas no trânsito, absorção, exportação, utilização e armazenamento do ferro com mecanismos que detectam o ferro no LIP (37, 120, 121). As IRPs são capazes de se ligar às estruturas de loop de haste IRE nas regiões não traduzidas (UTRs) dos mRNAs alvo e permanecem no seu estado ativo quando o LIP é baixo. Por conseguinte, influenciam a tradução de proteínas importantes ou a estabilidade do ARNm. A manutenção da estabilidade do ARNm de TfR1 e DMT1 aumenta a absorção de ferro pela célula. Ao mesmo tempo, há uma supressão da tradução dos ARNm que codificam a ferritina e a FPN, o que impede a célula de exportar ferro e de o armazenar. Em células com baixos níveis de ferro, esta reação aumenta a disponibilidade de ferro. No entanto, em células ricas em ferro, a redução da atividade da IRP promove a tradução de ARNm para a ferritina, FPN e outras proteínas que consomem ferro e aumenta a degradação dos ARNm de DMT1 e TfR1, onde foram identificados elementos de instabilidade (120). Devido ao IRE nos 5'-UTRs da ferritina e da ferroportina, o IRP2 reprime a sua tradução em caso de escassez de ferro, interrompendo a exportação prejudicial de ferro e a síntese desnecessária de proteínas de armazenamento. No entanto, os IREs 3'-UTR encontrados no TFR1 e em certas variações do DMT1 ligam-se ao IRP2 na presença de um défice de ferro, estabilizando o ARNm e assegurando a síntese dos importadores de ferro (24). A identificação de níveis elevados de ferro celular é conseguida através de dois mecanismos: a degradação proteasómica da IRP2, que é mediada pela proteína ubiquitina ligase e leucina rica em repetição, sensível ao ferro, e as alterações conformacionais na IRP1 que resultam da montagem de um cluster 4Fe-4S, que transforma a proteína numa aconitase citosólica e é regulada pelo ferro de forma oposta (122). Este processo intrincado protege contra as lesões celulares dependentes do ferro, assegurando simultaneamente a disponibilidade de ferro adequado para as necessidades celulares.

Os 5' ou 3'-UTRs incluem estruturas em forma de grampo altamente conservadas chamadas IREs. Um único IRE pode ser encontrado no 5'-UTR dos mRNAs da ferritina, e está situado um pouco próximo da estrutura de cap na extremidade 5'. Podem ser encontrados cinco IREs no 3'-UTR do mRNA da TfR1. Os IREs são os locais de ligação para IRP1 e IRP2, duas proteínas reguladoras do ferro citoplasmático. O IRP1 e o IRP2 ligam-se ao IRE nos ARNm da H- e da L-ferritina com uma afinidade elevada quando o nível de ferro é baixo, o que impede a tradução dos ARNm. De forma semelhante, ligam-se aos IREs do ARNm da TfR1 para evitar a destruição endonucleolítica (37). Esta reação homeostática inibe o armazenamento de ferro e promove o aumento do consumo de ferro celular a partir da Tf. Por outro lado, as actividades de ligação aos IREs de IRP1 e IRP2 são reduzidas nas células com sobrecarga de ferro, o que permite a tradução do ARNm da ferritina e a destruição do ARNm de TfR1. Este facto promove o armazenamento de ferro intracelular extra na ferritina e impede a absorção de ferro adicional. A figura 4 mostra uma via molecular em que as ligações IRP/IRE regulam de forma coordenada a expressão pós-transcricional da ferritina e do TfR1. As proteínas IRP são capazes de identificar e ligar IREs; no entanto, o impacto desta ligação depende da localização específica do IRE no mRNA alvo. Os ARNm alvo, tais como a ferritina H e L, FPN1, a 5-aminolevulinato sintase eritroide (eALAS, a enzima para a síntese do heme), a aconitase mitocondrial, o fator 2 alfa induzido pela hipóxia (HIF2a) e a succinato desidrogenase (SDH, necessária no ciclo de Kreb e no ETC nas mitocôndrias) podem ter a sua tradução inibida pela ligação de IRP se estiver presente um IRE no seu 5'-UTR. Por outro lado, a interação IRP pode aumentar a expressão dos mRNAs alvo se estiverem presentes IREs nos seus 3'-UTR, estabilizando os mRNAs, que incluem DMT1 e TfR1. Resumindo, as IRPs ligam-se aos IREs dos mRNAs alvo quando desencadeadas por deficiência de ferro, aumentando a absorção de ferro e diminuindo a exportação de ferro, a utilização de ferro e o armazenamento de ferro, o que ajuda a manter níveis adequados de ferro intracelular. O ferro pode ter um papel nas doenças neurodegenerativas, tal como evidenciado pela descoberta de estruturas de ARN IRE nos ARNm da proteína precursora amiloide de Alzheimer (AD) (123) e da a-sinucleína (PD) (124).

2.15 Ferro e neurodegeneração

As consequências tóxicas só podem ser evitadas através de um controlo rigoroso da acumulação de ferro nas células cerebrais. Ao produzir ROS, o excesso de ferro pode causar stress oxidativo (125). As ROS têm a capacidade de oxidar proteínas, danificar o ADN, o ADN mitocondrial e alterar a expressão do ADN através de processos epigenéticos (126). Os ERO têm a capacidade de provocar a libertação de ferro de outras proteínas de armazenamento de ferro e das proteínas do cluster ferro-enxofre mitocondrial da cadeia respiratória. Esta libertação de ferro pode então desencadear a reação de Fenton, que produz ROS adicionais. As alterações do equilíbrio do ferro têm o potencial de impedir os processos mitocondriais, o que poderia acelerar o avanço dos processos neurodegenerativos (127). Um aumento dos níveis de ferro pode desencadear processos neurodegenerativos por outros métodos que não a reação de Fenton. A redução enzimática do ferro férrico pode oxidar as catecolaminas, incluindo a dopamina, em quinonas altamente reactivas ou venenosas (128). Foi demonstrado que o ferro férrico desempenha um papel na transformação da 1-metil-4-fenil-1,2,3,6-tetrahidropiridina, uma neurotoxina conhecida por causar sintomas semelhantes aos da doença de Parkinson, no metabolito perigoso ião 1-metil-4-fenilpiridínio (68). Além disso, foi demonstrado que o aumento das concentrações de ferro férrico in vitro pode causar a agregação de proteínas implicadas em doenças neurodegenerativas, como a proteína tau hiperfosforilada e a alfa-sinucleína (129). Uma causa potencial do stress do retículo endoplasmático, uma caraterística frequente de várias doenças neurodegenerativas, são os corpos de inclusão que contêm proteínas agregadas ou danificadas (130). A ferroptose, um tipo de morte celular não apoptótica específica do ferro, e a apoptose são dois resultados da neurodegeneração provocada pelo envenenamento por ferro (131). A sobrecarga de ferro pode danificar os tecidos do corpo e está relacionada com o aumento do risco de Alzheimer, Parkinson, diabetes e cancro. Vários dos reguladores da absorção intestinal de ferro também foram localizados no sistema nervoso central. A ferroportina também foi isolada no sistema nervoso central, onde é expressa em muitos tipos de células, como os neurónios, os astrócitos, os oligodendrócitos e as células que constituem a barreira hemato-encefálica, como o plexo coroide e os vasos sanguíneos do sistema nervoso central (131). Na maioria das vezes, as doenças neurodegenerativas como a DA, a DP e a ELA são esporádicas e apresentam perturbações na homeostase do ferro (132). Um número crescente de investigações sugere que os depósitos de ferro desempenham um papel nestas circunstâncias. Os neurónios humanos em áreas específicas, como a SN e a LC, acumulam NM, que sequestra com sucesso o excesso de ferro lábil. É interessante notar que o LS é afetado na DA e na DP, enquanto o SN é afetado na DP, no início das doenças neurodegenerativas (133).

2.16 O ferro na doença de Alzheimer

Na doença de Alzheimer, o excesso de ferro está intimamente relacionado com o défice cognitivo. A homeostase do ferro no cérebro está ligada tanto à proteína tau como à proteína precursora amiloide (APP), ambas envolvidas na fisiopatologia da doença de Alzheimer. A doença neurodegenerativa mais comum, a DA, caracteriza-se por uma demência crescente na sua manifestação clínica e por emaranhados neurofibrilares (NFT) patológicos contendo tau e placas senis contendo A^- na região cortical do cérebro. Nas regiões danificadas do cérebro dos doentes com DA, verificou-se um aumento do ferro, que foi significativamente correlacionado com a patologia tau e a placa A0 (134, 135). De acordo com o perfil clínico da neurodegeneração da DA, a acumulação de ferro encontra-se no córtex e no hipocampo da DA, mas não no cerebelo (136). Além disso, o ferro acumula-se tanto nos emaranhados como nas placas; pensa-se que é três vezes mais elevado nos emaranhados do que nas placas ao nível da neuropila normal (137). O teor de ferro no tecido hipocampal dos doentes com DA está correlacionado com a duração da doença e com a avaliação do estado mental, o que indica que o ferro pode ser importante para a progressão da doença. A proteína ferritina, que armazena e regula o ferro, está associada à doença de Alzheimer. A DA pré-clínica é caracterizada por

níveis elevados de ferritina no LCR e no plasma. Um mecanismo que leva à morte celular por peróxido de lípidos, chamado ferroptose, pode estar associado a níveis elevados de ferritina, indicando níveis elevados de ferro
no cérebro e no LCR (138). A tradução da APP pode ser controlada pelo ferro intracelular. O ARNm da APP codifica uma ansa funcional do elemento de resposta ao ferro (IRE) que se liga a proteínas reguladoras do ferro. Um aumento dos níveis de ferro intracelular tem a capacidade de regular positivamente a expressão da APP e promover a produção de A0. A A01-42 pode diminuir a taxa de sobrevivência das células nervosas e o teor de ferro (Fe^{3+}) agrava o problema (139). Embora a administração de deferoxamina em ratinhos transgénicos APP/PS1 possa diminuir a fosforilação da Tau, a sobrecarga de ferro no cérebro pode também induzir a hiperfosforilação da Tau, o que, por sua vez, pode aumentar a produção de NFTs (140).

Ainda não se sabe ao certo a origem do nível elevado de ferro. Foram documentadas numerosas facetas da alteração da homeostase do ferro. Há relatos de uma distribuição aberrante de ferritina nos cérebros da DA. A transferrina foi encontrada em placas senis e há uma alteração notável na expressão de IRP2, que também é observada na AP. alterações na composição de uma série de outras proteínas que são conhecidas por terem um papel crítico no metabolismo do ferro no cérebro (141). A criação de placas e emaranhados pode ser facilitada pela acumulação de ferro, uma vez que pode levar à agregação de tau e A0. O ferro aumentou a toxicidade in vitro, mas atrasou o desenvolvimento de fibrilas amilóides, indicando que o oligómero A0 ligado ao ferro pode funcionar como uma espécie tóxica (142). Estes resultados são pertinentes para a doença, uma vez que, num modelo animal da doença de Alzheimer, os níveis elevados de ferro ocorrem antes da formação das placas e o ferro acumula-se nas placas (143). Através da química Fenton, as ERO podem ser induzidas por um complexo A0-ferro. Em modelos animais de DA, a quelação do ferro pode parar a acumulação de A0 e inverter a perda de memória que se segue. Os emaranhados podem ligar-se ao ferro de uma forma dependente da redox, servindo como fonte de ROS no interior dos neurónios. O ferro e os emaranhados estão co-localizados na DA. A quelação do ferro é outro método para travar este processo. In vitro, a agregação da tau pode ser induzida pelo Fe^{3+} mas não pelo Fe^{2+} . Esta situação pode ser contrariada diminuindo o Fe^{3+} para Fe^{2+} ou quelantes (144).

2.17 Ferro na doença de Parkinson

Há relatos de níveis elevados de ferro na doença de Parkinson (145). Através da produção de ROS, um aumento dos níveis de ferro na substância negra (SN) promove o stress oxidativo. Os níveis de ferro nos cérebros dos doentes de Parkinson são quase três vezes superiores aos dos cérebros saudáveis. A investigação revelou que a SN dos doentes com DP apresentava um aumento do ferro total e do Fe^{3+} de até 77%, mas não do Fe^{2+} . A micróglia é um local chave para a libertação de ferro, onde o ferro da ferritina pode ser libertado por superóxido, uma série de catecóis oxidados ou óxido nítrico. Para além do seu papel na produção de espécies de oxigénio altamente reactivas, foi demonstrado que o ferro interage com a a-sinucleína (145, 146). Esta interação facilita a transição da a-sinucleína da sua conformação desdobrada ou a-helicoidal para a sua conformação primária de folha 0-pregueada, que se encontra nos corpos de Lewy. A colocalização de proteínas envolvidas no metabolismo do ferro no cérebro e nos corpos de Lewy constitui uma prova adicional de que o ferro desempenha um papel no processo neurodegenerativo da doença de Parkinson (DP). Além disso, parece haver uma ligação entre níveis elevados de ferro e mau funcionamento das mitocôndrias. Uma das etiologias primárias da doença de Parkinson (DP) esporádica tem sido proposta como sendo a inibição do complexo I mitocondrial (146). O complexo I é o local de geração de ROS mitocondrial mais fortemente associado à doença de Parkinson (147).

Ainda não se sabe se a acumulação de ferro é o evento fundamental que inicia ou promove a cascata neurodegenerativa, ou se é um subproduto do processo degenerativo. O transporte ou a homeostase do ferro, que é mediado pelas proteínas ferritina e transferrina, pode estar comprometido, o que poderia explicar o elevado teor de ferro da SN na DP (117). O teor de ferro intracelular controla a expressão dos seus receptores. Níveis elevados de ferro fazem com que o mRNA do recetor da transferrina seja destruído e o mRNA da ferritina seja traduzido, o que armazena o ferro e inibe a sua absorção. Os níveis de ferritina no SN de doentes com DP continuam a ser controversos; podem ser encontrados mais baixos, mais altos ou não afectados. A ferritina e os filamentos aberrantes da proteína tau estão colocalizados na PSP, indicando que a ferritina Fe pode ser capaz de regular estes agregados em condições semelhantes às da doença de Parkinson. Há provas de que os cérebros com doença de Parkinson post-mortem têm níveis mais baixos de ferritina. A capacidade reduzida de armazenar ferro pode aumentar a disponibilidade de espécies de ferro livre para ligações nocivas. O aumento da importação neuronal de ferro pode ser a causa da acumulação de ferro na doença de Parkinson (148). Embora o TfR1, que é necessário para a importação de ferro mediada pelo DMT1, não seja afetado quando se tem em conta a perda neuronal, há uma elevação do DMT1 no SN dos doentes com DP, o que pode incentivar a importação de ferro. Por outro lado, a diminuição da exportação de ferro pode potencialmente ser a causa da acumulação de ferro na DP. A atividade na SN está seletivamente diminuída, o que pode impedir a exportação de ferro, embora os níveis de Cp nos cérebros com DP se tenham mantido inalterados. Além disso, associada à doença de Parkinson (DP), a proteína tau diminui seletivamente na SN dos doentes com DP, o que pode levar à acumulação de ferro através do bloqueio da exportação de ferro mediada pela APP (149).

2.18 Conclusões

O controlo da homeostase do ferro tem-se revelado mais complexo e sofisticado nos últimos anos, com muitas ligações inesperadas e variadas a muitas vias e actividades bioquímicas. É necessário controlar cuidadosamente a homeostase do ferro a nível celular e de todo o organismo, a fim de apoiar os processos celulares essenciais sem permitir que o ferro contribua para a produção de ROS nocivos. O ferro alimentar é absorvido pelo organismo e exportado para a corrente sanguínea para ser utilizado. Consequentemente, a capacidade de absorção do ferro pelos enterócitos do intestino é crucial. A descoberta do sistema regulador IRE/IRP permitiu criar uma estrutura para compreender o controlo coordenado da absorção celular de ferro através de TfR1 e DMT1, a exportação através de FPN e o armazenamento na ferritina. A compreensão destas vias já abriu caminho para a criação de planos de tratamento de ponta que se centram nas causas moleculares das doenças relacionadas com a homeostase do ferro. Este conhecimento pode ajudar a esclarecer como o ferro funciona na fisiopatologia molecular de várias doenças relacionadas com o ferro. No entanto, para encontrar outros reguladores envolvidos no sistema regulador que suporta a homeostase do ferro, seria necessária mais investigação. Uma melhor compreensão do tráfico de ferro, que engloba a distribuição do ferro no interior da célula, pode produzir novos conhecimentos sobre o equilíbrio do ferro e as doenças relacionadas. Os desenvolvimentos significativos no nosso conhecimento dos mecanismos que controlam os níveis de ferro intracelular e sistémico demonstraram que as anomalias da homeostasia do ferro no ser humano são a causa principal de muitas doenças clínicas. Foi demonstrado que a causa primária da morte celular programada e dos danos nos tecidos é o dano oxidativo produzido pelo envolvimento do ferro nas reacções redox. Estes danos podem também ser amplificados por uma compartimentação incorrecta do ferro, por oposição à acumulação de ferro. O desafio atual reside na criação de novas estratégias que possam atingir com precisão os tecidos afectados e inverter a desregulação do ferro que coexiste com estas doenças e as agrava.

Os mecanismos celulares e moleculares que regulam a absorção, o transporte, a captação e a utilização do ferro são complexos e estão interligados. Muitos destes mecanismos podem muito bem ser afectados pelo processo de envelhecimento. A importância deste facto não reside apenas na possibilidade de uma má regulação do ferro poder resultar numa variedade de anomalias, incluindo a doença de Alzheimer, a doença de Parkinson, doenças cardiovasculares e acidentes vasculares cerebrais. Precisamos também de compreender o papel do envelhecimento na regulação do ferro para podermos fazer recomendações de saúde pública informadas sobre a ingestão e a suplementação de ferro. É evidente que é necessária investigação contínua para compreender estes mecanismos e identificar outros que possam estar envolvidos na monitorização da absorção, metabolismo e utilização do ferro durante o processo de envelhecimento. Neste capítulo, destacámos alguns dos mecanismos que regulam a homeostasia do ferro e as vias que utilizam o ferro. Várias questões permanecem sem resposta e serão necessárias mais investigações para compreender completamente a homeostase do ferro nos mamíferos e as muitas intersecções das vias que utilizam o ferro, tanto a nível celular como sistémico.

Referência

1. McKie AT, Barrow D, Latunde-Dada GO, Rolfs A, Sager G, Mudaly E, et al. An iron-regulated ferric reductase associated with the absorption of dietary iron. Science (Nova Iorque, NY). 2001;291(5509):(Mar 2):1755-9. .
2. maio N, Zhang DL, Ghosh MC, Jain A, SantaMaria AM, Rouault TA. Mecanismos de deteção de ferro celular, regulação da eritropoiese e utilização de ferro mitocondrial. Semin Hematol 2021;58(3):(Jul):161-74. .
3. Lawson DM, Artymiuk PJ, Yewdall SJ, Smith JM, Livingstone JC, Treffry A, et al. Solving the structure of human H ferritin by genetically engineering intermolecular crystal contacts. Nature. 1991 349(6309):(Feb 7):541-4. .
4. Zhang DL, Ghosh MC, Ollivierre H, Li Y, Rouault TA. A deficiência de ferroportina nas células eritróides causa deficiência de ferro sérico e promove a hemólise devido ao stress oxidativo. Sangue. 2018 132(19):(Nov 8):2078-87. .
5. Zhang DL, Wu J, Shah BN, Greutelaers KC, Ghosh MC, Ollivierre H, et al. A ferroportina eritrocítica reduz a acumulação de ferro intracelular, a hemólise e o risco de malária. Science 2018 359(6383):(Mar 30):1520-3. .
6. Nemeth E, Tuttle MS, Powelson J, Vaughn MB, Donovan A, Ward DM, et al. Hepcidin regulates cellular iron efflux by binding to ferroportin and inducing its internalization. Science (Nova Iorque, NY). 2004 306(5704):(Dec 17):2090-3. .
7. Gozzelino R, Arosio P. Homeostase do ferro na saúde e na doença. Int J Mol Sci. 2016 17(1):130. (Jan 20).
8. Anderson GJ, Wang F. Essencial, mas tóxico: controlando o fluxo de ferro no corpo. Clin Exp Pharmacol Physiol 2012 39(8):(Aug):719-24. .
9. Muckenthaler MU, Rivella S, Hentze MW, Galy B. A Red Carpet for Iron Metabolism (Uma passadeira vermelha para o metabolismo do ferro). Cell. 2017 168(3):(Jan 26):344-61. .
10. Aisen P, Leibman A, Zweier J. Stoichiometric and site characteristics of the binding of iron to human transferrin. J Biol Chem. 1978 253(6):(Mar 25;):1930- 7.
11. Harrison PM, Arosio P. The ferritins: molecular properties, iron storage function and cellular regulation (As ferritinas: propriedades moleculares, função de armazenamento de ferro e regulação celular). Biochim Biophys Ata. 1996 1275(3):(Jul 31;):161-203.
12. Drakesmith H, Nemeth E, Ganz T. Ironing out Ferroportin. Cell Metab. 2015 22(5):(Nov 3):777-87. .
13. Gao G, Li J, Zhang Y, Chang YZ. Metabolismo e regulação do ferro celular. Adv Exp Med Biol 2019;1173::21-32. .
14. Paoli M, Marles-Wright J, Smith A. Structure-function relationships in hemeproteins. DNA Cell Biol (Revisão). 2002 21(4):(Abr):271-80. .
15. Rouault TA. O papel das proteínas reguladoras do ferro na homeostase do ferro nos mamíferos

e doença. Nat Chem Biol. 2006;2(8):406-14.
16. Beutler E. Iron storage disease: facts, fiction and progress. Blood Cells Mol Dis. 2007 39(2):(Set-Out):140-7. .
17. Martins AC, Lima IS, Pego AC, Sa Pereira I, Martins G, Kapitao A, et al. Pro-Inflammatory Priming of the Brain: A causa subjacente da doença de Parkinson. Int J Mol Sci. 2023 24(9):7949. (Apr 27).
18. Nadadur SS, Srirama K, Mudipalli A. Iron transport & homeostasis mechanisms: their role in health & disease. Indian J Med Res 2008 128(4):(Oct):533-44.
19. Aisen P, Enns C, Wessling-Resnick M. Chemistry and biology of eukaryotic iron metabolism. Int J Biochem Cell Biol 2001;33(10):(Oct):940-59. .
20. Anderson GJ, Frazer DM. Compreensão atual da homeostase do ferro. Am J Clin Nutr 2017 1(Dec):559S-1566S. .
21. Anderson GJ. Mechanisms of iron loading and toxicity (Mecanismos de carga e toxicidade do ferro). Am J Hematol 2007 (Dez):1128-31. .
22. Piloni NE, Perazzo JC, Fernandez V, Videla LA, Puntarulo S. Sub-chronic iron overload triggers oxidative stress development in rat brain: implications for cell protection. Biometals. 2016 29(1):(Feb):119-30. .
23. Kakhlon O, Cabantchik ZI. The labile iron pool: characterization, measurement, and participation in cellular processes(1). Free Radic Biol Med 2002 33(8):(Oct 15):1037-46. .
24. Hentze MW, Muckenthaler MU, Galy B, Camaschella C. Two to tango: regulation of Mammalian iron metabolism. Cell. 2010;142(1):24-38.
25. maio N, Rouault TA. Biogénese de clusters de ferro-enxofre em mamíferos e doenças humanas. IUBMB Life. 2022 74(7):(Jul):705-14. .
26. Ward RJ, Zucca FA, Duyn JH, Crichton RR, Zecca L. The role of iron in brain ageing and neurodegenerative disorders (O papel do ferro no envelhecimento do cérebro e nas doenças neurodegenerativas). Lancet Neurol. 2014;13(10)(Oct):1045-60.
27. Hare DJ, Double KL. Ferro e dopamina: um casal tóxico. Brain. 2016 139(Apr):1026-35.
28. Liu C, Liang MC, Soong TW. Óxido nítrico, ferro e neurodegeneração. Front Neurosci 2019 13: 114. (18 de fevereiro).
29. Zimmermann MB, Hurrell RF. Nutritional iron deficiency. Lancet (Londres, Inglaterra). 2007;370(9586):511-20.
30. Shander A, Berth U, Betta J, Javidroozi M. Iron overload and toxicity: implications for anesthesiologists. Journal of clinical anesthesia. 2012;24(5):419-25.
31. Levenson CW, Tassabehji NM. Iron and ageing: an introduction to iron regulatory mechanisms (Ferro e envelhecimento: uma introdução aos mecanismos reguladores do ferro). Ageing Res Rev. 2004;3(3):251-63.
32. Gulec S, Collins JF. Mediadores moleculares que regem as interações ferro-

cobre. Annu Rev Nutr. 2014;34:95-116.
33. Andrews NC. Forjar um campo: a idade de ouro da biologia do ferro. Blood. 2008;112(2):219-30.
34. Gulec S, Anderson GJ, Collins JF. Aspectos mecânicos e regulatórios da absorção intestinal de ferro. Am J Physiol Gastrointest Liver Physiol. 2014;307(4):G397-409.
35. Swanson CA. Iron intake and regulation: implications for iron deficiency and iron overload. Alcohol (Fayetteville, NY). 2003;30(2):99-102.
36. Anderson CP, Shen M, Eisenstein RS, Leibold EA. Mammalian iron metabolism and its control by iron regulatory proteins. Biochim Biophys Ata. 2012;1823(9):1468-83.
37. Wilkinson N, Pantopoulos K. The IRP/IRE system in vivo: insights from mouse models. Front Pharmacol. 2014;5:176.
38. Munoz M, Garcia-Erce JA, Remacha AF. Distúrbios do metabolismo do ferro. Parte II: deficiência de ferro e sobrecarga de ferro. Journal of clinical pathology. 2011;64(4):287-96.
39. Kohgo Y, Ikuta K, Ohtake T, Torimoto Y, Kato J. Body iron metabolism and pathophysiology of iron overload. Revista Internacional de Hematologia. 2008;88(1):7-15.
40. Choi J, Masaratana P, Latunde-Dada GO, Arno M, Simpson RJ, McKie AT. A atividade da redutase duodenal e as reservas de ferro do baço estão reduzidas e a eritropoiese é anormal em ratinhos Dcytb knockout expostos a condições de hipoxia. The Journal of nutrition. 2012;142(11):1929-34.
41. Fuqua BK, Vulpe CD, J Anderson GJ. Intestinal iron absorption. J Trace Elem Med Biol (Revisão). 2012 26(2-3):(Jun):115-9. .
42. Theil EC, Chen H, Miranda C, Janser H, Elsenhans B, Nunez MT, et al. Absorption of iron from ferritin is independent of heme iron and ferrous salts in women and rat intestinal segments. The Journal of nutrition. 2012 142(3):(Mar):478-83. .
43. Aisen P. Entry of iron into cells: a new role for the transferrin recetor in modulating iron release from transferrin. Ann Neurol 1992;32
44. Park CK, Valore EV, Waring AJ, Ganz T. Hepcidin, um péptido antimicrobiano urinário sintetizado no fígado. J Biol Chem. 2001;276(11):(Mar 16):7806-10.
45. Nicolas G, Chauvet C, Viatte L, Danan JL, Bigard X, Devaux I, et al. O gene que codifica o péptido regulador do ferro hepcidina é regulado pela anemia, hipoxia e inflamação. J Clin Invest. 2002 110(7):(Out):1037-44. .
46. Ramey G, Deschemin J-C, Durel B, Canonne-Hergaux F, Nicolas G, Vaulont S. Hepcidin targets ferroportin for degradation in hepatocytes. Haematologica. 2010 95(3):(Mar):501-4.
47. Beutler E. Biologia celular. "Bombear" ferro: as proteínas. Science 2004 306(5704):(Dec 17):2051-3. .

48. Parrow NL, Fleming RE. Bone morphogenetic proteins as regulators of iron metabolism (Proteínas morfogenéticas ósseas como reguladoras do metabolismo do ferro). Annu Rev Nutr (Revisão). 2014;34::77-94. .
49. Ganz T. Hepcidin and iron regulation, 10 anos depois. Blood. 2011;117(17):(Apr 28):4425-33. .
50. Rouault TA. The role of iron regulatory proteins in mammalian iron homeostasis and disease. Nat Chem Biol. 2006 2(8):(Aug):406-14.
51. Hentze MW, Muckenthaler MU, Andrews NC. Balancing acts: molecular control of mammalian iron metabolism. Cell. 2004;117(3):285-97.
52. Leipuviene R, Theil EC. A família de estruturas de RNA responsivas ao ferro reguladas
por alterações no ferro e oxigénio celulares. Cell Mol Life Sci. 2007;64(22):2945-55.
53. Meyron-Holtz EG, Ghosh MC, Rouault TA. Mammalian tissue oxygen levels modulate iron-regulatory protein activities in vivo. Science (Nova Iorque, NY). 2004;306(5704):2087-90.
54. Meyron-Holtz EG, Cohen LA, Fahoum L, Haimovich Y, Lifshitz L, Magid-Gold I, et al. Corrigendum: Ferritin polarization and iron transport across monolayer epithelial barriers in mammals. Front Pharmacol. 2015;6:163.
55. Nunez MT, Gaete V, Watkins JA, Glass J. Mobilização do ferro das vesículas endocíticas. Os efeitos da acidificação e da redução. J Biol Chem 1990 265(12):(Apr 25):6688-92.
56. Tchernitchko D, Bourgeois M, Martin M-E, Beaumont C. Expressão das duas isoformas de ARNm do transportador de ferro Nramp2/DMT1 em ratinhos e função do elemento de resposta ao ferro. Biochem J. 2002 (1 de maio):449-55.
57. Richardson DR, Lane DJ, Becker EM, Huang ML, Whitnall M, Suryo Rahmanto Y, et al. Mitochondrial iron trafficking and the integration of iron metabolism between the mitochondrion and cytosol. Proc Natl Acad Sci U S A. 2010;107(24):10775-82.
58. Behera RK, Torres R, Tosha T, Bradley JM, Goulding CW, Theil EC. O transporte de substrato de Fe(2+) através dos canais iónicos da gaiola da proteína ferritina influencia a atividade enzimática e a biomineralização. Journal of biological inorganic chemistry: Sociedade de Química Inorgânica Biológica. 2015;20(6):957-69.
59. Sharp P. The molecular basis of copper and iron interactions (A base molecular das interações entre o cobre e o ferro). Proc Nutr Soc 2004 63(4):(Nov):563-9. .
60. Jenkitkasemwong S, Wang C-Y, Coffey R, Zhang W, Chan A, Biel T, et al. SLC39A14 Is Required for the Development of Hepatocellular Iron Overload in Murine Models of Hereditary Hemochromatosis. Cell Metab. 2015 22(1):(Jul 7):138-50. .
61. Gelvan D, Fibach E, Meyron-Holtz EG, Konijn AM. Ferritin uptake by human erythroid precursors is a regulated iron uptake pathway. Blood. 1996 88(8):(Oct

15):3200-7.
62. Anderson GJ, Frazer DM. Hepatic iron metabolism. Semin Liver Dis 2005 25(4):(Nov):420-32. .
63. Frazer DM, Anderson GJ. A regulação do transporte de ferro. Biofactores. 2014 40(2):(Mar-Abr):206-14. .
64. Theil EC. Ferritin: the protein nanocage and iron biomineral in health and in disease. Inorg Chem. 2013;52(21):12223-33.
65. Theil EC, Matzapetakis M, Liu X. Ferritins: iron/oxygen biominerals in protein nanocages. Journal of biological inorganic chemistry: JBIC: uma publicação da Society of Biological Inorganic Chemistry. 2006;11(7):803-10.
66. Finazzi D, Arosio P. Biology of ferritin in mammals: an update on iron storage, oxidative damage and neurodegeneration. Arquivos de toxicologia. 2014;88(10):1787-802.
67. Watt RK. The many faces of the octahedral ferritin protein. Biometals: uma revista internacional sobre o papel dos iões metálicos na biologia, bioquímica e medicina. 2011;24(3):489-500.
68. Arosio P, Ingrassia R, Cavadini P. Ferritins: a family of molecules for iron storage, antioxidation and more. Biochim Biophys Ata. 2009;1790(7):589-99.
69. Crichton RR, Declercq JP. Estruturas de raios X de ferritinas e proteínas relacionadas. Biochim Biophys Ata. 2010;1800(8):706-18.
70. Bomford A, C. C-H, Munro HN. Adaptive responses of rat tissue isoferritins to iron administration. Alterações na síntese de subunidades, abundância de isoferritina e capacidade de armazenamento de ferro. J Biol Chem 1981 256(2):(Jan 25):948-55.
71. Arosio P, Levi S, Santambrogio P, Cozzi A, Luzzago A, Cesareni G, et al. Estudos estruturais e funcionais das cadeias H e L da ferritina humana. Curr Stud Hematol Blood Transfus. 1991;(58)::127-31. .
72. Blissman G, Menzies S, Beard J, Palmer C, Connor J. The expression of ferritin subunits and iron in oligodendrocytes in neonatal porcine brains. Dev Neurosci. 1996;18(4)::274-81.
73. Connor JR, Boeshore KL, Benkovic SA, Menzies SL. Isoforms of ferritin have a specific cellular distribution in the brain. J Neurosci Res. 1994 1;37(4):(Mar):461-5.
74. Cairo G, Rappocciolo E, Tacchini L, Schiaffonati L. Expressão dos genes para as subunidades H e L da ferritina no fígado e no coração do rato. Evidência de regulamentação específica do tecido a nível pré e pós-traducional. Biochem J. 1991 275(May 1):813-6. .
75. Friedman A, Arosio P, Finazzi D, Koziorowski D, Galazka-Friedman J. Ferritin as an important player in neurodegeneration. Parkinsonism & related disorders. 2011;17(6):423-30.
76. Kruszewski M. Labile iron pool: the main determinant of cellular response to oxidative stress. Mutation research. 2003;531(1-2):81-92.

77. Gebauer F, Hentz MW. Molecular Mechanisms of Translational Control (Mecanismos moleculares de controlo da tradução). Mol Cell Biol. 2004;5:827-35.
78. Andrews SC. A superfamília semelhante à ferritina: Evolução do armazenador de ferro biológico a partir de um antepassado semelhante à rubreritrina. Biochim Biophys Ata. 2010;1800(8):691-705.
79. VanLandingham JW, Levenson CW. Effect of retinoic acid on ferritin H expression during brain development and neuronal differentiation (Efeito do ácido retinóico na expressão da ferritina H durante o desenvolvimento do cérebro e a diferenciação neuronal). Nutr Neurosci 2003 6(1):(Feb):39-45. .
80. Hirose W, Ikematsu K, Tsuda R. Age-associated increases in heme oxygenase-1 and ferritin immunoreactivity in the autopsied brain. Leg Med (Tokyo). 2003 (Mar:):S360-6. .
81. Zecca L, Gallorini M, Schunemann V, Trautwein AX, Gerlach M, Riederer P, et al. Conteúdo de ferro, neuromelanina e ferritina na substância negra de indivíduos normais em diferentes idades: consequências para o armazenamento de ferro e processos neurodegenerativos. J Neurochem 2001 76(6):(Mar):1766-73. .
82. Bogdan AR, Miyazawa M, Hashimoto K, Tsuji Y. Reguladores da homeostase do ferro: New Players in Metabolism, Cell Death, and Disease. Trends Biochem Sci 2016 41(3):(Mar):274-86.
83. Tejedor JR, Papasaikas P, Valcarcel J. Genome-wide identification of Fas/CD95 alternative splicing regulators reveals links with iron homeostasis. Mol Cell 2015 57(1):(Jan 8):23-38.
84. Paul BT, Manz DH, Torti FM, Torti SV. Mitocôndrias e ferro: questões actuais. Expert Rev Hematol. 2017;10(1):(Jan):65-79.
85. Maccarinelli F, Gammella E, Asperti M, Regoni M, Biasiotto G, Turco E, et al. Os ratos que não possuem ferritina mitocondrial são mais sensíveis à cardiotoxicidade mediada pela doxorrubicina. J Mol Med (Berl) 2014 92(8):(Aug):859-69. .
86. Buratti P, Gammella E, Rybinska I, Cairo G, Recalcati S. Recent Advances in Iron Metabolism: Relevance for Health, Exercise, and Performance. Med Sci Sports Exerc. 2015 47(8):(Ago):1596-604. .
87. Mochel F, Knight MA, Tong WH, Hernandez D, Ayyad K, Taivassalo T, et al. A mutação de corte na proteína ISCU (iron-sulfur cluster scaffold protein) causa miopatia com intolerância ao exercício. Am J Hum Genet 2008 82(3):(Mar):652-60.
88. Ishii KA, Fumoto T, Iwai K, Takeshita S, Ito M, Shimohata N, et al. Coordenação de PGC-1beta e captação de ferro na biogénese mitocondrial e ativação de osteoclastos. Nat Med 2009 15(3):(Mar;):259-66. .
89. Rensvold JW, Krautkramer KA, Dowell JA, Denu JM, Pagliarini DJ. A privação de ferro induz a regulação transcricional da biogénese mitocondrial. J Biol Chem 2016 291(40):(Sep 30):20827-37.
90. Xue X, Ramakrishnan SK, Weisz K, Triner D, Xie L, Attili D, et al. A

captação de ferro via DMT1 integra o ciclo celular com a sinalização JAK-STAT3 para promover a tumorigénese colorrectal. Cell Metab. 2016 24(3):(Sep 13):447-61..

91. Ganz T. Cellular iron: ferroportin is the only way out. Cell Metab. 2005 1(3)(Mar):155-1557.

92. Du F, Qian C, Qian ZM, Wu XM, Xie H, Yung WH, et al. A hepcidina inibe diretamente a expressão do recetor 1 da transferrina nos astrócitos através de uma via cíclica AMP-proteína quinase A. Glia. 2011;59 (6): (Jun):936-45..

93. Lymboussaki A, Pignatti E, Montosi G, Garuti C, Haile DJ, Pietrangelo A. The role of the iron responsive element in the control of ferroportin1/IREG1/MTP1 gene expression. J Hepatol. 2003 39(5)(Nov):710-515..

94. Qiao B, Sugianto P, Fung E, Del-Castillo-Rueda A, Moran-Jimenez MJ, Ganz T, et al. A endocitose da ferroportina induzida pela hepcidina depende da ubiquitinação da ferroportina. Cell Metab 2012 15(6):(Jun 6):918-24..

95. Preza GC, Pinon R, Ganz T, Nemeth E. Cellular catabolism of the iron-regulatory peptide hormone hepcidin. PLoS One. 2013;8(3):.

96. Kautz L, Jung G, Valore EV, Rivella S, Nemeth E, Ganz T. Identification of erythroferrone as an erythroid regulator of iron metabolism". . Nature genetics. 2014;46 (7):(Jul):678-84..

97. Drakesmith H, Nemeth E, Ganz T. Ironing out Ferroportin. Cell Metab 2015 22(5):(Nov 3):777-87.

98. Taylor M, Qu A, Anderson ER, Matsubara T, Martin A, Gonzalez FJ, et al. O fator induzível por hipoxia-2a medeia o aumento adaptativo da ferroportina intestinal durante a deficiência de ferro em ratos. Gastroenterology 2011 140(7):(Jun):2044-55..

99. Babu KR, Muckenthaler MU. O miR-20a regula a expressão do exportador de ferro
ferroportina no cancro do pulmão. J Mol Med (Berl) 2016 94(3):(Mar):347-59..

100. Arezes J, Jung G, Gabayan V, Valore E, Ruchala P, Gulig PA, et al. A hipoferremia induzida por hepcidina é um mecanismo crítico de defesa do hospedeiro contra a bactéria siderofílica Vibrio vulnificus. Cell Host Microbe 2015 17(1):(Jan 14):47-57..

101. Enculescu M, Metzendorf C, Sparla R, Hahnel M, Bode J, Muckenthaler MU, et al. Modelação da regulação sistémica do ferro durante a sobrecarga de ferro na dieta e a inflamação aguda: Papel dos mecanismos independentes da hepcidina. PLoS Comput Biol 2017 13(1):(Jan 9).

102. Han CY, Koo JH, Kim SH, Gardenghi S, Rivella S, Strnad P, et al. A hepcidina inibe a fosforilação de Smad3 em células estreladas hepáticas, impedindo a regulação da Akt mediada pela ferroportina. Nat Commun 2016 7:13817. (22 de dezembro).

103. Porter JB. Fisiopatologia da sobrecarga de ferro. . Hematol Oncol Clin North Am 2005;19:7-12.

104. Kakhlon O, Cabantchik ZI. The labile iron pool: characterization, measurement, and participation in cellular processes. . Free Radic Biol Med 2002;33:1037-46.
105. Yehuda S, Mostofsky DI. Iron Deficiency and Overload From Basic Biology to Clinical Medicine (Deficiência e sobrecarga de ferro da biologia básica à medicina clínica). . Nutrition and Health New York, NY: Humana Press 2010.
106. Caroline PC, Moon-Suhn R. Entrega especial: distribuição de ferro no citosol de células de mamíferos. Fronteiras em Farmacologia 2014;5:173. (22 de julho).
107. Arosio P, Levi S. Ferritin, iron homeostasis, and oxidative damage. Free Radic Biol Med. 2002;33(4):457-63.
108. Rouault TA, Cooperman S. Brain iron metabolism (metabolismo do ferro no cérebro). Semin Pediatr Neurol. 2006;13(3):142-8.
109. Hsu CC, Senussi NH, Fertrin KY, Kowdley KV. Distúrbios de sobrecarga de ferro. Hepatol Commun 2022;6 (8): ((junho):1842-54. .
110. Doyle A, Rusli F, Bhathal P. Aceruloplasminaemia: uma causa rara mas importante de sobrecarga de ferro. BMJ Case Rep. 2015(14 de maio:).
111. Kew MC. Sobrecarga de ferro hepático e carcinoma hepatocelular. Cancro do Fígado 2014 3(1):(Mar):31-40. .
112. Fleming RE, Ponka P. Iron overload in human disease (sobrecarga de ferro na doença humana). The New England journal of medicine. 2012;366(4):348-59.
113. Taher AT, Weatherall DJ, Cappellini MD. Thalassaemia. Lancet (Londres, Inglaterra). 2018 391(10116):(Jan 13):155-67. .
114. Olivieri NF, Brittenham GM. Gestão das talassemias. Cold Spring Harb Perspect Med 2013;3(6):a011767.(Jun 1).
115. Danilowicz-Szymanowicz L, Swiatczak M, Sikorska K, Starzynski RR, Raczak A, Lipinski P. Pathogenesis, Diagnosis, and Clinical Implications of Hereditary Hemochromatosis-The Cardiological Point of View. Diagnostics (Basileia, Suíça. 2021;11 (7): 1279. .
116. Rouault TA. Iron metabolism in the CNS: implications for neurodegenerative diseases. Nat Rev Neurosci. 2013;14(8):551-64.
117. Ndayisaba A, Kaindlstorfer C, Wenning GK. Ferro na Neurodegeneração - Causa ou Consequência? Front Neurosci (Revisão). 2019;13(Mar 1):180.
118. Dusek P, Schneider SA, Aaseth J. Quelação de ferro no tratamento de doenças neurodegenerativas. J Trace Elem Med Biol 2016 38(Dec):81-92.
119. Muckenthaler MU, Galy B, Hentze MW. Systemic iron homeostasis and the iron-responsive element/iron-regulatory protein (IRE/IRP) regulatory network. Annu Rev Nutr. 2008;28:197-213.
120. Recalcati S, Gammella E, Buratti P, Cairo G. Molecular regulation of cellular iron balance. IUBMB Life. 2017;69(6):(Jun):389-98. .
121. Zhang DL, Ghosh MC, Rouault TA. As funções fisiológicas das proteínas reguladoras do ferro na homeostase do ferro - uma atualização. Front Pharmacol.

2014;5:124.
122. Recalcati S, Gammella E, Cairo G. Novas perspectivas sobre a base molecular da interação entre a homeostase do oxigénio e o metabolismo do ferro. Hypoxia (Auckl) 2015 3(Dec 11):93-103..
123. Beard JL, Burton JW, Theil EC. A ferritina purificada e a farinha de soja podem ser fontes de ferro para o tratamento da deficiência de ferro em ratos. The Journal of nutrition. 1996;126(1):154-60.
124. Proudhon D, Wei J, Briat J, Theil EC. Ferritin gene organization: differences between plants and animals suggest possible kingdom-specific selective constraints. Journal of molecular evolution. 1996;42(3):325-36.
125. Ward RJ, Zucca FA, Duyn JH, Crichton RR, Zecca L. The role of iron in brain ageing and neurodegenerative disorders (O papel do ferro no envelhecimento do cérebro e nas doenças neurodegenerativas). Lancet Neurol. 2014;13(10)(Oct;):1045-460.
126. Melis JP, van Steeg H, Luijten M. Oxidative DNA damage and nucleotide excision repair. Antioxid Redox Signal. 2013 18(18):(Jun 20):2409-19.
127. Horowitz MP, Greenamyre JT. O metabolismo do ferro mitocondrial e o seu papel na neurodegeneração. J Alzheimers Dis 2010;20 S551-68..
128. Paris I, Martinez-Alvarado P, Cardenas S, Perez-Pastene C, Graumann R, Fuentes P, et al. Toxicidade do ferro dependente da dopamina em células derivadas do hipotálamo do rato. Chem Res Toxicol 2005 18(3)(Mar):415-9.
129. Li WJ, Jiang H, Song N, Xie JX. Agregação de alfa-sinucleína dependente da dose e do tempo induzida por ferro férrico em células SK-N-SH. Neurosci Bull 2010;26(3):(Jun):205-10..
130. Liu Y, Connor JR. Iron and ER stress in neurodegenerative disease. Biometals: uma revista internacional sobre o papel dos iões metálicos na biologia, bioquímica e medicina. 2012 25(4):(Ago):837-45.
131. Dixon SJ, Lemberg KM, Lamprecht MR, Skouta R, Zaitsev EM, Gleason CR, et al. Ferroptosis: an iron-dependent form of nonapoptotic cell death. Cell Biochemistry and Biophysics. 2012 149(5):(25 de maio):1060-72..
132. Tisdall MD, Ohm DT, Lobrovich R, Das SR, Mizsei G, Prabhakaran K, et al. A ressonância magnética ex vivo e a histopatologia detectam uma nova inflamação cortical rica em ferro na degenerescência lobar frontotemporal com patologia tau versus TDP-43. Neuroimage Clin. 2022;33:102913..
133. Dusek P, Hofer T, Alexander J, Roos PM, Aaseth JO. Deposição de ferro cerebral na neurodegeneração.. Biomolecules 2022;12:714..
134. Lane DJR, Ayton S, Bush AI. Iron and Alzheimer's Disease: An Update on Emerging Mechanisms. J Alzheimers Dis. 2018;64:S379-S95..
135. Liu F, Zhang Z, Zhang L, Meng RN, Gao J, Jin M, et al. Efeito dos iões metálicos na
Doença de Alzheimer. Brain Behav 2022 12(3):e2527.(Mar):1-9.
136. Antharam V, Collingwood JF, Bullivant JP, Davidson MR, Chandra S,

Mikhaylova A, et al. Microscopia de ressonância magnética de alto campo do hipocampo humano na doença de Alzheimer: imagem quantitativa e correlação com o ferro. Neuroimage 2012 59(2):(Jan 16):1249-60. .
137. Hare D, Ayton S, Bush A, Lei P. Um equilíbrio delicado: O metabolismo do ferro e as doenças do cérebro. Front Aging Neurosci. 2013;5:34(Jul 18):1-19.
138. Acevedo K, Masaldan S, Opazo CM, Bush AI. Metais redox ativos em doenças neurodegenerativas. J Biol Inorg Chem 2019 24(8)(Dec):1141-57.
139. Nishizaki T. Fe3+ Facilita a Internalização Endocítica do A01-42 Extracelular e Aumenta a Ativação da Caspase-3/Caspase-4 Induzida pelo A01-42 e a Morte das Células Neuronais. Mol Neurobiol. 2019 56(7):(Jul):4812-9. .
140. Tsatsanis A, Dickens S, Kwok JCF, Wong BX, Duce JA. A modulação pós-tradução do tráfego da proteína precursora 0-amiloide para a superfície celular altera a homeostase do ferro neuronal. Neurochem Res 2019 44 (6): (Jun): 1367-74.
141. Quintana C, Bellefqih S, Laval JY, Guerquin-Kern JL, Wu TD, Avila J, et al. Estudo da localização de ferro, ferritina e hemossiderina no hipocampo da doença de Alzheimer por microscopia analítica ao nível subcelular. J Struct Biol. 2006;153(1)(Jan):42-54. .
142. Liu B, Moloney A, Meehan S, Morris K, Thomas SE, Serpell LC, et al. O ferro promove a toxicidade do péptido beta amiloide impedindo a sua agregação ordenada. J Biol Chem. 2011;286(6)(Feb 11):4248-56.
143. Gallagher JJ, Finnegan ME, Grehan B, Dobson J, Collingwood JF, Lynch MA. A deposição modesta de amiloide está associada à desregulação do ferro, à ativação microglial e ao stress oxidativo. J Alzheimers Dis. 2012;28(1)::147-61. .
144. Amit T, Avramovich-Tirosh Y, Youdim MB, Mandel S. Targeting multiple Alzheimer's disease etiologies with multimodal neuroprotective and neurorestorative iron chelators. FASEB J. 2008 22(5)(maio):1296-305.
145. Wolozin B, Golts N. Iron and Parkinson's disease (Ferro e doença de Parkinson). Neuroscientist. 2002;8(1)(Feb):22-32. .
146. Golts N, Snyder H, Frasier M, Theisler C, Choi P, Wolozin B. Magnesium inhibits spontaneous and iron-induced aggregation of alpha-synuclein. J Biol Chem 2002;277(18)(May 3):16116-23. .
147. Mizuno Y, Ohta S, Tanaka M, Takamiya S, Suzuki K, Sato T, et al. Deficiências nas subunidades do complexo I da cadeia respiratória na doença de Parkinson. Biochem Biophys Res Commun 1989 163(3):(Sep 29;):1450-5. .
148. Werner CJ, Heyny-von Haussen R, Mall G, Wolf S. Proteome analysis of human substantia nigra in Parkinson's disease (Análise do proteoma da substância negra humana na doença de Parkinson). Proteome Sci 2008 6:8(Feb 14).
149. Lei P, Ayton S, Bush AI. Os elementos essenciais da doença de Alzheimer. J Biol Chem 2021;296:100105.(Jan-Jun).

Capítulo 3

O ferro promove a expressão do amiloide de Alzheimer através da tradução do ARNm do IRE

A homeostase do ferro é regulada por proteínas reguladoras do ferro (IRPs), mRNA de elementos responsivos ao ferro (IREs) e ambos. Para regular a tradução, os motivos da região 5'-não traduzida dos IREs da APP dobram-se em laços de haste de ARN e ligam-se à IRP. A sobrecarga de ferro acelerou a tradução da proteína precursora do amiloide de Alzheimer (APP) através dos IREs da região 5'-UTR da APP. Os IREs ligam-se a dois tipos diferentes de proteínas: o repressor da síntese proteica IRP1 e o ativador da síntese proteica eIF4F. A ligação competitiva do IRP1 e do eIF4F ao IRE é regulada pelo ferro. O ferro leva à dissociação dos IRPs e à alteração da tradução, induzindo o IRE e o eIF4F a associarem-se um ao outro. Os ARN mensageiros estão a ser cada vez mais considerados como alvos promissores para o desenvolvimento de terapias com pequenas moléculas para regular a expressão da APP modulada pelo IRE. Embora os ARN mensageiros, como os ARNt e os ARNr, possam dobrar-se em estruturas tridimensionais intrincadas, acrescentando ainda mais uma camada de complexidade, muitas tácticas de interferência do ARNm visam a estrutura 2-D do ARN. Um dos poucos elementos reguladores tridimensionais de mRNA conhecidos é a família dos IREs. Nesta revisão, descrevo as caraterísticas estruturais e funcionais dos IRE. Esta família de sequências de bases relacionadas regula os mRNAs que codificam as proteínas envolvidas no metabolismo do ferro. O ferro regula a expressão da APP de Alzheimer de uma forma semelhante à do RNAm IRE da ferritina no seu 5aTR. As medições dos níveis de expressão da APP, da amiloide-0 e da formação de tau também podem ser utilizadas para explorar e comparar a má regulação do ferro pelas IRPs. Por conseguinte, ao centrar-se nas estruturas de ARNm, a expressão de APP modulada por IRE na doença de Alzheimer tem um potencial terapêutico significativo.

3.1 Introdução

A doença de Alzheimer é uma doença neurodegenerativa do sistema nervoso central que afecta sobretudo os idosos e resulta em demência (2-4). A doença de Alzheimer (DA) caracteriza-se pelo desenvolvimento da agregação extracelular do péptido 0-amiloide (A0), pela acumulação intracelular da proteína tau hiperfosforilada em formações neurofibrilares e por uma concentração elevada de ferro no cérebro (5-7). O ferro é crucial para preservar a quantidade fisiológica normal de ferro no cérebro, uma vez que está envolvido em numerosos processos fisiológicos do cérebro, como a respiração, o transporte de oxigénio, a síntese de ADN, o metabolismo energético, a mielinização neuronal e a síntese de neurotransmissores (8). Uma vez que o ferro lábil (Fe) catalisa a produção de espécies reactivas tóxicas de oxigénio que destroem o ADN, os lípidos e as proteínas, a reserva de ferro livre nas células é rigorosamente controlada (9). No entanto, uma série de doenças neurodegenerativas, incluindo a doença de

Alzheimer, a doença de Parkinson (DP), a ataxia de Friedreich (10) e outras doenças do Sistema Nervoso Central (SNC), estão associadas a uma má gestão do ferro no cérebro (11). Está documentado que a homeostase do ferro e a patogénese da DA estão diretamente relacionadas (9, 12-14). De acordo com vários estudos (15, 16), uma das principais causas de morte neuronal numa variedade de doenças neurodegenerativas é uma má regulação do metabolismo do ferro no cérebro. A expressão do ARNm da APP nos astrócitos (17) e nas células do neuroblastoma (12) é influenciada pelos níveis de ferro no cérebro. Foi demonstrado que as anomalias no metabolismo do ferro, principalmente nos neurónios ou nos astrócitos, são a causa direta da neuroferritinopatia e da ceruloplasminemia, que são geradas por mutações na ferritina e na ceruloplasminemia, respetivamente (18). Existe uma correlação entre as mutações num certo número de genes, incluindo a cadeia leve da ferritina (FRT-L), a ceruloplasmina e o PANK2 (19). Resultados recentes foram associados a muitos genes envolvidos no metabolismo do ferro celular, sobreexpressão de amiloide e morte celular neuronal (20, 21). Estes resultados demonstram uma ligação direta entre a acumulação de amiloide e uma homeostase inadequada do ferro no cérebro dos doentes de Alzheimer. Foi encontrada uma correlação entre a neuroquímica do ferro e a proteína amiloide 0 associada à doença de Alzheimer (22). O ferro tem um papel semelhante na regulação da formação da proteína amiloide da doença de Alzheimer através da tradução do ARNm da ferritina, que se liga a elementos responsivos ao ferro (IREs) nos 5'-UTRs do transcrito da ferritina. A presença de sequências IRE 5'UTR nos transcritos da proteína precursora amiloide e da a-sinucleína, a atividade da APP como ferroxidase de exportação de ferro neuronal e a capacidade do ferro para aumentar a neurotoxicidade da amiloide 0 indicam que se sabe que o ferro desempenha um papel significativo na neurotoxicidade associada à DA e à DP (23). Além disso, os quelantes de ferro têm sido utilizados em numerosos estudos clínicos e têm-se mostrado promissores na prevenção da neurodegenerescência numa série de modelos animais (9). O principal modulador da homeostase do ferro intracelular é a proteína reguladora do ferro (IRP). Esta regula pós-transcricionalmente muitos genes envolvidos na homeostase do ferro, ligando-se seletivamente aos IREs conservados presentes nos UTRs dos mRNAs (24, 25). O 5'-UTR do transcrito da APP contém uma estrutura IRE em forma de laço. Tal como demonstrado por outras proteínas reguladas pelo ferro, o laço de haste IRE encontrado no transcrito da APP sugere que esta proteína está envolvida na homeostase do ferro. Um possível fator com impacto na síntese da APP é o funcionamento de um laço de haste de ARN IRE codificado pelo APP 5'-UTR. A incapacidade de controlar a ligação do ferro tem impacto na forma como as proteínas reguladoras do ferro interagem com os IREs (26), o que pode ter impacto na sobreexpressão do amiloide de Alzheimer. Os IREs regulam a homeostase do ferro intracelular de forma pós-transcricional. A estrutura em forma de laço do ARN do IRE pode ser fundamental para a regulação incorrecta destas proteínas vitais durante a doença de Alzheimer. A ausência de IRP2 está associada a perturbações no metabolismo do ferro, na tradução do ARN da ferritina e na estabilidade do transcrito do recetor da transferrina (TfR) no sistema nervoso central e na mucosa gastrointestinal (27). Os níveis de ferro intracelular tiveram um efeito no APP 5'-UTR de uma forma que faz sentido, dado que a síntese intracelular de APP é controlada pelo ferro (12, 28). As IRPs são proteínas de interação com o ARN que controlam a estabilidade do ARNm da TfR e a tradução do ARNm da ferritina através da sua interação com o IRE. As IRPs e os transcritos de mRNA 5'-UTR dos IREs interagem para controlar o metabolismo do ferro (29). Os IREs estão presentes nos 3'- e 5'-UTRs do mRNA alvo (30). Os IREs dobram-se em hélices de ARN A dobradas com laços terminais e formam estruturas de laços em haste constituídas por uma hélice de ARN de 30 nt (29, 30). As proteínas IRPs estão firmemente ligadas às estruturas de ARN dos IREs. Os IRE-RNAs controlam as taxas de síntese das proteínas, modificando a distribuição dos mRNAs metabólicos do ferro entre complexos que incluem eIFs promotores e IRPs inibidores. A caixa CAGA está localizada nas 146 nt 5'-UTR do mRNA APP IRE stem-loop e interage com a IRP1 (31). A ligação do ARN da APP IRE também modifica a estrutura da IRP. As estabilidades de ligação do IRP dentro da família IRE, que correspondem às bases emparelhadas e não emparelhadas de cada ARN IRE, variam por um fator de 10. Esta variação afecta as respostas graduais ao ferro in vivo (31). As quantidades de ferro celular estabilizam ou desestabilizam a formação do complexo IRP/IRE. A superabundância de amiloide, a sua agregação, a perda de neurónios e a progressão da doença de Alzheimer são provocadas por anomalias no sistema de sinalização IRP/IRE, provocadas pela sobrecarga de ferro nos tecidos cerebrais. A toxicidade amiloide e a transcrição da APP são reguladas pela quantidade de ferro existente nas células. As IRP controlam o estado estável do ferro influenciando a tradução do ARNm e o turnover do recetor da transferrina, da APP, da ferritina e de outras proteínas associadas ao ferro (32). As variações nas quantidades de ferro no interior das células podem afetar a ligação da IRP1 ao laço do IRE, influenciando assim a homeostase da APP, da transferrina e da ferritina (33). Em níveis baixos de ferro, as IRPs podem ligar-se firmemente aos IREs presentes no 3'-UTR do ARNm TfR1. Este facto promove a absorção de ferro através da estabilização dos transcritos e do aumento da expressão da proteína TfR1. No entanto, níveis baixos de ferro também facilitam a interação dos IRPs com os IREs presentes no ARNm da ferroportina-1, reduzindo assim o nível da proteína ferroportina, que é responsável pela exportação de ferro. Por conseguinte, a disponibilidade e a absorção de ferro nas células são aumentadas pela ligação IRE-IRP para a deteção do ferro. Por outro lado, o aumento dos níveis de ferro reduz a capacidade das IRPs de se ligarem ao IRE. Isto resulta numa redução da estabilidade do ARNm do TfR1 e num aumento da tradução do ARNm da ferroportina, contribuindo ambos para a depleção do ferro celular (34). Assim, a compreensão da afinidade da ligação do IRE é essencial para o conhecimento da homeostase do ferro mediada pelo IRP (25).

As proteínas amilóides afectam a homeostase dos metais nos neurónios, e os iões metálicos são abundantes nas sinapses. Foi demonstrado que a perturbação do estado estacionário dos metais nos neurónios pode exacerbar a doença neurodegenerativa (35, 36). Várias funções cerebrais, incluindo a transmissão de sinais, a síntese de neurotransmissores, a mielinização neuronal e a defesa contra espécies reactivas de oxigénio, dependem de micronutrientes como o ferro (Fe), o zinco (Zn) e o cobre (Cu). A capacidade do cérebro para aprender e recordar coisas é perturbada quando estes neuro-metais estão em falta. O ferro é o neuro-metal mais comum no cérebro. O ferro cofator é necessário para uma série de processos biológicos (37). Ao ligar-se ao transportador de ferro ferro ferroportina, a APP controla a quantidade de ferro que sai das células (38). Além disso, o ferro controla a produção de proteínas com a sequência do elemento responsivo ao ferro, ligando-se a proteínas reguladoras do ferro (39). O domínio IRE do transcrito da APP tem semelhanças com a ferritina e outras proteínas de ligação ao ferro (12). Consequentemente, a APP tem a capacidade de modular as concentrações de iões metálicos nos neurónios, regulando assim a síntese de APP. As interações entre a proteína de ligação ao IRE e a aconitase citosólica demonstram que a IRP necessita de passar por uma mudança conformacional crucial para se ligar ao ARN do IRE. Isto exige que o mecanismo da bolsa de ligação ao ARN sofra alterações conformacionais consideráveis e migrações de domínios. Após a ligação ao IRE, estas alterações na conformação estrutural do IRP1 foram identificadas utilizando a espetroscopia de dicroísmo circular (CD) e a cristalografia de raios X (40, 41). Foram utilizadas técnicas comparáveis para clarificar as alterações estruturais que ocorrem quando os factores de iniciação da tradução eucarióticos (eIFs) se ligam à porção de capa do ARNm e ao ARN do IRE (42, 43). Neste capítulo, espero fornecer uma visão geral da compreensão atual da ligação entre a homeostase do ferro e o IRE na 5'UTR do ARNm da APP, juntamente com potenciais aplicações terapêuticas e clínicas destas moléculas na doença de Alzheimer. Além disso, analisei a coleção de sequências de ARN que compõem a família IRE e descobri que um número de

Os IRE têm a capacidade de se ligarem aos IRP. Estes relatórios demonstraram a importância da conformação em pseudotriloop da APP e do IRE da ferritina para a ligação aos IRPs, utilizando técnicas biofísicas e computacionais (43-45) e o sistema de três híbridos de levedura (31), que tem sido amplamente utilizado para avaliar as interações proteína-RNA *in vitro* (46, 47) e *in vivo* (48).

3.2 Estrutura e função dos IREs

Um elemento responsivo ao ferro (IRE) é um motivo regulador do ARN mensageiro de ação cis com uma sequência e uma estrutura únicas e altamente conservadas. Os hairpins de ARN são a unidade fundamental dos elementos responsivos ao ferro (49). Os elementos de ARN mais prevalecentes, os hairpins (50, 51), proporcionam pegas úteis para as proteínas reguladoras se ligarem (52).

Cada IRE tem cerca de trinta nucleótidos de comprimento, com um laço conservado de seis nucleótidos no topo. Os IREs estão dobrados num hairpin que consiste em duas hélices curtas divididas por uma protuberância C (Fig. 1). A estrutura e a sequência dos anéis individuais (IREs), que são geralmente constituídos por um elemento de laço de haste e um motivo de laço apical que são divididos de uma haste inferior por uma protuberância C, são altamente conservados em mamíferos (53-56). Atualmente, existem muitas estruturas semelhantes a IRE que foram propostas para vários ARNm, algumas das quais codificam proteínas que não só são cruciais para a homeostase do ferro, como também não são exclusivas (57). Os IREs originais foram descobertos no mRNA da ferritina (58). Recentemente, foram encontrados mRNAs contendo IREs numa variedade de outras proteínas, incluindo a a-sinucleína na doença de Parkinson (24), a proteína estabilizadora da a-hemoglobina (59) e a proteína precursora amiloide de Alzheimer (APP) (12, 31). Prevê-se que a estrutura secundária do ARN do IRE da APP contenha o pseudotriloop. Na estrutura prevista para o ARN do IRE da APP, prevê-se que o resíduo G7 seja uma base de protuberância, mas o resíduo C8 não o é (31). Um IRE funcional também é codificado no 5'-UTR dos transcritos de APP AD (12). De acordo com um relatório (12), o motivo do loop canónico do stem loop do RNA da H-ferritina IRE e do RNA da APP IRE são bastante semelhantes. O emparelhamento de bases no IRE da APP humana pode produzir um triloop AGA crucial (31). A Fig. 1 mostra os laços do ARN codificados pelos 5'-UTRs dos transcritos ligados a doenças neurodegenerativas (APP e a-sinucleína) relativamente à ferritina, o ARN genérico do IRE. Cada ARNm codifica diferentes variações de um stemloop de ARN IRE que se pode ligar aos 5'-UTRs dos repressores de tradução IRP. O complexo IRE/IRP1 da ferritina (46) e o complexo IRE/IRP1 da APP (45) parecem ter uma estabilidade de ligação comparável. Cada membro da família IRE possui dois tipos de informação conservada: informação exclusiva do ARN do IRE e informação partilhada por todos os IREs.

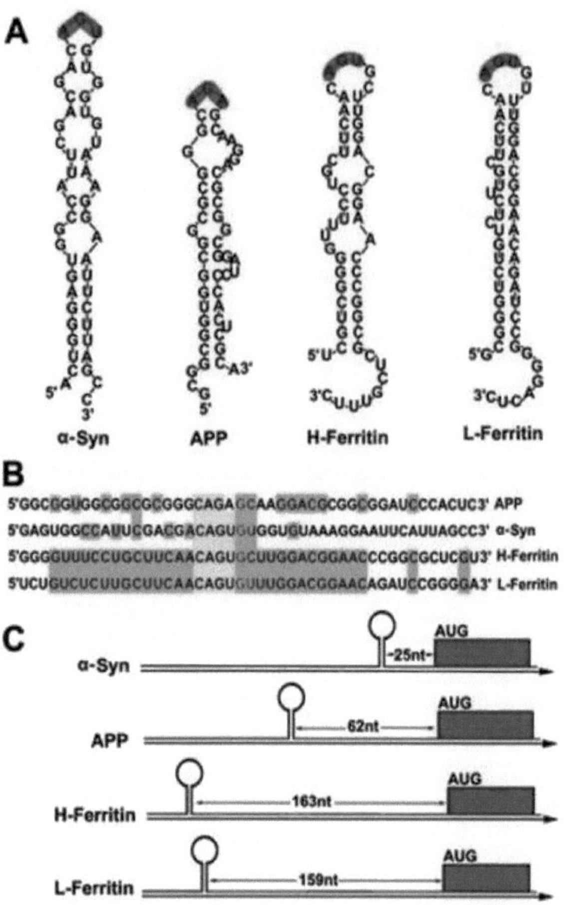

Figura 1. Laços de haste de ARN partilhados pelos 5'-UTRs nos ARNm dos transcritos neurodegenerativos em comparação com os transcritos de ferritina. (A) Estruturas AGU/AGA do tipo IRE do laço de haste identificadas na a-sinucleína, APP, H-ferritina e L-ferritina. (B) Alinhamento relativo das sequências que codificam o laço de haste IRE específico do 5'-UTR. (C) Mapas dos loops de haste IRE 5'-UTR. Retirado da ref. 39.

Todos os ARN do IRE têm uma hélice curta (9-10 pb), de cadeia dupla, com um C não emparelhado no centro que cria uma protuberância. As sequências de IRE de diferentes mRNAs diferem muito pouco, uma vez que todos os IRE RNAs formam a hélice A do RNA com a mesma sequência de C e laço terminal. Todos os IRE RNA têm um par de bases C-G conservado ao longo do loop terminal do IRE, o que causa um triloop, um AGU e um bulge (Fig. 1A) (60). Os IREs têm um laço terminal altamente conservado e uma protuberância UGC/C ou C cinco bases a montante do laço terminal que divide a haste em espiral numa haste superior e numa haste inferior. A cinco bases a montante da ansa terminal encontra-se uma protuberância UGC/C ou C conservada que divide a haste em forma de grampo numa haste superior e numa haste inferior. Em comparação com o IRE da ferritina (39), o IRE da aconitase mitocondrial (46) e o IRE da ferroportina (28), a Fig. 1B ilustra o alinhamento das protuberâncias de ARN e as diferenças de pares de bases nos pares de bases da hélice de ARN entre os membros da família de ARN IRE dos 5'-UTRs nos transcritos neurodegenerativos para o IRE da APP e o IRE da a-sinucleína. Esta homologia inclui o 5'-UTR da ferritina, que difere do IRE da APP estabelecido, mas que, no entanto, codifica uma sequência semelhante ao IRE (61). Os alinhamentos mostraram uma semelhança de 56% entre as sequências de ARN da ferritina e do IRE da APP nesta região 5'- UTR. Os pontos focais desta homologia incluem o domínio do loop CAGUGN do IRE canónico da ferritina e os tri-loops AGU/AGA de ligação IRP1 projectados, que demonstraram ser cruciais para a ligação IRP1 e IRP2, bem como para a supressão da tradução (31, 62). As diferentes estabilidades dos ARNm (44, 46, 63) são um fator que contribui para as variações nas quantidades de proteínas codificadas nos ARNm dos IRE nas células. Para atingir o atual conjunto de constantes de ligação dos IRP, é necessária a conservação filogénica de um único ARN do IRE (90%), para ultrapassar a conservação da sequência de ARN dos ARN do IRE que expressam proteínas separadas (~80%). a conservação completa da homologia da sequência entre os IRE da APP em humanos, macacos rhesus e ratos. Os vertebrados, como os humanos, as galinhas, as rãs e os ratos, têm sequências de ARN do IRE da ferritina muito diferentes (30, 31). As localizações dos loops de haste de RNA tipo IRE nos 5'-UTRs dos transcritos para APP humana, a-sinucleína, H-ferritina, L-ferritina, mt-aconitase e ferroportina são ordenadas como mostrado na Fig. 1C. É essencial encontrar o IRE no interior dos UTRs do ARNm. A distância do IRE ao cap do mRNA e ao local de início do AUG pode afetar a eficácia da regulação dos 5'-UTRs (39). Estas distâncias entre o IRE e o início e entre o IRE e o cap podem variar consoante o tipo de gene (Fig. 1C). O mRNA da ferritina, por outro lado, difere muito menos das alterações da sequência do RNA do IRE noutros mRNAs pertencentes à mesma espécie. Os IRE RNAs individuais, como o APP mRNA, são conservados entre espécies (30). Abaixo do C saliente, o caule das sequências mais longas de ARN do IRE tem frequentemente pares de bases adicionais. Embora as sequências de RNAm IRE com maior afinidade para proteínas reguladoras respondam ao ferro de forma mais quantitativa, todos os RNAm IRE no 5'UTR aumentam a tradução quando o ferro é elevado, restringem a ligação ao ribossoma e estimulam a tradução quando o ferro é baixo (64). Identificámos a existência de um elemento responsivo ao ferro completamente funcional no 5'UTR da APP, semelhante à ferritina (45). A Fig. 1 mostra o alinhamento da sequência entre as regiões 5'UTR do ARN da APP e o IRE conhecido no ARNm da ferritina. Estes alinhamentos revelaram uma semelhança de 67% entre o IRE no ARNm da ferritina H e as sequências 5'UTR da APP. As funcionalidades completas desta região distinta sensível ao ferro na 5'UTR do ARNm da APP foram avaliadas por múltiplas experiências de transfecção independentes (12). Recentemente (45), previmos os modelos de acoplamento do complexo APP IRE RNA/IRP1, bem como as estruturas secundárias e terciárias do APP IRE RNA. O complexo RNA IRE/IRP1 da ferritina já tinha sido previsto anteriormente (60). A sequência do ARN do IRE da APP serviu de base para as previsões da estrutura secundária do ARN dobrado. O loop de haste do ARN da APP previsto, com um valor de energia livre de Gibbs de -10 kcal/mol, é apresentado na Fig. 1. A estrutura secundária do ARNm da APP IRE, que é principalmente constituída por hastes emparelhadas com bases e laços em espiral, é prevista utilizando estudos termodinâmicos (45). A estrutura secundária do ARNm da APP IRE e a estrutura do laço de haste do ARNm da ferritina IRE são semelhantes (65).

A forma como a família de ARN do IRE interage com o sinal de ferro e outras macromoléculas celulares, como o repressor IRP e os activadores do fator de iniciação da tradução, varia quantitativamente. As pequenas diferenças estruturais nos RNAs IRE explicam porque é que a mesma quantidade de ferro no mesmo tecido (fígado) impulsiona mais a biossíntese da proteína ferritina do que a biossíntese da m-aconitase in vivo (64). Em contraste com a produção de ferritina mitocondrial e de proteína aconitase, observou-se uma maior quantidade de biossíntese de proteína amiloide no tecido cerebral. Quando os níveis de ferro celular são baixos, uma percentagem mais elevada de moléculas de ARNm da APP do que de moléculas de ARNm da ferritina e da ferritina é acoplada à IRP. Comparando o ARNm da ferritina e da aconitase mitocondrial, a dissociação ARN/IRP da APP é menor (45, 46, 66), o que pode dever-se a diferenças na forma como as várias proteínas codificadas são utilizadas metabolicamente. Quando a ligação RNA IRE/IRP é perturbada por níveis elevados de ferro, mais proteína APP é expressa no cérebro porque um número desproporcionalmente maior de moléculas de RNA IRE da APP fica disponível para o fator de iniciação e para a ligação ao ribossoma do que para os mRNAs da ferritina e da m-aconitase. A experiência de deslocamento da mobilidade electroforética do ARN mostrou que o IRP1 se liga seletivamente à ansa da haste do IRE da APP (31). Por outro lado, os testes de gel shift de ARN mostraram que a sonda mutante de ARNc 5'-UTR da APP já não se liga ao IRP (12). A IRP interage principalmente com a APP 5'UTR, que é essencial para controlar a tradução dependente de ferro da expressão da APP nas células cerebrais. Pensa-se que a proteína APP é essencial para o metabolismo do ferro com base na forte ligação de uma IRP à APP 5'-UTR. A comparação da medição da afinidade relativa das IRP como parceiros de ligação ao IRE 5'-UTR fornecerá informações importantes para a seleção de novos compostos líderes que impeçam a tradução da APP, partindo do princípio de que a expressão das IRP pode ser funcionalmente ligada à expressão da APP. A proteína reguladora conhecida por reconhecer todas as disposições do ARN do IRE chama-se IRP (46, 62). Diferenças subtis e conservadas na estrutura e sequenciação do IRE resultam numa variedade de complexos ARN-proteína. A estabilidade da ligação do complexo ARN-proteína varia ligeiramente entre os membros da família do ARN do IRE. As variações na estabilidade do RNA-IRP do IRE têm ramificações fisiológicas. Por exemplo, a ferritina e a m-aconitase IRE RNA/IRP têm constantes de dissociação de 14,2 nM e 129 nM sob as mesmas condições (46), enquanto a constante de dissociação para a ligação APP RNA/IRP numa solução é de 32 nM (45). Os alvos de ARN foram as sequências de ARN IRE de 30 nucleótidos (44-46) que estão incorporadas em centenas de ARNm de nucleótidos. Embora certos elementos de ARN, como a estrutura IRE presente no mRNA 5'-UTR da a-sinucleína, tenham sido previstos por análise computacional, a sua ligação direta aos IRPs não foi provada. No entanto, foi demonstrado o seu papel no controlo da transcrição (67). Alguns destes elementos de ARN foram descobertos por imunoprecipitação e demonstraram ter afinidade de ligação às IRP in vitro, utilizando ensaios de deslocamento de mobilidade electroforética (24, 31). A fração de ARN do IRE inactivada pela ligação do IRP varia para cada ARN do IRE num dado momento devido a afinidades de ligação do IRP quantitativamente variáveis para cada ARN do IRE distinto (65). O IRE RNA da ferritina forma um complexo consideravelmente mais estável com o IRP do que o IRE RNA da APP. Como resultado, ao contrário da tradução do ARN da m-aconitase e da proteína precursora do amiloide, que combinados formam o complexo menos estável ARN-IRE/IRP, o ARNm da ferritina é mais resistente a pequenas alterações na concentração intracelular de ferro. Uma vez que cada proteína codificada num IRE RNA necessita continuamente da ferritina para as actividades de concentração de ferro, enquanto a APP apenas necessita dela por vezes, as variações estruturais entre os IRE RNAs da ferritina e da APP correspondem a diferenças funcionais no metabolismo celular.

3.3 IRP/IRE Stem Loop na tradução

O elemento altamente específico conhecido como IRE reconhece as proteínas IRPs (IRP1/IRP2). As IRPs têm um padrão de reconhecimento altamente único para os IREs, o que lhes confere a capacidade de regular a estabilidade da tradução ou a inibição dos ARNm que transportam IREs (54, 68). A interação dependente do ferro das IRPs com os loops de haste IRE no 5'-UTR aumenta a capacidade da célula para armazenar ferro e protege os neurónios do stress oxidativo, induzindo assim a tradução da ferritina (31, 69, 70). Dependendo do facto de o IRE se encontrar no 3' ou 5'-UTR, a interação dos complexos IRE/IRP1 provoca um aumento ou uma diminuição da produção de proteínas. As IRPs controlam as taxas a que as células absorvem ferro, controlando a estabilidade do mRNA do recetor da transferrina através de interações com proteínas de RNA exclusivas do 3'-UTR (34, 71, 72). A ligação clássica entre as proteínas reguladoras do ferro e os loops de haste do ARN do elemento responsivo ao ferro (interação IRP/IRE) é responsável pelo controlo da homeostase do ferro nas células (Fig. 3 e 4) (45). A IRP liga-se aos IREs principalmente no bojo C e na alça apical do AGU. Um dos papéis mais importantes da haste inferior do IRE, que se situa abaixo do bojo, e da haste superior do IRE, que se situa entre a ansa terminal e o bojo, é manter a orientação da ansa e do bojo para uma ligação IRE/IRP correta. A função do ARN é determinada pela sua conformação estrutural e pela sua capacidade de se ligar a moléculas de proteínas (73).

A previsão da estrutura terciária é essencial para encontrar os resíduos de nucleótidos que controlam a conformação do ARN do IRE e a interação ARN/proteína. À semelhança da ferritina, o 5'-UTR do ARNm da APP controla a fase de tradução da síntese da APP através da interação com o IRE/IRP da APP em resposta ao ferro (34). As Fig. 2 (A-C) e 3 mostram o modelo estrutural do ARN IRE da APP e um modelo representativo do complexo ARN IRE/IRP1, respetivamente (45, 66). A Fig. 2C investiga o modo de ligação específico do estudo da interação ARN IRE/IRP1 do ARN na bolsa de ligação da proteína IRP1. A proteína IRP1 tem a forma de um L, enquanto o ARN do IRE está dobrado. O IRE entra no complexo na região delimitada pelos domínios 1-2 e 4 da proteína IRP1 (Fig. 2C). Para conseguir a seletividade da ligação, o complexo IRE RNA/IRP1 contém apenas dois locais de contacto que estão muito afastados (60, 74). O principal mecanismo pelo qual o ARN do IRE interage com o IRP1 é através de ligações feitas à ansa terminal e à haste que interrompe C através de dois sítios de ligação diferentes (74). As cerca de vinte ligações ARN/proteína que se encontram dispersas entre os locais de ligação conferem ao complexo a sua elevada afinidade e seletividade. Os contactos importantes no loop apical para identificação são A15,

G16, e U17. São produzidas dez ligações entre os aminoácidos de uma bolsa formada no domínio 3 e A15 e G16 no pseudo-tri-loop no terminal do ARN, numa posição que é bloqueada pelos domínios 1 e 2 na forma globular. São formadas oito ligações entre C8 e os aminoácidos do domínio 4 de IRP1. Existem quatro ligações adicionais entre os aminoácidos do domínio 4 de IRP1 e a haste abaixo de C8 (60). Na interação ARN/proteína, para além da inversão das bases A15 e G16 da ansa terminal e da protuberância C8 da hélice, o U19 não emparelhado na ansa hexagonal é invertido para fora da hélice do ARN, o U6 não emparelhado é introduzido na ranhura menor e a espinha dorsal do ARN é torcida por uma forte rotação da hélice média (75). As diferenças nas estruturas em solução do ARN livre e do ARN do IRE ligado à proteína devem ser explicadas por alterações conformacionais no ARN e, muito provavelmente, na proteína não ligada. Na estrutura cristalina do ARN/proteína, uma grande área da superfície do ARN do IRE está disponível para interações com outras proteínas, ARN e iões metálicos (40).

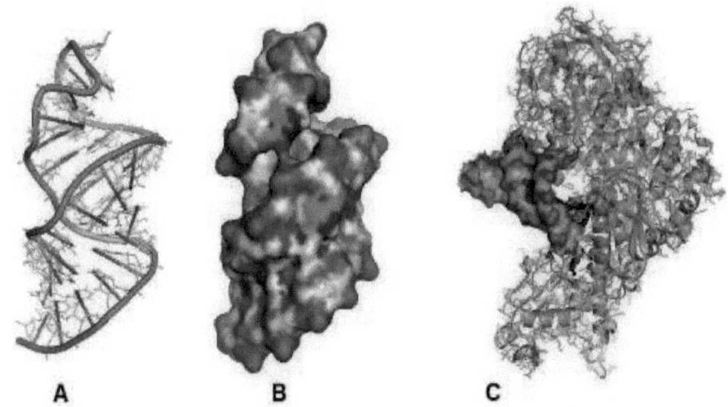

Figura 2. (A, B) Modelos estruturais do RNA do elemento responsivo ao ferro. (C) Modelo estrutural do IRP1 em conjunto com o RNA do IRE da ferritina. A imagem foi inicialmente publicada na ref. 61, 2 (retirada de BioSystem).

Parece provável que todos os ARN do IRE que ocorrem naturalmente se ligam ao IRP1 utilizando o mesmo método de ligação. A estrutura do ARN do IRE ligado ao IRP1 difere da estrutura predominante do ARN em solução, o que indica que a flexibilidade conformacional do ARN do IRE pode contribuir para as diferenças de afinidade observadas entre estas ligações ARN do IRE/proteína IRP e realça a importância da flexibilidade conformacional para esta ligação de elevada afinidade. Quando um IRE tem um tripleto AGU nas posições A15, G16 e U17 perto do ápice do motivo IRE, a maior parte do IRE liga-se por hidrogénio ao IRP1. As ligações de hidrogénio afectam a especificidade, mas não são responsáveis pela força de ligação (49, 76). Para um controlo adequado do IRE/IRP, estas interações são necessárias. Poderá haver menos ligações IRE/IRP se esta ansa apical não for A15 G16 U17, mas poderá não ter uma função reguladora in vivo. Tal como a ligação do ARN do IRE da ferritina ao IRP1, o ARN do IRE da proteína precursora do amiloide de Alzheimer ligou-se à bolsa de ligação do IRP1 (Fig. 2 e 3). O ARN do IRE da APP ligou-se ao IRP1 numa fenda, utilizando um conjunto de resíduos funcionalmente activos presentes no sítio de ligação do IRP1. Numerosas ligações mantêm o complexo APP IRE RNA e IRP1 juntos. Na forma globular, os domínios 1 e 2 bloqueiam a área onde o terminal de ARN e os resíduos de aminoácidos de IRP1 estabelecem muitas ligações de hidrogénio numa bolsa formada no domínio 3 (Fig. 3B).

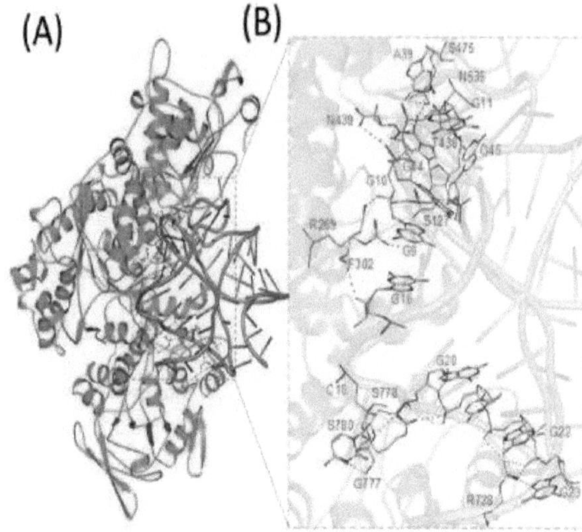

Figura 3. Ligação do ARN IRE da APP ao IRP1. O IRP1 foi ligado numa fenda pelo ARN do IRE da APP. Os resíduos de aminoácidos estão em contacto direto com o ARN do IRE no complexo ARN do IRE da APP/IRP1 (Figura modificada da publicação original na ref. 45.

Os resíduos de aminoácidos do IRP1 (Ser127, Arg269, Phe302, Thr438, Asn439, Ser475, Asn535, Arg728, Gly777, Ser778 e Ser780) interagem por ligações de hidrogénio com o laço do caule do ARN do IRE da APP durante o processo de formação do complexo (45). Ligações adicionais entre os aminoácidos e a haste do IRE formam-se no domínio 4 do IRP1. No complexo ARN IRE/IRP1, o ARN IRE da APP salta para fora das suas bases do laço terminal e provoca uma viragem abrupta da hélice média para distorcer a espinha dorsal do ARN IRE. Estes resíduos de aminoácidos estão muito próximos do ARN do IRE da APP ligado. As ligações de hidrogénio promovem a estabilidade do complexo IRP1/APP IRE RNA. A capacidade do ARN da APP IRE de se encaixar firmemente no local de ligação da proteína IRP1 foi possível graças à sua complementaridade estrutural (45). As maiores alterações na ligação da IRP1 em solução são observadas na resposta *in vivo* aos níveis de ferro, em que a ferritina, os RNAs IRE da aconitase mitocondrial (45, 46, 62) e a proteína precursora do amiloide de Alzheimer diferem em pelo menos uma ordem de grandeza (Fig. 4) (45, 65, 77). As afinidades de ligação relativas da ferritina, da APP e do ARN da aconitase mitocondrial IRE com o IRP1 diferem cerca de 10 vezes, como demonstrado pela atenuação da fluorescência em solução ou pelo desvio da mobilidade na eletroforese em gel. No que respeita à fluorescência em solução, a afinidade de ligação nanomolar (46) contrasta com a afinidade de ligação picomolar (31) obtida por deslocação do gel. Uma possibilidade para esta discrepância é um ingrediente adsorvente nos géis. Em comparação com o ARN do IRE da APP e da m-aconitase, o ARN do IRE da ferritina liga-se mais firmemente ao IRP1 (45, 46), o que é indicativo de uma cinética de flexão da hélice mais rápida durante a ligação à proteína (44). As variações na estrutura helicoidal devem ser a causa das variações na estabilidade do complexo ARN do IRE/IRP1, uma vez que os locais de contacto do ARN do IRE no IRP1 têm uma estrutura conservada. A afinidade de ligação do IRP1 é alterada quando a haste superior é tornada mais longa ou as hélices acima e abaixo da protuberância C são rompidas (78-80). As variações naturais nos pares de bases das hélices dos ARN que transportam o IRE e que codificam diferentes proteínas estão relacionadas com variações quantitativas na afinidade de ligação do IRP1 e com o grau de resposta ao ferro in vivo. A maquinaria IRP/IRE RNA, que altera pós-transcricionalmente a expressão do gene alvo em função dos níveis de ferro celular, fornece a regulação necessária da homeostase do ferro a nível celular. Muitas experiências que utilizaram o ARN-IRP da proteína precursora do amiloide de Alzheimer (APP) mostraram como a adição de quelantes pode revelar os efeitos das concentrações de ferro. A desferrioxamina, um quelante de ferro, melhorou a ligação do IRP1 ao ARN do IRE nas células tratadas com este quelante, como demonstrado para vários ARN do IRE numa variedade de tipos de células em cultura (31, 8183). O mecanismo químico era desconhecido antes dos resultados actuais de que o ferro desestabilizava os complexos APP IRE RNA/IRP1 (Fig. 4) (45). O grau de ação do ferro depende das topologias únicas das sequências IRE RNA/IRP1. O impacto da manipulação da natureza da riborregulação entre os IRE RNAs é evidente na afinidade de ligação APP IRE RNA/IRP1, que caiu 4 vezes (45), enquanto a ligação ferritina e m- aconitase IRE RNA/IRP1 caiu 20 e 5 vezes (46). Com base nos espectros de RMN, no deslocamento do brometo de etídio (46, 84) e na ausência de locais projectados de ligação de iões metálicos no IRP para além do local de inserção do cluster [4Fe-4S], os iões metálicos ligam-se diretamente ao ARN do IRE. Além disso, a ligação do ARN do IRE da ferritina pelo eIF4F é sensível ao ferro (85-87). A afinidade de ligação do ARN da ferritina IRE ao eIF4F foi aumentada pelo ferro (86, 87). Assim, enquanto o IRP e o eIF4F competem entre si pela ligação do ARN do IRE, o ferro desloca a competição de ligação do IRP para o eIF4F. No final, o processo de construção do complexo envolve um número de ligações ARN/proteína; para os complexos ARN do IRE/eIF4F, estas ligações aumentam com a adição de ferro, enquanto que para os complexos ARN do IRE/IRP1, diminuem. As alterações conformacionais induzidas pelo ferro no ARN do IRE libertaram a proteína repressora IRP1 e o aumento da ligação do fator de iniciação eucariótico eIF4F resultou num aumento da tradução (85, 87).

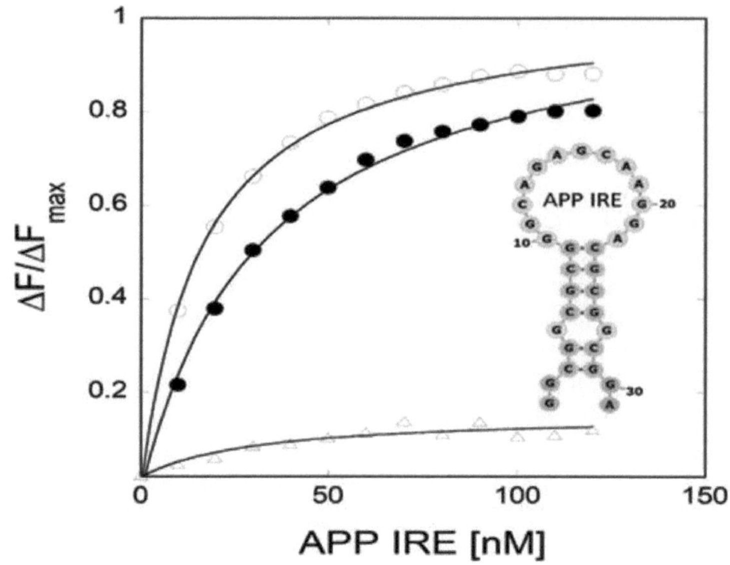

Figura 4. Ligação do ARN IRE da APP ao IRP1. Interação enfraquecida pelo ferro. A referência 1 forneceu a curva de ligação e as estruturas secundárias conservadas do IRE.

3.4 Tradução do mRNA do IRE induzida por ferro

A etiologia da doença de Alzheimer tem sido diretamente ligada à homeostase do ferro através da presença de um IRE no 5'-UTR do transcrito da proteína precursora amiloide (12, 39). A APP 5'-UTR responde assim seletivamente aos níveis de ferro intracelular, de uma forma que faz lembrar a regulação dependente do ferro da síntese intracelular da APP. Foi demonstrado que a regulação por ferro da tradução do ARNm da ferritina L e da ferritina H através de IREs nos seus 5'-UTRs afecta a tradução do ARNm da proteína APP em astrócitos e células de neuroblastoma (12, 71). O equilíbrio celular do ferro é alterado ao nível da tradução pela cascata de sinalização que inclui elementos responsivos ao ferro (IREs) e proteínas reguladoras do ferro (IRPs) (25, 29, 88). Sabe-se que as proteínas de ligação ao ARN, como as IRPs, controlam a tradução através das suas interações induzíveis com os IRE. Como os RNAs IRE estão localizados em dois locais diferentes no mRNA, o ferro pode ter efeitos opostos em diferentes RNAs IRE. quando os IREs regulam a ligação ao ribossoma e estão presentes no 5'-UTR. Os sinais de ferro facilitam a tradução do ARNm e permitem a ligação do ribossoma e do fator de iniciação. Por outro lado, o IRE regula a ligação da nuclease do ARNm alvo e a degradação do ARNm quando está localizado no 3'-UTR (29, 30). A maior parte dos IREs descobertos regula a ligação ao ribossoma em vez da ligação à nuclease. Os IRPs têm o potencial de ser tanto um inibidor como um potenciador da tradução (29, 30). O corpo luta para manter a quantidade adequada de ferro em cada uma das suas células. O equilíbrio do nível de ferro celular é determinado pela expressão e regulação das proteínas reguladoras, de armazenamento, de transporte e transportadoras de ferro. A descrição do mecanismo regulador IRE/IRP começou com a descoberta de elementos responsivos ao ferro (IREs) nas regiões não traduzidas (UTRs) dos mRNAs que codificam a ferritina e o recetor da transferrina (89, 90). Cinco cópias de TfR e DMT-1 estão entre os mRNAs alvo com motivos IRE na 3'-UTR, enquanto ferroportina, ácido aminolevulínico sintetase e ambas as subunidades de ferritina H e L estão entre os transcritos com motivos IRE na 5'-UTR (70, 91). A Fig. 5 apresenta o mecanismo de sinalização IRP/IRE para a regulação da tradução. Os passos exactos na construção do complexo de factores de iniciação da tradução que são impedidos são ainda desconhecidos, apesar de se saber que a ligação do IRP ao 5'-UTR limita a ligação dos ribossomas e restringe a tradução do ARNm. Em células deficientes em ferro, a ligação do IRP a um IRE no 3'-UTR das transcrições pode proteger o mRNA alvo da quebra da endonuclease (29). Como resultado, a interação IRP-3'-UTR IRE pode aumentar a tradução do mRNA alvo e prolongar a meia-vida dos transcritos. Por outro lado, o ataque de endonuclease e a degradação provocados pela dissociação da IRP de um IRE no 3'-UTR reduzem a probabilidade de tradução dos transcritos-alvo em células empobrecidas em ferro. A interação IRP/IRE pode tanto desestabilizar o ARNm da TfR como interromper e promover a tradução dos transcritos da ferritina quando ocorre uma sobrecarga de ferro (29). Como resultado, em casos de sobrecarga de ferro, a absorção de ferro pode ser limitada, enquanto a exportação e o armazenamento de ferro podem aumentar (70). Até recentemente, o mecanismo pelo qual os sinais celulares de ferro modificam a afinidade da IRP pelo ARN do IRE da APP era desconhecido (45). Para produzir um complexo de iniciação que contém subunidades ribossómicas, ARNt iniciador e ARNm, o complexo processo de união dos ribossomas requer a ligação de muitos componentes e proteínas de iniciação.

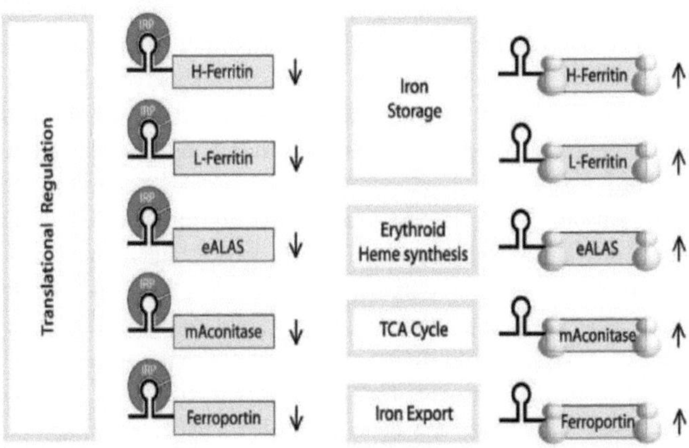

Figura 5. Mecanismo de modulação da tradução da via de sinalização IRE RNA/IRP. Esta figura foi retirada da ref. 46.

A sequência exacta em que o IRP é libertado e em que é montado um complexo de iniciação contendo um ARN do IRE permanece um mistério. Várias caraterísticas sugerem que as estruturas IRE cooperam com outros elementos da estrutura do mRNA porque há uma distância mínima entre o IRE e o início do mRNA (92, 93). Alguns RNAs IRE, como a m-aconitase, têm o iniciador AUG incorporado no seu RNA IRE; o objetivo da iniciação no IRE não é claro. Estas estruturas de IREs ligam-se preferencialmente ao ferro para regular a estabilidade de um complexo repressor proteico que inibe a

Ligação dos ribossomas e síntese proteica. A regulação positiva ocorre após a ligação do fator de iniciação da síntese proteica eIF4F. O ARN do IRE é caracterizado pela sua protuberância e pelo laço comum do ARN do IRE, que, em conjunto, constituem os sítios de ligação às proteínas únicos para cada IRE. A síntese proteica é convertida em ferro ambiente in vivo através de modificações nos pares de bases da hélice individual do ARN IRE, que também afectam a ligação de metabolitos e proteínas repressoras (IRPs). O sinal de ferro é consumido pela produção da proteína ferritina, o que resulta num ciclo de feedback regulador do ferro. Como resultado, a proteína ferritina reduz as taxas de síntese da proteína ferritina, aumenta a ligação da IRP1 ao ARN do IRE da ferritina e diminui a quantidade de ferro celular livre.

3.5 O ferro altera seletivamente a ligação da proteína ao mRNA do IRE

A homeostase do ferro é mantida pela capacidade da proteína reguladora do ferro de identificar IREs e regular a tradução do mRNA alvo. Uma vez que o RNA do IRE se liga a iões metálicos, incluindo ferro fisiologicamente relevante, para diminuir a estabilidade do RNA do IRE/IRP, o ferro contribui diretamente para a dissociação do complexo IRE/IRP1 (45, 46, 87). Os intrincados mecanismos de controlo da tradução do sistema de sinalização IRP/IRE estão representados na Fig. 5. A tradução pode ser tanto auxiliada como dificultada pelas IRPs (29, 30). Estes sistemas ajustam o transporte, armazenamento e regulação do ferro a nível celular e sistémico in vivo, regulando a homeostase do ferro a vários níveis. Por outro lado, um excesso de ferro nos tecidos do cérebro devido a um desequilíbrio no sistema de regulação do ferro destrói os neurónios (94). Há relatos de níveis elevados de ferro no cérebro associados a várias doenças neurodegenerativas, incluindo Alzheimer e Parkinson (13, 14, 95, 96). O aumento da quantidade de ferro presente nas células pode alterar não só a estrutura do ARN do IRE, que influencia a ligação do eIF4F e do IRP, mas também a própria proteína IRP. Quando a IRP1 se liga a um cluster de ferro-enxofre e se transforma em aconitase citosólica, perde a sua capacidade de se ligar ao ARN do IRE. À medida que as concentrações de ferro e a produção de clusters de ferro-enxofre aumentam, a conversão da IRP1 em aconitase citoplasmática aumenta e a disponibilidade da IRP1 para se ligar ao ARN do IRE diminui (97). Por conseguinte, a diminuição das concentrações de ferro celular reduz a ligação do ARN do IRE/IRP1, aumenta a degradação do IRP2 e modifica as conformações do ARN do IRE para reduzir a ligação do IRP (98, 99). A perturbação da interação IRP/IRE devido à sobrecarga de ferro pode resultar na tradução de transcritos relacionados com a ferritina e a ferroportina, bem como na desestabilização do ARNm de TfR e DMT1 (29, 100, 101). Por conseguinte, em condições de sobrecarga de ferro, a exportação e o armazenamento de ferro podem ser aumentados enquanto a absorção de ferro é bloqueada (70). A perturbação da A via de sinalização IRP/IRE irá afetar a homeostase do ferro e contribuir para o aparecimento e progressão da doença de Alzheimer. Revelámos um novo mecanismo através do qual a tradução do ARNm alvo é modificada pelo ferro (87). A síntese proteica é iniciada quando o fator de iniciação eucariótico (eIF4F) se liga à capa 5' do ARNm. A proteína de suporte eIF4G, a proteína de ligação à capa eIF4E, a proteína de ligação ao ARN eIF4B e a helicase eIF4A combinam-se para formar o complexo supramolecular conhecido por eIF4F (102, 103). Este complexo pode também interagir com a IRP. Uma vez que o eIF4F se liga ao ARN do IRE de forma competitiva com o IRP, mostrando que duas proteínas ocupam os sítios de ligação sobrepostos, pode ajudar em respostas rápidas aos níveis de ferro celular (87). A estrutura de um complexo ativo de iniciação da síntese proteica permanece, na sua maioria, desconhecida. Demonstrámos que o fator de iniciação da tradução eIF4F, que é necessário para o início da tradução, pode ligar-se preferencialmente e de forma potente ao IRE localizado no 5'-UTR do mRNA alvo (87). No entanto, o ferro pode também ligar-se diretamente ao ARN do IRE, alterando a estrutura do ARNm. As alterações estruturais do ARNm provocadas pela ligação do ferro promovem a interação entre o ARN do IRE e o eIF4F, o que pode ultrapassar a ligação entre o IRE e o IRP. A perturbação do sistema de sinalização IRP/IRE prejudica a homeostase do ferro e pode desempenhar um papel no desenvolvimento e na evolução da doença de Alzheimer. É apresentado um modelo para a síntese da proteína amiloide neurotóxica regulada pelo ferro (Fig. 6) e representa o sinal fisiológico do ferro na tradução do ARN do IRE. O ARN do IRE tem de interagir de forma sequencial com o IRP1, o ferro, os eIFs, os complexos rRNA/proteína com ribossomas e os complexos tRNA/fator de elongação de proteínas para que ocorra a biossíntese de proteínas induzida pelo ferro. Em níveis baixos de ferro celular, o IRP1 liga-se fortemente ao IRE RNA de regulação da síntese de proteínas neurotóxicas, onde inibe a ligação dos ribossomas e o fator de iniciação eIF4F. No entanto, em níveis elevados de ferro celular, o ferro pode também ligar-se diretamente ao IRE dos mRNAs alvo, alterando a conformação do mRNA. As alterações estruturais do ARNm alvo provocadas pela ligação do ferro promovem a separação dos IRPs do ARNm. Isto promove a tradução da sobreprodução neurotóxica de amiloide que resulta na doença de Alzheimer e facilita a interação entre o eIF4F e o ARN do IRE.

3.6 Homeostasia do ferro no cérebro

O ião metálico mais comum nas células gliais e neuronais do sistema nervoso central é o ferro. A gestão rigorosa da homeostase do ferro é necessária para manter

a homeostase do ferro neuronal, uma vez que é vital para a função cerebral (104-107). Os seres humanos desenvolveram mecanismos complexos para garantir que os tecidos de todos os órgãos do corpo recebam as quantidades corretas de ferro. A homeostase intracelular do ferro nos mamíferos é regulada principalmente por uma série de vias interligadas, incluindo a transcrição mediada pelo fator induzível por hipoxia-2a, a regulação do nível de ferro sérico mediada pela hepcidina-ferroportina e o ARNm das proteínas reguladoras do ferro e dos elementos que respondem ao ferro (108, 109). As proteínas, incluindo a ferritina, a transferrina e os seus receptores (TfR), controlam a absorção, a distribuição e o sequestro do ferro no interior das células (110). A integração e o movimento do ferro no interior do cérebro são regulados pela interação entre os astrócitos e as células endoteliais. Os astrócitos não possuem receptores de transferrina. Na membrana luminal das células endoteliais, a transferrina (Tf) carregada de ferro férrico (Fe^{3+}) é ligada por TfR1. Este complexo é internalizado no compartimento endossómico, onde o Fe^{3+} é transformado em ferro ferroso (Fe^{2+}) (111). Uma proteína denominada TfR1 tem uma forte afinidade para o Fe^{2+} Tf (112). Forma um complexo com o recetor TfR2, que é subsequentemente absorvido pelo compartimento endossómico. Em seguida, o Fe^{3+} é reduzido a Fe^{2+} (113), permitindo ao DMT1 transportar o complexo através da membrana endossómica para o citosol (114, 115). No endossoma ácido, a apo-Tf liga-se ao recetor de Tf com elevada afinidade. Esta interação interrompe a degradação da Tf livre antes da exocitose, que ocorre quando o endossoma se junta ao lisossoma. Após a exocitose, o pH volta a ser neutro, altura em que o apo-Tf se dissocia do TfR1 e recicla a molécula de Tf para utilização posterior no ciclo do ferro (116). A endocitose mediada por receptores é o mecanismo pelo qual os neurónios absorvem o ferro, uma vez que expressam tanto DMT1 como TfR1 (1, 117). Depois de o ferro excedente entrar no citoplasma destas células e satisfazer as necessidades metabólicas, é armazenado no reservatório de ferro lábil citoplasmático e nas mitocôndrias para a síntese de aglomerados de ferro-enxofre (Fe-S) e de grupos prostéticos heme, para a proteína citoplasmática de armazenamento de ferro, a ferritina, e para a corrente sanguínea através da ferroportina (Fpn1) (111). A ferroportina medeia a única via de exportação conhecida nas células cerebrais dos mamíferos (118). A ferroportina ajuda a célula a exportar ferro ferroso, mas a ferroxidase precisa de converter o ferro exportado em ferro férrico para que a Tf se possa ligar a ele. Foi relatado que os astrócitos e os neurónios do cérebro expressam a ferroportina, bem como as suas ferroxidases associadas, a proteína precursora do amiloide. As duas subunidades da proteína de armazenamento de ferro ferritina são a subunidade L, que é responsável pela gestão do armazenamento de ferro a longo prazo, e a subunidade H, que tem uma atividade ferroxidase para facilitar a rápida absorção e utilização do ferro. Ambas as subunidades são expressas em todo o cérebro, apesar do facto de a ferritina H estar mais amplamente distribuída e de a proporção de H- para L-
A ferritina depende das células regionais que utilizam o ferro (119).

O cérebro não tem ferro à nascença, (120). Aumenta rapidamente entre a juventude e a meia-idade antes de se tornar estável (121). Células gliais Uma vez que os astrócitos, oligodendrócitos e microglia têm concentrações de ferro mais elevadas do que os neurónios, os astrócitos são as principais células homeostáticas de ferro no sistema nervoso central (122). Uma vez que o ferro lábil é o catalisador para a produção de espécies reactivas tóxicas de oxigénio, a pequena quantidade de ferro livre no interior das células é rigorosamente regulada. A principal proteína que armazena o ferro é a ferritina, que está presente nas células gliais mas ausente nos neurónios (123). Os principais reguladores da produção de ferritina na fase pós-transcricional são as proteínas reguladoras do ferro (IRPs), que se ligam a sequências de ARN denominadas elementos responsivos ao ferro (IREs) na região 5'-não traduzida do ARNm da ferritina (60). Foi demonstrado que, em determinadas circunstâncias, o ferro e outros metais podem acumular-se no plexo coroide (124) e o ferro é considerado um metal de toxicidade intermédia no que diz respeito à sua capacidade de danificar a barreira hemato-encefálica e a barreira hemato-encefálica (124, 125). Qualquer perturbação da homeostase, como as variações genéticas que afectam a excreção de metais ou o aumento da exposição ao ferro no ambiente (126), pode permitir a acumulação de ferro, tornando assim mais provável uma futura neurodegeneração. Foram encontrados níveis elevados de ferro nas regiões do cérebro afectadas por doentes com doença de Alzheimer. O ferro é gerido e armazenado por uma proteína conhecida como ferritina. O aumento dos níveis de ferritina sugere que o aumento dos níveis de ferro no plasma e no fluido cerebral é uma caraterística da DA pré-clínica (127). Tem havido sugestões de que as doenças neurodegenerativas são influenciadas pela deposição de ferro. Os neurónios em áreas humanas, como o locus coeruleus (LC) e a substantia nigra (SN), armazenam neuromelanina (NM), que é depois utilizada para sequestrar o excesso de ferro lábil (128). É interessante notar que as doenças neurodegenerativas precoces afectam frequentemente a SN, e que a SN é afetada na DA, DP e LC (129, 130).

Os agregados proteicos, uma caraterística que distingue as doenças neurodegenerativas, parecem atrair o ferro e outros metais, que actuam como cola e resultam na má formação das proteínas. Na doença de Alzheimer, há uma acumulação notável de ferro no interior e em redor das placas senis amilóides e dos emaranhados neurofibrilares (NFT) (26). Isto resulta em problemas de sequestro e armazenamento de ferro, bem como em modificações nas interações entre os IREs e as proteínas reguladoras do ferro. Além disso, descobriu-se que as placas amilóides no modelo de ratinho Tg2576 da DA tinham níveis de ferro mais elevados, o que é comparável ao que se observa no cérebro de doentes com DA (131). É interessante notar que proteínas invulgares que respondem ao ferro foram associadas à a-sinucleína, causadora da doença de Parkinson, e à proteína precursora amiloide, causadora da doença de Alzheimer (132, 133). Assim, o aumento do ferro citosólico pode causar a tradução da a-sinucleína e da APP. Os níveis séricos de ferro eram significativamente mais elevados nos doentes com DA (134). A relação exacta entre o ferro e o aparecimento da doença de Alzheimer é ainda desconhecida, mas, de qualquer modo, os níveis de ferro no organismo devem ser rigorosamente controlados. Estes estudos mostram que o ferro, em particular, favorece a morte das células cerebrais. A perda de neurónios na doença de Alzheimer é uma caraterística crucial. Embora o ferro seja um metal essencial para a saúde humana, a exposição excessiva ao ferro pode levar à morte neuronal, ao stress oxidativo, à neuroinflamação e à perturbação da regulação dos neurotransmissores, factores que podem impedir o funcionamento normal dos nervos e contribuir para a DA. As alterações do ferro cerebral parecem ter um impacto em certas doenças neurodegenerativas. Os neurónios e as células gliais degradam-se em resultado da acumulação de ferro e os locais de lesões menores também sofrem de neuroinflamação e infiltração de células imunitárias (135, 136). Já foi referido anteriormente que os níveis elevados de ferro no cérebro da doença de Alzheimer estão associados à ferritina nas células da neuroglia próximas ou a placas senis e NFTs (137). A amiloidose e a agregação do péptido A0 são induzidas pelo ferro, e o péptido A0 complexado com ferro é tóxico em células de cultura (138).

3.7 Metabolismo do ferro no cérebro na doença de Alzheimer

A etiologia da doença de Alzheimer e da doença de Parkinson é influenciada por perturbações na homeostase do ferro no cérebro (10, 67). De acordo com o relatório (139), existe uma correlação significativa entre a patologia da tau, a patologia da placa amiloide 0 e a patogénese da DA em doentes com DA. Além disso, concentrações de ferro mais elevadas (~1 mM) na região das placas amilóides e NFT estão associadas à acumulação de ferro (139). A DA pré-clínica é caracterizada por níveis elevados de ferritina no plasma e no LCR, que estão estreitamente correlacionados com níveis elevados de ferro no cérebro (127, 140). A acumulação de ferro acelera o desenvolvimento de placas A0 (141, 142). Há relatos de que os níveis de ferro celular regulam a forma como a APP é traduzida (143). Através de IRE/IRPs, o ferro controla a forma como as APPs são processadas (143, 144). Ao controlar a ferritina, uma proteína envolvida na homeostase do ferro, e ao controlar inversamente os efeitos do ferro na função cerebral, verificou-se que a APOE4 aumenta o risco de AD (145). O IRE tem um impacto na tradução da APP. Ao preservar a estabilidade da FPN, a APP pode controlar indiretamente os níveis de ferro neuronal e incentivar a exportação de ferro (12). As proteínas Tau, que também são capazes de transportar a APP para a membrana celular, podem estabilizar o complexo FPN1-APP (146). Além disso, o excesso de ferro promove a hiperfosforilação da proteína tau, e o próprio ferro promove a formação de tau oligomérica (147).

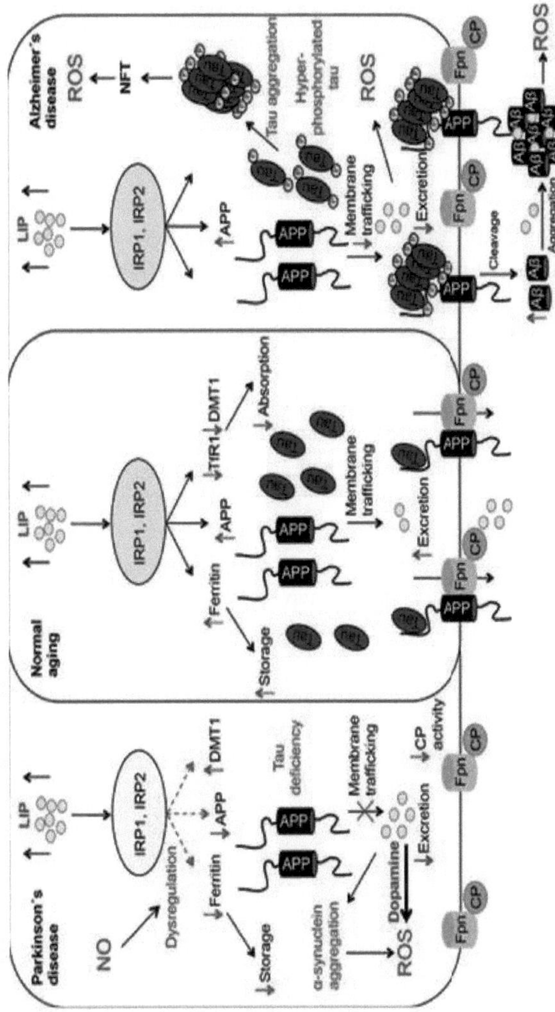

Figura 6. Um modelo que descreve a regulação incorrecta da homeostase do ferro no cérebro nas doenças de Alzheimer e de Parkinson. Como o aumento de LIP leva à expressão de APP promove placas amilóides e alfa-sinucleína. Retirado da ref. 1.

A Fig. 6 mostra o processo de má regulação do ferro no cérebro e a sua ligação à DA, com ênfase na capacidade do ferro para se ligar ao péptido A0 e aumentar a toxicidade do amiloide-0. Pensa-se que um aumento da reserva de ferro lábil dos neurónios, tal como observado em pessoas jovens e saudáveis, tenha causado um evento metabólico que ocorre tanto na DA como em indivíduos normais. Em pessoas saudáveis, as proteínas reguladoras do ferro desempenham um papel fundamental na regulação da forma como as células neuronais absorvem, armazenam e excretam proteínas em resposta a um aumento da reserva de ferro lábil. Consequentemente, os níveis elevados de ferritina e a produção da proteína precursora do amiloide aumentam a reserva de ferro lábil, facilitando a exportação e o armazenamento de ferro, respetivamente. Por outro lado, a importação de ferro é inibida pela diminuição da expressão do transportador de metais divalentes-1 e do recetor-1 da transferrina. A hiperfosforilação e a agregação da tau obstruem o transporte da APP para a membrana celular, reduzindo a quantidade de tau solúvel (Fig. 6), o que aumenta o desenvolvimento de ferro lábil nos neurónios (148-150). Uma outra caraterística da DA é o aumento da clivagem da APP em amiloide-0, que se forma em placas amilóides devido à sua grande afinidade pelo ferro e resulta na perda de sinapses e na morte neuronal. Além disso, a acumulação de ferro nos neurónios da DA esgota as reservas de ferro de outras células cerebrais, o que leva à neurodegeneração. Pode existir uma forte ligação entre a homeostase do ferro e a doença de Alzheimer porque os IREs localizados no ARNm 5'UTR permitem que os níveis de ferro celular regulem diretamente a tradução da APP (34). A proteína transmembranar denominada APP tem sido amplamente estudada pela sua capacidade de quebrar o amiloide-0, apesar do seu envolvimento multifacetado no transporte de ferro, na formação de sinapses e na plasticidade cerebral (151). A via não amiloidogénica, que é responsável pela clivagem proteolítica da maior parte da APP neuronal em condições normais, envolve as a-secretases e 0-secretases.

Os péptidos amiloide-0 são produzidos pelo processo amiloidogénico, que envolve a clivagem da APP primeiro com a 0-secretase e depois com a y-secretase. Uma vez que os níveis de ferro controlam a expressão da APP a nível translacional, concentrações elevadas de ferro nos neurónios aumentam a quantidade de expressão da APP que pode sofrer processamento amiloidogénico e possivelmente acelerar a produção de amiloide-0. Também foi demonstrado que a APP facilita o efluxo de ferro dos neurónios através da sua ligação estabilizadora com a ferroproteína de superfície; a eliminação da APP provoca a retenção interna de ferro em modelos de ratos e neurónios e neurónios em cultura (152, 153). A falta de tau impede a APP de se deslocar para a membrana, o que a impede de interagir com a ferroportina e de impedir que o ferro saia dos neurónios. Isto leva à acumulação de ferro intracelular e à morte neuronal dopaminérgica, ao parkinsonismo e à demência. O processamento da APP pode ser afetado pela presença de ferro; em quantidades elevadas, o ferro mantém a APP imatura intacta e inibe o desenvolvimento da APP. O péptido amiloide-beta de 40-42 aminoácidos, produzido pela proteólise de um único substrato chamado APP, é o principal componente das placas amilóides (154). O ferro é, sem dúvida, um dos requisitos ultra-estruturais necessários para a polimerização do péptido A0 (155). Foi demonstrado que níveis elevados de ferro aceleram a atividade do 0-amiloide, o que, por sua vez, acelera a morte de células de neuroblastoma induzida pelo A0. Esta é uma ligação direta entre níveis elevados de ferro e a perda reconhecida da função neuronal observada nos doentes com DA (156). Um desequilíbrio do ferro é indicado pela expressão alterada de várias proteínas do ferro nos cérebros com DA.

A ferritina, que armazena o ferro, é uma proteína do ferro que está abundantemente elevada nos doentes com DA (157). A acumulação excessiva de ferro é regularmente observada no cérebro da DA. Foi demonstrado que as amostras cerebrais post-mortem de placas amilóides em doentes com DA incluem níveis elevados de ferro e células ricas em ferritina (158). A quelação do ferro reduz a síntese de APP (159). A fisiopatologia da doença de Alzheimer está relacionada com o tráfico e a acumulação de ferro (160). De uma perspetiva mecânica, o ferro funciona como um regulador patogénico da toxicidade amiloide e da tradução da APP. O controlo da expressão da proteína precursora amiloide pelos níveis de ferro celular através de IREs localizados no mRNA 5'-UTR é uma ligação crucial entre a homeostase do ferro e a DA (12). O ARNm da APP codifica a caixa CAGA única, amiloide, que se liga à proteína de ligação IRE IRP1 e está localizada nos 146 nt 5'-UTR do ARNm da APP (+51 a +94 a partir do sítio 5-cap). As IRPs são suficientes para regular a homeostase do ferro intracelular através da alteração da tradução e estabilidade dos ARNm para as proteínas associadas ao ferro, APP, ferritina e recetor da transferrina (32). Por conseguinte, as alterações nas quantidades de ferro dentro das células têm o potencial de perturbar a ligação do IRP1 aos loops de haste do ARN do IRE, afetar o equilíbrio transferrina-ferritina (33) e influenciar a proteína de exportação de ferro APP. Estes resultados dão crédito aos papéis dos genes da hemocromatose e da transferrina como factores hereditários que podem aumentar o risco de AD esporádica de início tardio. Quando associado, o ferro pode afetar a forma como a doença de Alzheimer se desenvolve, regulando a hiperfosforilação das proteínas tau, amiloide-0 e APP. Por conseguinte, a ansa do ARN IRE no ARN da APP é atualmente o foco da terapia anti-amiloide baseada no ARN. A relação entre o ferro e a APP e a patogénese da DA requer uma investigação mais aprofundada.

Os doentes com doença de Parkinson apresentam frequentemente bradicinesia, rigidez e disfunção motora. À medida que a doença progride, o défice cognitivo e a demência também se tornam comuns. As caraterísticas patológicas da doença incluem a acumulação da proteína a-sinucleína agregada nos neurónios, denominada corpos de Lewy, e a perda de neurónios dopaminérgicos na SN pars compacta. Embora o papel exato da a-sinucleína permaneça desconhecido, esta pode induzir a doença de Parkinson (DP) quando sobreexpressa, o que sugere que esta proteína é um interveniente fundamental na fisiopatologia da doença. A relação entre a homeostase do ferro e a doença de Parkinson (DP) parece ser consideravelmente mais proeminente do que apenas o ferro elevado na SN e o seu papel na agregação da a-sinucleína. Também são frequentemente observadas alterações numa série de proteínas importantes relacionadas com o metabolismo do ferro (Fig. 6). É verdade que os doentes com DP e SN apresentam níveis de ferritina mais baixos, para além de uma carga de ferro aumentada. Foi revelado que a L-ferritina e a H-ferritina eram 37% e 75% do normal, respetivamente. A ausência de regulação, que é consistente com a atividade prolongada da IRP1 encontrada na SN de cérebros post-mortem da doença de Parkinson, poderia explicar a diminuição dos níveis de ferritina. A caraterização de ratinhos com tau knockout também demonstrou uma ligação entre a DA, a DP e o ferro. Assim, a quelação do ferro preveniu a atrofia cerebral dependente da idade, a acumulação de ferro e a morte neuronal na SN, as deficiências cognitivas e o parkinsonismo causados pela perda da função da tau e pela exportação defeituosa de ferro através da APP.

3.8 Conclusões e perspectivas futuras

Sem dúvida, existe uma relação estreita entre a APP, o ferro, o IRP e o ARN do IRE, e cada um destes factores influencia a doença de Alzheimer de uma forma única. A relevância destes resultados para a fisiopatologia e as estratégias de tratamento da doença de Alzheimer foi certamente alargada com a investigação sobre o ARN do IRE da APP e o IRP nos problemas do metabolismo do ferro no cérebro. O presente estudo identifica vários factores fisiopatológicos possíveis associados à doença de Alzheimer, incluindo sobrecarga de ferro no cérebro, distúrbios metabólicos da amiloide-0, hiperfosforilação da proteína tau, stress oxidativo e danos causados pelos radicais livres, perda de neurónios colinérgicos, danos inflamatórios e mutações genéticas. A descoberta de tratamentos para a doença de Alzheimer é um desafio devido às inúmeras vias envolvidas na progressão da doença. A desregulação dos níveis de ferro no cérebro e das proteínas que o ligam é uma caraterística da doença de Alzheimer. Este capítulo trata em grande parte das implicações da nossa descoberta de anéis de haste de RNA IRE totalmente funcionais nos 5'-UTRs do RNA IRE da APP específica da AD, que codificam proteínas-chave e os agentes que causam doenças neurodegenerativas. O direcionamento seletivo do ARN para a tradução da APP através da região 5'-não traduzida do transcrito precursor pode suprimir a expressão da APP (32), proporcionando um novo alvo para complementar as tácticas actuais. A aplicação dos conhecimentos sobre os circuitos de controlo da tradução através dos quais o ferro regula a tradução das proteínas de armazenamento de ferro ferritina e APP através de interações com as respectivas 5'-UTR, cada uma das quais codifica versões únicas de IRE, pode ser utilizada para identificar e caraterizar inibidores deste processo (31). A atual geração de terapêuticas de ARN, como as baseadas no RNAi, depende fortemente da estrutura secundária do ARN, embora a estrutura 3-D seja um alvo farmacológico mais comum para as proteínas. As terapêuticas de ARN têm uma vantagem sobre os medicamentos proteicos porque os alvos de ARN são mais pequenos do que os alvos proteicos. Pequenas moléculas, como Cu-1, 10-fenatrolina e ioimbina, podem ligar-se a locais específicos do ARN do IRE e alterar a função do ARNm em solução e em células humanas mantidas em cultura (161-164). Estes resultados mostraram que a seletividade das pequenas moléculas de ligação ao ARN para se ligarem a estruturas de ARN alvo dobradas em solução era idêntica à da sua ligação a células vivas. A caraterização do local de ligação do ferro no IRE implicará a identificação de regiões-alvo do ARN do IRE para futuras investigações de conceção de medicamentos. Os RNAs IRE animais são sistemas modelo para outros mRNAs 3-D em todas as criaturas, tendo evoluído ao longo da evolução. A perspetiva de manipular quimicamente a produção de ARNm e de proteínas em sistemas vivos ainda não foi totalmente estudada, embora tenham sido obtidos dados de prova de princípio relativos à orientação de pequenas moléculas para a estrutura do ARNm através de ARNm. Uma pequena substância química pode ser capaz de ativar a parte do ARNm que é reprimida na sobrecarga de ferro em circunstâncias específicas, como o ARNm da ferritina inactivado por IRP, e impedir que os quelantes de ferro agravem a sobrecarga de ferro e a ferritina danificada. Outra ilustração é a possível utilização terapêutica de fármacos curtos baseados em ARN como inibidores da tradução de APP, que visam especificamente os ARNm ligados à doença de Alzheimer.

Referências

1 . Belaidi AA, Bush AI. Neuroquímica do ferro na doença de Alzheimer e na doença de Parkinson: alvos para a terapêutica. J Neurochem. 2016;139(Oct):179-97.

2 . Wolfe MS. Desligar a doença de Alzheimer. Sci Am. 2006;294(5)(May):72-9.

3 . Chiou B, Neely EB, Mcdevitt DS, Simpson IA, Connor JR. Envolvimento da transferrina e da H-ferritina na aquisição de ferro cerebral durante o desenvolvimento pós-natal: impacto do sexo e do genótipo. J Neurochem 2020;152(3)(Feb):381-96. .

4 . Liu F, Zhang Z, Zhang L, Meng RN, Gao J, Jin M, et al. Efeito dos iões metálicos na doença de Alzheimer. Brain Behav 2022 12(3):e2527.(Mar):1-9.

5 . Walsh DM, Klyubin I, Fadeeva JV, Cullen WK, Anwyl R, Wolfe MS, et al. Os oligómeros da proteína beta amiloide segregados naturalmente inibem potentemente a potenciação a longo prazo do hipocampo in vivo. Nature. 2002;416(6880)(Apr 4):535-9.

6 . Lee VM-Y, Giasson BI, Trojanowski JQ. More than just two peas in a pod: common amyloidogenic properties of tau and alpha-synuclein in neurodegenerative diseases. Trends Neurosci. 2004;27(3)(Mar):129-34.

7 . Olufunmilayo EO, Holsinger RMD. Papéis do ARN não codificante na fisiopatologia da doença de Alzheimer. Int J Mol Sci 2023;24(15):12498.(Aug 6):1-30.

8 . Hare D, Ayton S, Bush A, Lei P. Um equilíbrio delicado: O metabolismo do ferro e as doenças do cérebro. Front Aging Neurosci. 2013;5:34(Jul 18):1-19.

9 . Dusek P, Hofer T, Alexander J, Roos PM, Aaseth JO. Deposição de ferro cerebral na neurodegeneração. Biomolecules 2022 12(5):714.(May 17):1-38.

10 Fleming RE, Ponka P. Iron overload in human disease (sobrecarga de ferro na doença humana). O jornal de medicina da Nova Inglaterra. 2012;366(4):348-59.

11 Ward RJ, Zucca FA, Duyn JH, Crichton RR, Zecca L. The role of iron in brain ageing and neurodegenerative disorders. Lancet Neurol. 2014;13(10)(Oct):1045-

60.
12 Rogers JT, Randall JD, Cahill CM, Eder PS, Huang X, Gunshin H, et al. Um elemento responsivo ao ferro do tipo II na região 5'-não traduzida do transcrito da proteína precursora do amiloide de Alzheimer. J Biol Chem. 2002;277(47):(Nov 22):45518-28. .
13 . Swaiman KF. Síndrome de Hallervorden-Spatz e Metabolismo do Ferro no Cérebro. Arch Neurol 1991;48(12):1285-93. .
14 Jellinger KA. O papel do ferro na neurodegeneração: perspectivas para a farmacoterapia da doença de Parkinson. Revisão de Medicamentos Envelhecimento. 1999;14(2)(Feb):115-40.
15 Qian ZM, Shen X. Transporte de ferro no cérebro e neurodegeneração. Trends Mol Med. 2001;7(3):(Mar):103-8. .
16 Ke Y, Ming Qian Z. Má regulação do ferro no cérebro: uma causa primária de doenças neurodegenerativas. Lancet Neurol. 2003;2(4):(Apr):246-53.
17 Rogers JT, Leiter LM, McPhee J, Cahill CM, Zhan SS, Potter H, et al. A tradução do mRNA da proteína precursora do amiloide de alzheimer é regulada positivamente pela interleucina-1 através de sequências da região 5'-untranslated. J Biol Chem. 1999;274(10):(Mar 5):6421-31.
18 Rouault TA. Iron metabolism in the CNS: implications for neurodegenerative diseases. Nat Rev Neurosci. 2013;14(8):551-64.
19 Baringer SL, Simpson IA, Connor JR. Aquisição de ferro no cérebro: Uma visão geral da regulação homeostática e da desregulação da doença. J Neurochem 2023;165(5)(Jun):625-42. .
20 Zhang N, Yu X, Xie J, Xu H. Novas percepções sobre o papel da ferritina na homeostase do ferro e nas doenças neurodegenerativas. Mol Neurobiol 2021;58(6):(Jun):2812-23. .
21 Dixon SJ, Lemberg KM, Lamprecht MR, Skouta R, Zaitsev EM, Gleason CE, et al. Ferroptosis: an iron-dependent form of nonapoptotic cell death. Cell. 2012 149(5):(25 de maio):1060-72.
22 Hare DJ, Arora M, Jenkins NL, Finkelstein DI, Doble PA, Bush AI. A exposição ao ferro no início da vida é crítica na neurodegeneração? Nat Rev Neurol 2015; 11(9):(Sep):536-44. .
23 . Bush AI. A teoria do metal da doença de Alzheimer. J Alzheimers Dis 2013(33):S277-81. .
24 . Wilkinson N, Pantopoulos K. The IRP/IRE system in vivo: insights from mouse models. Front Pharmacol. 2014;5:176.
25 Zhang DL, Ghosh MC, Rouault TA. As funções fisiológicas das proteínas reguladoras do ferro na homeostase do ferro - uma atualização. Front Pharmacol. 2014;5:124.
26 . Pinero DJ, Hu J, Connor JR. Alterações na interação entre as proteínas reguladoras do ferro e o seu elemento responsivo ao ferro em cérebros normais e doentes de Alzheimer. Cell Mol Biol (Noisy-le-grand). 2000;46(4)(Jun):761-76.

27 . LaVaute T, Smith S, Cooperman S, Iwai K, Land W, Meyron-Holtz E, et al. A deleção direcionada do gene que codifica a proteína reguladora do ferro-2 causa desregulação do metabolismo do ferro e doença neurodegenerativa em camundongos. Nature genetics. 2001;27(2)(Feb):209-14.
28 Bandyopadhyay S, Huang X, Cho H, Greig NH, Youdim MB, Rogers JT. Especificidade metálica de um elemento responsivo ao ferro na região 5'untranslated do mRNA da APP de Alzheimer, tolerância das células neurais SH-SY5Y e H4 à desferrioxamina, clioquinol, VK-28 e um quelante de piperazina. J Neural Transm Suppl. 2006;71:237-47.
29 Pantopoulos K. Iron metabolism and the IRE/IRP regulatory system: an update. Ann N Y Acad Sci. 2004;1012:1-13.
30 . Piccinelli P, Samuelsson T. Evolution of the iron-responsive element. RNA. 2007;13(7):952-66.
31 Cho HH, Cahill CM, Vanderburg CR, Scherzer CR, Wang B, Huang X, et al. Controlo translacional seletivo da transcrição da proteína precursora do amiloide de Alzheimer pela proteína reguladora do ferro-1. J Biol Chem. 2010;285(41):31217-32.
32 Bandyopadhyay S, Cahill C, Balleidier A, Huang C, Lahiri DK, Huang X, et al. Novos bloqueadores dirigidos à região 5' não traduzida da tradução da proteína precursora amiloide dependente da proteína reguladora do ferro-1: implicações para a síndrome de down e a doença de Alzheimer. PLoS One. 2013 8(7)(Jul 31):e65978..
33 Wang J, Pantopoulos K. Regulação do metabolismo do ferro celular. Biochem J. 2012;434(3):365-81.
34 Rogers JT, Cahill CM. Elementos semelhantes a ferro-responsivos e ferroptose neurodegenerativa. Learn Mem 2020; 27(9):(Aug 17):395-413.
35 Paul A Adlard PA, Ashley I Bush AI. Metais e doença de Alzheimer: How Far Have We Come in the Clinic? J Alzheimers Dis. 2018;62(3):1369-79.
36 Jiang H, Song N, Jiao Q, Shi L, Du X. Fisiopatologia do ferro nas doenças de Parkinson. Adv Exp Med Biol. 2019;1173:45-66.
37 . Thirupathi A, Chang Y-Z. Metabolismo do ferro cerebral e doenças do SNC. Adv Exp Med Biol. 2019;1173:1-19.
38 Wong BX, Tsatsanis A, Lim LQ, Adlard PA, Bush AI, Duce JA. 0-A proteína precursora do amiloide não possui atividade ferroxidase mas estabiliza o exportador de ferro ferroso da superfície celular, a ferroportina. PLoS One. 2014;9(12)(Dec 2):e114174.
39 Zhou ZD, Tan E-K. A via de sinalização da proteína reguladora do ferro (IRP) - elemento responsivo ao ferro (IRE) nas doenças neurodegenerativas humanas. Mol Neurodegener. 2017;12(75):1-13.
40 . Selezneva AI, Cavigiolio G, Theil EC, Walden WE, Volz K. Cristalização e análise preliminar por difração de raios X da proteína reguladora do ferro 1 em complexo com o ARN IRE da ferritina. Ata crystallographica Section F, Structural

biology and crystallization communications. 2006;62(Pt 3):249-52.
41 Brazzolotto X, Timmins P, Dupont Y, Moulis JM. Structural changes associated with switching activities of human iron regulatory protein 1. J Biol Chem 2002;277(14):11995-2000.
42 Volpon L OM, Capul AA, de la Torre JC, Borden KL. A estrutura sem tampa do eIF4E sugere uma base para a regulação conformacional pelos seus ligandos. EMBO J. 2006;25(21):5138-49.
43 Khan MA, Malik A, Domashevskiy AV, San A, Khan JA. Interação do mRNA do elemento responsivo ao ferro da ferritina (IRE) com o fator de iniciação da tradução eIF4F. Spectrochimica Ata Parte A: Espectroscopia Molecular e Biomolecular. 2020;243(118776):1-10.
44 Khan MA, Walden WE, Theil EC, Goss DJ. Thermodynamic and kinetic analyses of iron response element (IRE)-mRNA binding to iron regulatory protein, IRP1. Relatórios Científicos. 2017;7(1):1-11.
45 . Khan MA, Mohammad T, Malik A, Hassan MI, AV. D. Elementos de resposta ao ferro (IREs) -mRNA da ligação da proteína precursora amiloide de Alzheimer à proteína reguladora do ferro (IRP1): uma abordagem combinada de docagem molecular e espectroscópica. Sci Rep 2023;13(1):5073. (28 de março).
46 Khan MA, Walden WE, Goss DJ, Theil EC. A deteção direta de Fe2+ por complexos de RNA mensageiro: repressor responsivos ao ferro enfraquece a ligação. J Biol Chem. 2009;284(44):30122-8.
47 Khan MA, Yumak S, Miyoshi H. A proteína de ligação a poli(A) promove a tradução dependente de VPg- do potyvirus através de uma maior ligação de eIFiso4F fosforilado e eIFiso4F-eIF4B. PLoS One. 2024;19(5):e0300287(May 2):1-24.
48 Zhang P, Park H-J, Zhang J, Junn E, Andrews RJ, Velagapudi SP, et al. A tradução da proteína a-sinucleína intrinsecamente desordenada é inibida por uma pequena molécula que visa o seu mRNA estruturado. Proc Natl Acad Sci U S A. 2020;117(3):(Jan 21;):1457-67. .
49 Volz K. Conservation in the Iron Responsive Element Family (Conservação na Família de Elementos Responsivos ao Ferro). Genes (Basileia) 2021;12(9):1365. (30 de agosto):1-11.
50 Bevilacqua PC, Blose JM. Estruturas, cinética, termodinâmica e funções biológicas dos hairpins de RNA. Annu Rev Phys Chem. 2008;59:79-103.
51 . Svoboda P, Di Cara A. Hairpin RNA: uma estrutura secundária de importância primordial. Cell Mol Life Sci 2006 63(7-8):(Abr):901-18.
52 Hentze MW, Castello A, Schwarzl T, Preiss T. Um admirável mundo novo de proteínas de ligação ao RNA. Nat Rev Mol Cell Biol. 2018;19(5):(maio):327-41.
53 Leipuviene R, Theil EC. A família de estruturas de RNA responsivas ao ferro reguladas por alterações no ferro celular e no oxigénio. Cell Mol Life Sci. 2007;64(22):2945- 55.
54 Muckenthaler MU, Galy B, Hentze MW. Homeostase sistémica do ferro e a

rede reguladora do elemento responsivo ao ferro/proteína reguladora do ferro (IRE/IRP). Annu Rev Nutr. 2008;28:197-213.
55 Volz K. The functional duality of iron regulatory protein 1. Opinião atual em biologia estrutural. 2008;18(1):106-11.
56 . Shen M, Goforth JB, Eisenstein RS. Controlo pós-transcricional dependente do ferro da expressão da aconitase mitocondrial. Metallomics: ciência biometal integrada. 2023 15(1):mfac099.(Jan 10):1-13.
57 Rogers JT, Mikkilineni S, Cantuti-Castelvetri I, Smith DH, Huang X, Bandyopadhyay S, et al. Os bloqueadores de tradução direcionados para a região 5'untranslated da alfa-sinucleína: eficácia anti-alfa-sinucleína dos glicosídeos cardíacos e do Posifeno. Journal of neural transmission (Viena, Áustria: 1996). 2011;118(3):(Mar):493-507. .
58 Hentze MW, Caughman SW, Rouault TA, Barriocanal JG, Dancis A, Harford JB, et al. Identificação do elemento de resposta ao ferro para a regulação da tradução do ARNm da ferritina humana. Science (Nova Iorque, NY). 1987;238(4833):1570-3.
59 .dos Santos CO, Dore LC, Valentine E, Shelat SG, Hardison RC, Ghosh M, et al. An iron responsive element-like stem-loop regulates alpha-hemoglobinstabilizing protein mRNA. J Biol Chem. 2008;283(40):(Oct 3;):26956-64. .
60 Walden WE, Selezneva AI, Dupuy J, Volbeda A, Fontecilla-Camps JC, Theil EC, et al. Structure of dual function iron regulatory protein 1 complexed with ferritin IRE-RNA. Science (Nova Iorque, NY). 2006;314(5807):1903-8.
61 Mikkilineni S, Cantuti-Castelvetri I, Cahill CM, Balliedier A, Greig NH, Rogers JT. A anticolinesterase fenserina e o seu enantiómero posifeno como bloqueadores da tradução da expressão da alfa-sinucleína de Parkinson dirigidos à região 5'untranslated. Parkinsons Dis. 2012(2012:142372.).
62 Goforth JB, Anderson SA, Nizzi CP, Eisenstein RS. Multiple determinants within iron-responsive elements dictate iron regulatory protein binding and regulatory hierarchy. RNA. 2010;16(1):154-69.
63 Theil EC, Goss DJ. Living with iron (and oxygen)): Perguntas e respostas sobre a homeostase do ferro. Chem Rev. 2009;109:4569-79.
64 . Schalinske KL, Chen OS, Eisenstein RS. O ferro estimula diferencialmente a tradução dos mRNAs da aconitase mitocondrial e da ferritina em células de mamíferos. Implicações para as proteínas reguladoras do ferro como reguladoras da utilização de citrato mitocondrial. J Biol Chem. 1998 273(6):(Feb 6):3740-6.
65 Ke Y, Wu J, Leibold EA, Walden WE, Theil EC. Loops e bulge/loops em isoformas de elementos responsivos ao ferro influenciam a ligação da proteína reguladora do ferro. Ajuste fino da regulação do mRNA? J Biol Chem. 1998;273(37):23637-40.
66 Khan MA, Ma J, Walden WE, Merrick WC, Theil EC, Goss DJ. A cinética rápida do elemento responsivo ao ferro (IRE) RNA / proteína reguladora de ferro 1

e os complexos IRE- RNA / eIF4F respondem de forma diferente aos íons metálicos. Nucleic Acids Res. 2014;42(10):6567-77.

67 . Chen SC, Olsthoorn RCL. Relevância da estrutura do pseudotriloop do elemento responsivo ao ferro (IRE) para a ligação do IRP1/2 e validação de estruturas semelhantes ao IRE utilizando o sistema de três híbridos de levedura. Gene. 2019 710(Aug 20):399-405. .

68 maio N, Zhang DL, Ghosh MC, Jain A, SantaMaria AM, Rouault TA. Mechanisms of cellular iron sensing, regulation of erythropoiesis and mitochondrial iron utilization. Semin Hematol. 2021;58(3)(Jul):161-74.

69 Venkataramani V, Doeppner TR, Willkommen D, Cahill CM, Xin Y, Ye G, et al. O manganês provoca a acumulação de ferro neurotóxico através da repressão translacional da proteína precursora amiloide e da H-Ferritina. J Neurochem. 2018 147(6)(Dec):831-48.

70 Hentze MW, Muckenthaler MU, Galy B, Camaschella C. Two to tango: regulation of Mammalian iron metabolism. Cell. 2010;142(1):24-38.

71 Rogers JT, Bush AI, Cho HH, Smith DH, Thomson AM, Friedlich AL, et al. O ferro e a tradução dos ARNm da proteína precursora do amiloide (APP) e da ferritina: riboregulação contra danos oxidativos neurais na doença de Alzheimer. Biochem Soc Trans. 2008 36(Pt 6)(Dec):1282-7.

72 . Sanchez M, Galy B, Schwanhaeusser B, Blake J, Bahr-Ivacevic T, Benes V, et al. Iron regulatory protein-1 and -2: transcriptome-wide definition of binding mRNAs and shaping of the cellular proteome by iron regulatory proteins. Blood. 2011;118(22):e168-79.

73 Kim YS, Gu MB. Avanços no rastreio de aptâmeros e aptasensores de pequenas moléculas. Adv Biochem Eng Biotechnol. 2014;140:29-67.

74 Walden WE, Selezneva A, Volz K. Acomodando a variedade de elementos que respondem ao ferro: Estrutura cristalina do recetor de transferrina 1 B IRE ligado à proteína reguladora do ferro 1. FEBS Letters. 2012;586:32-5.

75 Addess KJ, Basilion JP, Klausner RD, Rouault TA, Pardi A. Structure and dynamics of the iron responsive element RNA: implications for binding of the RNA by iron regulatory binding proteins. Estudo comparativo J Mol Biol. 1997 274(1)(Nov 21):72-83. .

76 Draper DE. Temas no reconhecimento de RNA-proteínas. J Mol Biol. 1999 293(2):(Oct 22):255-70.

77 . Gunshin H, Allerson CR, Polycarpou-Schwarz M, Rofts A, Rogers JT, Kishi F, et al. Regulação dependente do ferro do transportador de iões metálicos divalentes. FEBS Lett. 2001;509(2):309-16.

78 Kikinis Z, Eisenstein RS, Bettany AJ, Munro HN. Role of RNA secondary structure of the iron-responsive element in translational regulation of ferritin synthesis (Papel da estrutura secundária do RNA do elemento responsivo ao ferro na regulação translacional da síntese de ferritina). Nucleic Acids Res. 1995;23(20):4190-5.

79 Harrell CM, McKenzie AR, Patino MM, Walden WE, Theil EC. Ferritin mRNA: interações do elemento regulador do ferro com a proteína reguladora da tradução P-90 e o efeito nas regiões flanqueadoras emparelhadas com bases. Proc Natl Acad Sci U S A. 1991;88(10):4166-70.
80 Leibold EA, Munro HN. A proteína citoplasmática liga-se in vitro a uma sequência altamente conservada na região 5' não traduzida dos mRNAs das subunidades pesada e leve da ferritina. Proc Natl Acad Sci U S A. 1988;85(7):2171-5.
81 Leibold EA, Laudano A, Yu Y. Requisitos estruturais dos elementos responsivos ao ferro para a ligação da proteína envolvida na regulação pós-transcricional do recetor da transferrina e do ARNm da ferritina. Nucleic Acids Res. 1990 18(7)(Apr 11):1819-24.
82 Hentze MW, Preiss T. A fase REM da regulação dos genes. Trends Biochem Sci. 2010;35(8):423-6.
83 Eisenstein RS. Iron regulatory proteins and the molecular control of mammalian iron metabolism. Annu Rev Nutr 2000;20:627-62.
84 Ke Y, Sierzputowska-Gracz H, Gdaniec Z, Theil EC. O loop interno/bulge e o loop hairpin do elemento responsivo ao ferro do mRNA da ferritina contribuem para a ligação máxima da proteína reguladora do ferro 2 e para a regulação da tradução na família do elemento responsivo ao isoferro/proteína reguladora do isoferro. Biochemistry. 2000;39(20):6235-42.
85 Khan MA. O mRNA dos elementos responsivos ao ferro da ferritina (IREs) interage com o eIF4G e ativa a tradução in vitro. Fronteiras em Biociência (Elite Ed). 2022;14(3)(17):1-11.
86 Khan MA. Análise dos efeitos dos iões e do pH nas interações entre o elemento de resposta ao ferro (IRE) e a proteína reguladora do mRNA-ferro (IRP1). Biologia Química Atual. 2020;14(2):1-12.
87 Ma J, Haldar S, Khan MA, Sharma SD, Merrick WC, Theil EC, et al. O Fe2+ liga-se ao elemento-RNA responsivo ao ferro, alterando seletivamente as afinidades de ligação às proteínas e regulando a repressão e ativação do mRNA. Proc Natl Acad Sci U S A. 2012;109(22):8417-22.
88 Gray NK, Hentze MW. A proteína reguladora do ferro impede a ligação do complexo de pré-iniciação da tradução 43S aos mRNAs da ferritina e do eALAS. EMBO J. 1994;13(16):3882-91.
89 Casey JL, Hentze MW, Koeller DM, Caughman SW, Rouault TA, Klausner RD, et al. Iron-responsive elements: regulatory RNA sequences that control mRNA levels and translation. Science (Nova Iorque, NY). 1988;240(4854):924-8.
90 Mullner EW, Neupert B, Kuhn LC. Um fator específico de ligação ao ARNm regula a estabilidade dependente do ferro do ARNm do recetor da transferrina citoplasmática. Cell. 1989;58(2):373-82.
91 Kato J, Kobune M, Ohkubo S, Fujikawa K, Tanaka M, Takimoto R, et al. Regulação dependente de ferro/IRP-1 da expressão de mRNA para o recetor de

transferrina, DMT1 e ferritina durante a diferenciação eritroide humana. Exp Hematol 2007;35(6)::879-87.
92 Dix DJ, Lin PN, Kimata Y, Theil EC. A região reguladora do ferro do mRNA da ferritina é também um elemento de controlo positivo para a tradução independente do ferro. Biochemistry. 1992;31(10):2818-22.
93 Goossen B, Hentze MW. A posição é o fator crítico determinante para a função dos elementos responsivos ao ferro como reguladores da tradução. Mol Cell Biol. 1992;12(5):1959- 66.
94 Ya Ke Y, Ming Qian Z. Má regulação do ferro no cérebro: uma causa primária de doenças neurodegenerativas. Lancet Neurol (Revisão). 2003;2(4):(Apr):246-53.
95 Qian ZM, Wang Q. Expressão de proteínas de transporte de ferro e acumulação excessiva de ferro no cérebro em doenças neurodegenerativas. Revisão da Res. do Cérebro Res. do Cérebro Rev. 1998;27(3)(Ago):257-67
96 Aisen P, Wessling-Resnick M, Leibold EA. Metabolismo do ferro. Revisão Curr Opin Chem Biol. 1999 3(2)(Abr;):200-6.
97 Netz DJ, Mascarenhas J, Stehling O, Pierik AJ, Lill R. Maturação de proteínas citosólicas e nucleares de ferro-enxofre. Trends Cell Biol. 2014;24(5)(maio):303-12. .
98 . Salahudeen AA, Thompson JW, Ruiz JC, Ma HW, Kinch LN, Li Q, et al. Uma E3 ligase com um domínio de hemeritrina sensível ao ferro é um regulador da homeostase do ferro. Science (Nova Iorque, NY). 2009;326(5953):722-6.
99 Deck KM, Vasanthakumar A, Anderson SA, Goforth JB, Kennedy ML, Antholine WE, et al. Evidências de que a fosforilação da proteína reguladora do ferro 1 na Serina 138 desestabiliza o aglomerado [4Fe-4S] na aconitase citosólica, aumentando o ciclo 4Fe-3Fe. J Biol Chem. 2009 284(19)(May 8):12701-9. .
100 Pantopoulos K. Iron regulation of hepcidin through Hfe and Hjv: Vias comuns ou distintas? Hepatology. 2015;62(6):1922-3.
101 Pantopoulos K, Porwal SK, Tartakoff A, Devireddy L. Mechanisms of mammalian iron homeostasis. Biochemistry. 2012;51(29):5705-24.
102 Muckenthaler M, Gray NK, Hentze MW. A ligação do IRP-1 ao mRNA da ferritina impede o recrutamento da pequena subunidade ribossómica pelo complexo de ligação ao cap eIF4F. Mol Cell. 1998;2(3):383-8.
103 Muckenthaler M, Hentze MW. Mechanisms for posttranscriptional regulation by iron-responsive elements and iron regulatory proteins. Prog Mol Subcell Biol. 1997;18:93-115.
104 Long HZ, Cheng Y, Zhou ZW, Luo HY, Wen DD, Gao LC. Os papéis-chave das organelas e da ferroptose na doença de Alzheimer. J Neurosci Res. 2022 100(6)(Jun):1257-80. .
105 Long HZ, Zhou ZW, Cheng Y, Luo HY, Li FJ, Xu SG, et al. O papel da microglia na doença de Alzheimer na perspetiva da inflamação imunológica e do metabolismo do ferro. Front Aging Neurosci 2022; 14: 888989. (30 de junho).
106 Ashraf GM, Ganash M, Athanasios A. Computational analysis of non-coding

RNAs in Alzheimer's disease (Análise computacional de ARN não codificantes na doença de Alzheimer). Bioinformation. 2019 15(5)(May 15):351-7. .
107 Alexiou A, Kamal MA, Ashraf GM. Editorial: O desafio da doença de Alzheimer. Front Neurosci 2019 13(Jul 24):768.
108 G.J. A, F. W. Essencial mas tóxico: controlar o fluxo de ferro no corpo. Clin Exp Pharmacol Physiol 2012;39(8):(Ago):719-24. .
109 BillesbOlle CB, Azumaya CM, Kretsch RC, Powers AS, Gonen S, Schneider S, et al. Structure of hepcidin-bound ferroportin reveals iron homeostatic mechanisms. Nature. 2020;586(7831)(Oct):807-11.
110 Wang B, Wang XP. A ceruloplasmina defende-se contra as doenças neurodegenerativas? Revisão Curr Neuropharmacol. 2019;17(6)::539-49. .
111 Rouault TA, Cooperman S. Brain iron metabolism. Semin Pediatr Neurol. 2006;13(3):142-8.
112 Aisen P. Transferrin recetor 1. Int J Biochem Cell Biol. 2004 36(11)(Nov):2137-43.
113 Hentze MW, Muckenthaler MU, Andrews NC. Balancing acts: molecular control of mammalian iron metabolism. Cell. 2004;117(3):285-97.
114 De Domenico I, McVey Ward D, Kaplan J. Regulation of iron acquisition and storage: consequences for iron-linked disorders. Nat Rev Mol Cell Biol 2008;9(1)(Jan):72-81.
115 Ingrassia R, Garavaglia B, Memo M. DMT1 Expression and Iron Levels at the Crossroads Between Aging and Neurodegeneration. Front Neurosci. 2019;13:575(Jun 5).
116 Dautry-Varsat A, Ciechanover A, Lodish HF. pH e a reciclagem da transferrina durante a endocitose mediada pelo recetor. Proc Natl Acad Sci U S A 1983;80(8)(Apr):2258-62.
117 Rosenblum SL, Kosman DJ. Aberrant Cerebral Iron Trafficking Co-morbid With Chronic Inflammation: Mecanismos Moleculares e Intervenção Farmacológica. Front Neurol 2022;13:(Mar 15):855751.
118 Ganz T. Cellular iron: ferroportin is the only way out. Cell Metab. 2005 1(3)(Mar):155-1557.
119 Madsen E, Gitlin JD. Distúrbios do cobre e do ferro no cérebro. Annu Rev Neurosci 2007;30:317-37.
120 Drayer B, Burger P, Darwin R, Riederer S, Herfkens R, Johnson GA. MRI of brain iron. AJR Am J Roentgenol 1986 147(1):(Jul):103-10. .
121 Bartzokis G, Tishler TA, Lu PH, Villablanca P, Altshuler LL, Carter M, et al. O ferro ferritina do cérebro pode influenciar os riscos de neurodegeneração relacionados com a idade e o género. Neurobiol Aging. 2007 28(3)(Mar):414-23.
122 Reinert A, Morawski M, Seeger J, Arendt T, Reinert T. Iron concentrations in neurons and glial cells with estimates on ferritin concentrations. BMC Neurosci. 2019 20 (1): (29 de maio): 25.
123 Zecca L, Youdim MB, Riederer P, Connor JR, Crichton RR. Iron, brain ageing

and neurodegenerative disorders. Nat Rev Neurosci. 2004 5(11)(Nov):863-73.
124 Zheng W. Toxicologia do plexo coroide: referência especial à neurotoxicidade induzida por metais. Microsc Res Tech. 2001;52(1)(Jan 1):89-103.
125 Zheng W, Aschner M, Ghersi-Egea JF. Sistemas de barreira cerebral: uma nova fronteira na investigação neurotoxicológica de metais. Toxicol Appl Pharmacol. 2003 192(1)(Oct 1):1-11. .
126 Calderon-Garciduenas L, Torres-Jardon R, Kulesza RJ, Mansour Y, Gonzalez-Gonzalez LO, Gonzalez-Maciel A, et al. A doença de Alzheimer começa na infância na Cidade do México metropolitana poluída. Uma grande crise de saúde em curso. Environ Res. 2020 183:(Abr).
127 Goozee K, Chatterjee P, James I, Shen K, Sohrabi HR, Asih PR, et al. Elevated plasma ferritin in elderly individuals with high neocortical amyloid-0 load. Mol Psychiatry. 2018;23(8):(Aug):1807-12. .
128 Dusek P, Hofer T, Alexander J, Roos PM, Aaseth JO. Deposição de ferro cerebral na neurodegeneração. Biomolecules 2022;12(5)(May 17):714.
129 Fu H, Hardy J, Duff KE. Vulnerabilidade selectiva nas doenças neurodegenerativas. Nat Neurosci. 2018 21(10)(Out):1350-8.
130 Ehrenberg AJ, Nguy AK, Theofilas P, Dunlop S, Suemoto CK, Di Lorenzo Alho AT, et al. Quantificação da acumulação de tau hiperfosforilada no locus coeruleus e no núcleo dorsal da rafe: os blocos de construção patológicos da doença de Alzheimer precoce. Neuropathol Appl Neurobiol. 2017;43(5)(Aug):393-408.
131 Smith MA, Perry G. Quais são os factos e os artefactos da patogénese e etiologia da doença de Alzheimer? J Chem Neuroanat. 1998 16(1)(Dec):35-41.
132 Hofer T, Perry G. Dano oxidativo do ácido nucleico na doença de Alzheimer - explicado pela hipótese de sobrecarga de ferro neuronal da hepcidina-ferroportina? J Trace Elem Med Biol. 2016;38(Dec.):1-9.
133 Ma L, Gholam Azad M, Dharmasivam M, Richardson V, Quinn RJ, Feng Y, et al. Doença de Parkinson: Alterações na biologia do ferro e redox como uma chave para desbloquear estratégias terapêuticas. Redox Biol. 2021 41(maio).
134 Sternberg Z, Hu Z, Sternberg D, Waseh S, Quinn JF, Wild K, et al. Níveis séricos de hepcidina, disomeostase de ferro e perda cognitiva na doença de Alzheimer. Aging Dis 2017; 8 (2) (1 de abril): 215-27. .
135 Urrutia PJ, Borquez DA, Nunez MT. Inflamando o cérebro com ferro. Antioxidants (Basileia) 2021;10(1)(Jan 6):1-27.
136 Hinarejos I, Machuca-Arellano C, Sancho P, Carmen Espinos C. Mitochondrial Dysfunction, Oxidative Stress and Neuroinflammation in Neurodegeneration with Brain Iron Accumulation (NBIA). Revisão Antioxidantes (Basileia). 2020; 9(10):(Oct 20):1-28.
137 Smith CD, Chebrolu H, Wekstein DR, Schmitt FA, Jicha GA, Cooper G, et al. Alterações estruturais do cérebro antes do défice cognitivo ligeiro. Neurology. 2007 68(16)(Abr 17):1268-73. .

138 Liu B, Moloney A, Meehan S, Morris K, Thomas SE, Serpell LC, et al. O ferro promove a toxicidade do péptido beta amiloide impedindo a sua agregação ordenada. J Biol Chem. 2011;286(6)(Feb 11):4248-56.
139 Yin X, Qiu Y, Zhao C, Zhou Z, Bao J, Qian W. The Role of Amyloid-Beta and Tau in the Early Pathogenesis of Alzheimer's Disease. Med Sci Monit. 2021 27:e933084(Sep 2).
140 Ayton S, Janelidze S, Kalinowski P, Palmqvist S, Belaidi AA, Stomrud E, et al. CSF ferritin in the clinicopathological progression of Alzheimer's disease and associations with APOE and inflammation biomarkers. J Neurol Neurosurg Psychiatry. 2023;94(3)(Mar):211-9.
141 Pan R, Luo S, Huang Q, Li W, Cai T, Lai K, et al. The Associations of Cerebrospinal Fluid Ferritin with Neurodegeneration and Neuroinflammation Along the Alzheimer's Disease Continuum. J Alzheimers Dis. 2022;88(3):1115-25. .
142 Ayton S, Wang Y, Diouf I, Schneider JA, Brockman J, Morris MC, et al. O ferro cerebral está associado ao declínio cognitivo acelerado em pessoas com patologia de Alzheimer. Mol Psychiatry 2020 25(11)(Nov;):2932-41.
143 Bandyopadhyay S, Rogers JT. Terapêutica da doença de Alzheimer dirigida ao controlo da tradução da proteína precursora do amiloide: manutenção da homeostase do ferro no cérebro. Biochem Pharmacol. 2014;88(4)(Apr 15):486-94.
144 Peng Y, Chang X, Lang M. Desordem da homeostase do ferro e doença de Alzheimer. Int J Mol Sci. 2021;22(22):12442.(Nov 18).
145 Kagerer SM, van Bergen JMG, Li X, Quevenco FC, Gietl AF, Studer S, et al. APOE4 modera os efeitos do ferro cortical na atividade da rede de modo padrão sincronizado em adultos idosos cognitivamente saudáveis. Alzheimers Dement (Amst) 2020;12(1):e12002. (7 de fevereiro).
146 Belaidi AA, Gunn AP, Wong BX, Ayton S, Appukuttan AT, Roberts BR, et al. Marked Age-Related Changes in Brain Iron Homeostasis in Amyloid Protein Precursor Knockout Mice. Neurotherapeutics. 2018 15(4):(Out;):1055-62. .
147 Wan W, Cao L, Kalionis B, Murthi P, Xia S, Guan Y. Iron Deposition Leads to Hyperphosphorylation of Tau and Disruption of Insulin Signaling. Front Neurol. 2019 (Jun 19:10:607.).
148 LeVine SM. Exploring Potential Mechanisms Accounting for Iron Accumulation in the Central Nervous System of Patients with Alzheimer's Disease. Cells. 2024(Apr 16;13(8):689.).
149 Dusek P, Hofer T, Alexander J, Roos PM, Aaseth JO. Deposição de ferro cerebral na neurodegeneração. . Biomolecules 2022;12:714. .
150 LeVine SM, Tsau S, S. G. Explorando se a sequestração de ferro no SNC de pacientes com doença de Alzheimer causa uma deficiência funcional de ferro que promove a neurodegeneração Brain Sci 2023;13:511.
151 Caldwell JH, Klevanski M, Saar M, Muller UC. Papel da família da proteína precursora amiloide no sistema nervoso periférico. Mech Dev. 2013;130(6-8):(Jun-

Aug):433-46. .
152 Wan L, Nie G, Zhang J, Zhao B. A sobreexpressão do precursor da proteína amiloide P humana de tipo selvagem diminui o teor de ferro e aumenta o stress oxidativo das células SH-SY5Y do neuroblastoma. J Alzheimers Dis. 2012;30(3)::523-30. .
153 McCarthy RC, Park YH, Kosman DJ. sAPP modula o efluxo de ferro das células endoteliais microvasculares do cérebro, estabilizando o exportador de ferro ferroso ferroportina. EMBO Rep. 2014;15(7):(2014 Jul):809-15. .
154 Cahill CM, Lahiri DK, Huang X, Rogers JT. Tradução da proteína precursora amiloide e da alfa-sinucleína, implicações para o ferro e a inflamação nas doenças neurodegenerativas. Biochim Biophys Ata. 2009 1790(7)(Jul):615-28.
155 Lei P, Ayton S, Bush AI. Os elementos essenciais da doença de Alzheimer. J Biol Chem 2021;296:100105.(Jan-Jun).
156 Schubert D, Chevion M. The role of iron in beta amyloid toxicity. Estudo comparativo Biochem Biophys Res Commun. 1995 216(2)(Nov 13):702-7. .
157 Connor JR, Menzies SL. Cellular management of iron in the brain (Gestão celular do ferro no cérebro). J Neurol Sci 1995 134(Dec):33-44.
158 Zecca L, Youdim MB, Riederer P, Connor JR, Crichton RR. Ferro, envelhecimento do cérebro e doenças neurodegenerativas. Nat Rev Neurosci 2004;5(11):(Nov):863-73.
159 Bandyopadhyay S, Huang X, Lahiri DK, Rogers JT. Novos alvos de medicamentos baseados na metalobiologia da doença de Alzheimer. Expert Opin Ther Targets 2010;14(11):(Nov):1177-97.
160 Hin N, Newman M, Pederson S, Lardelli M. Respostas mediadas por elementos responsivos ao ferro à disomeostase do ferro na doença de Alzheimer. J Alzheimers Dis 2021;84(4)::1597-630. .
161 Ke Y, Theil EC. Um loop/bulge de mRNA no elemento responsivo ao ferro da ferritina forma-se in vivo e foi detectado por sondagem radicalar com Cu-1,10-fenantolina e pegada de proteína reguladora do ferro. J Biol Chem. 2002 277(4):(Jan 25):2373-6.
162 Tibodeau JD, Fox PM, Ropp PA, Theil EC, Thorp HH. A regulação positiva da expressão da ferritina utilizando um ligando de pequenas moléculas para o ARNm nativo. Proc Natl Acad Sci U S A 2006 103(2):(Jan 10):253-7. .
163 Yang X, Childs-Disney JL, Disney MD. A meditation on accelerating the development of small molecule medicines targeting RNA. Expert Opin Drug Discov. 2023 18(2):(Feb):115-7. .
164 Childs-Disney JL, Yang X, Gibaut QMR, Tong Y, Batey RT, Disney MD. Visando estruturas de RNA com pequenas moléculas. Nat Rev Drug Discov 2022 21(10):(Out):736-62.

Capítulo 4

Regulação dependente do ferro da tradução do amiloide de Alzheimer

O péptido amiloide-0 patogénico é produzido pela clivagem da metalo-proteína conhecida como proteína precursora amiloide de Alzheimer (APP). As sequências da região 5'-untranslated do mRNA da APP são utilizadas pelo ferro intracelular para controlar a expressão da amiloide. Foi demonstrado que o ferro controla a proteína precursora amiloide através de um processo semelhante à regulação translacional do ARNm da ferritina por elementos responsivos ao ferro (IREs) na sua 5'-UTR. Os IRPs podem regular em baixa os níveis de APP, do péptido amiloide-0 e da agregação proteica; no entanto, são regulados em alta quando há acumulação de ferro. Foi recentemente descoberta a estrutura do mRNA IRE da APP, que se encontra no 5'-UTR e se liga ao IRP1. Um estudo de acoplamento molecular do ARNm da APP IRE/IRP1 revelou que onze resíduos estão envolvidos na ligação de hidrogénio como o principal fator de condução da interação. A forte interação entre o ARNm da APP IRE e o IRP1 com uma afinidade de ligação nanomolar foi demonstrada pelos dados de ligação. Foi observada uma redução de três vezes na afinidade de ligação do ARNm da APP/IRP1 após a adição de ferro. Além disso, as caraterísticas termodinâmicas da ligação do ARNm da APP ao IRP1 revelaram um processo que favorece a entropia e é impulsionado pela entalpia. As forças de Van der Waals e a ligação de hidrogénio foram consideradas como estando envolvidas na criação do complexo por um valor negativo de entalpia. A adição de ferro reduziu a influência entrópica em cerca de 97% e aumentou a contribuição entálpica em cerca de 40%. Além disso, as taxas de ligação rápida e de dissociação lenta da interação do ARNm APP IRE com o IRP1 validaram o estabelecimento de complexos. A suplementação com ferro aumentou a taxa de dissociação em quase duas vezes, enquanto diminuiu a taxa de afiliação em cerca de três vezes. A energia de ativação para a formação do complexo APP mRNA/IRP1 foi ainda mais alterada pela adição de ferro. Além disso, a mudança conformacional da proteína IRP1 após a injeção do ARN da APP foi verificada por espetroscopia de dicroísmo circular. De acordo com este estudo, existe uma interação substancial entre o ARN da APP e a IRP1. Quando o ferro se liga ao ARN da APP IRE, altera o número de ligações de hidrogénio no complexo e provoca uma alteração conformacional na estrutura da IRP1. Isto mostra como a estrutura da ansa da haste do IRE afecta seletivamente a energia de ligação e a taxa de associação das interações ARN-proteína.

4.1 Introdução

A doença de Alzheimer (DA) é uma doença neurodegenerativa que afecta adultos com mais de 65 anos (1, 2). Esta doença caracteriza-se pela produção de muitas placas extracelulares constituídas por péptidos amilóides 0, emaranhados neurofibrilares intracelulares da proteína Tau e um aumento da concentração de ferro no cérebro (3, 4). O ferro está envolvido numa série de processos fisiológicos no cérebro, incluindo a síntese de neurotransmissores, a mielinização dos neurónios e a produção de energia a partir das mitocôndrias (5). Um excesso de ferro no cérebro pode resultar no componente patogénico que alimenta as doenças de Alzheimer e de Parkinson (DP), para além de outras doenças do Sistema Nervoso Central (SNC) (6). Rogers *et al.* (2) encontraram uma ligação direta entre a homeostase do ferro e a patogénese da DA. No cérebro, os níveis de ferro influenciam a expressão do ARNm da APP nos astrócitos (7) e nas células do neuroblastoma (2). Um IRE é um componente estrutural da região 5'-untranslated (5'-UTR) do transcrito da proteína precursora do amiloide (APP). O ferro desempenha um papel comparável na tradução do ARNm da ferritina, que também se liga a IREs nas 5'-UTRs do transcrito da ferritina, no mecanismo de regulação da expressão da APP. A presença de um stem-loop IRE no transcrito da APP indica a função desta proteína na homeostase do ferro, tal como foi demonstrado por outras proteínas associadas ao ferro. Um elemento responsivo ao ferro (IRE) funcional do RNA stem-loop que é codificado pelo APP 5'-UTR é um candidato potencial para influenciar a produção de APP.

A incapacidade da doença de Alzheimer para regular a ligação do ferro tem um impacto na forma como as proteínas reguladoras do ferro, ou IRPs, interagem com os IREs, o que pode ter um impacto na forma como os genes controlados pelos IREs são expressos (8). A homeostase intracelular do ferro é regulada pós-transcricionalmente pelos elementos responsivos ao ferro (IREs). É possível que a regulação incorrecta destas proteínas importantes durante a doença de Alzheimer seja causada principalmente pela estrutura do ciclo de haste do ARN IRE. A perturbação do metabolismo do ferro, a tradução do ARN da ferritina e a estabilidade do transcrito do recetor da transferrina (TfR) na mucosa gastrointestinal e no sistema nervoso central estão todos associados à falta de IRP2 (9). A produção de APP dependente de ferro é regulada por um IRE funcional codificado no 5'-UTR do mRNA da proteína precursora do amiloide de Alzheimer (APP) (2, 10). Os níveis de ferro intracelular afectaram o 5'-UTR da APP de uma forma que é consistente com o controlo dependente do ferro da produção intracelular de APP. As IRPs são proteínas de interação com o ARN. A estabilidade do ARNm do TfR e a tradução do ARNm da ferritina são reguladas pela interação das IRPs com o IRE. O metabolismo do ferro é regulado pela interação das IRPs e dos IREs, que são sequências particulares não codificantes encontradas nas secções não traduzidas, ou UTR, dos transcritos de ARNm (11). Os IREs dobram-se em estruturas em forma de laço, constituídas por motivos de ARN com a sequência CAGUGN, com 30 nt de comprimento (11, 12). Tanto os 3'- como os 5'-UTRs do ARNm alvo contêm IREs (12). O desenvolvimento do complexo IRP-IRE é estabilizado ou desestabilizado pelas quantidades de ferro celular. Níveis elevados de ferro nos tecidos cerebrais causam anomalias no sistema de sinalização IRP-IRE, o que, por sua vez, promove a agregação de proteínas, a perda neuronal e o avanço da DA e da DP.

O nível de ferro celular controla tanto a transcrição da APP como a toxicidade do amiloide. O ARNm da APP codifica o ciclo de haste IRE que contém a caixa CAGA. As 146 nt 5'- UTR do mRNA da APP, que se liga ao IRP1, contém a caixa CAGA (13). Ao afetar a tradução do ARNm e o turnover da APP, da ferritina, do recetor da transferrina e de outras proteínas associadas ao ferro, as IRPs regulam o estado estável do ferro (14). A ligação da IRP1 ao stem-loop do ARN do IRE é influenciada por variações nos níveis de ferro celular, que podem afetar a homeostase da transferrina, da ferritina e da APP (15). Nas sinapses, os iões metálicos são abundantes e as proteínas amilóides têm um impacto na homeostasia metálica dos neurónios. De acordo com os relatórios, o avanço das doenças neurodegenerativas pode ser atribuído à perturbação do estado estável dos metais nos neurónios (16, 17). Microelementos importantes como o ferro (Fe), o zinco (Zn) e o cobre (Cu) são essenciais para muitos processos cerebrais, incluindo a transmissão de sinais, a síntese de neurotransmissores, a mielinização neural e a defesa contra espécies reactivas de oxigénio (ROS). Uma deficiência nestes neurometais danifica o tecido cerebral, levando a problemas de memória e aprendizagem. O ferro é o neuro-metal mais abundante no cérebro. O ferro funciona como um cofator em vários processos biológicos, como a fosforilação oxidativa, a mielinização neural, a produção de neurotransmissores e a transmissão de energia mitocondrial (18). A APP controla a quantidade de ferro que as células excretam, ligando-se ao transportador de ferro ferroportina (19). Além disso, o ferro controla a produção de proteínas que têm a sequência do elemento de resposta ao ferro (IRE), ligando-se a proteínas reguladoras do ferro (20). O domínio IRE dos transcritos da APP tem semelhanças com a ferritina e outras proteínas de ligação ao ferro (2). Por conseguinte, a APP pode regular as quantidades de iões metálicos nos neurónios, o que, por sua vez, controla a expressão da APP. As interações entre a aconitase citosólica e a proteína de ligação ao IRE revelam que a ligação do RNA do IRE requer uma alteração conformacional crítica na IRP, exigindo movimentos significativos do domínio e alterações conformacionais para processar as bolsas de ligação ao RNA. A cristalografia de raios X e a espetroscopia de dicroísmo circular demonstraram estas alterações estruturais de conformação na IRP1 após a ligação ao IRE (21, 22). As alterações estruturais que ocorrem quando os eIFs (factores eucarióticos de iniciação da tradução) se ligam ao ARN do IRE e à porção da capa do ARNm foram explicadas utilizando técnicas semelhantes a estas (23, 24). Foi recentemente demonstrado que a ligação do ARN do IRE da APP produz alterações estruturais no IRP1 (25). A entropia e a entalpia determinam a estabilidade e a força do complexo APP IRE RNA-IRP, que, em conjunto, fornecem uma energia livre favorável. Isto requer uma compreensão da termodinâmica. As análises termodinâmicas revelaram uma mudança notável na entalpia e na energia livre para o desenvolvimento do complexo APP IRE/IRP1, indicando modificações na ligação de hidrogénio juntamente com alterações conformacionais gerais durante a formação do complexo (25). Também demonstrámos a cinética da ligação do APP IRE ao IRP1 para compreender melhor as alterações na ligação APP IRE-IRP1. A energia de ativação do complexo APP IRE/IRP1 alterou-se significativamente em resposta ao ferro. De acordo com dados publicados de docking molecular, foram revelados os fundamentos estruturais da ligação IRP1 e APP IRE mRNA e as suas interações prováveis. O ARN da ferritina IRE e a ansa da haste do ARN da APP IRE mostraram ambos uma forte afinidade de ligação ao IRP1. Este estudo dará aos leitores um melhor conhecimento dos papéis que o ferro e o IRP1 desempenham na produção do amiloide de Alzheimer e lançará as bases para futuras investigações sobre a má regulação do ferro na doença de Alzheimer e a identificação de novos alvos de tratamento para esta doença.

4.2 Abordagem de Docagem Molecular para Previsão de Estruturas

Investigámos as interações de ligação entre o IRP1 e o oligonucleótido de ARN utilizando a técnica de acoplamento molecular. O RCSB Protein Data Bank forneceu as coordenadas estruturais do IRP1 (PDB ID: 3SNP). As coordenadas estruturais tridimensionais da ansa da haste do ARN do APP IRE foram modeladas através do RNAComposer (26, 27) utilizando o método de previsão da estrutura secundária CentroidFold (28, 29). O servidor HDOCK foi utilizado para acoplar o oligonucleótido de ARN da APP ao IRP1 (30). A conformação mais bem encaixada foi escolhida e examinada utilizando PyMOL e Discovery Studio Visualizer para potenciais interações, depois de os resultados de encaixe terem sido primeiro filtrados para afinidades de ligação mais elevadas.

4.3 Previsão 2D e 3D do ARN da APP IRE

A capacidade de funcionamento dos ARN depende da sua conformação estrutural, que é necessária para uma combinação física perfeita com a molécula de proteína (31). A previsão da estrutura terciária é crucial porque ajuda a identificar os resíduos de nucleótidos que controlam a conformação do ARNm do IRE e a interação entre o ARN e a proteína. Aqui construímos estruturas secundárias e terciárias, bem como produzimos modelos de acoplamento para o ARN e o complexo ARN-proteína. As previsões da estrutura secundária do ARN dobrado foram efectuadas utilizando a sequência de 57 nt do ARNm APP IRE. A estrutura secundária do ARN do APP IRE é prevista utilizando a sequência e a notação de parêntesis de pontos (Fig. 1A) (25). Para obter a sequência de ARN em estilo de parêntesis, foi utilizada a técnica CentroidFold. A estrutura secundária esperada dos mRNAs APP IRE é apresentada na Fig. 1B. A dobragem da estrutura do ARN foi prevista utilizando o RNAFold WebServer. As hastes com pares de bases e os laços em gancho são factores significativos na previsão da estrutura secundária do ARNm da APP IRE. A energia livre (AG) foi de um mínimo de -20,30 kcal/mol. A estrutura de laço de haste do ARN da ferritina IRE e a estrutura secundária projectada do ARN da APP IRE são comparáveis (32).

(A) GGGGCCCCGGGAGACGGCGGCGGUGGCGGCGCGGGCAGAGCAAGGACGCGGCGGAUC
...((((((.....))).)))......((.((((...............)))).))...............

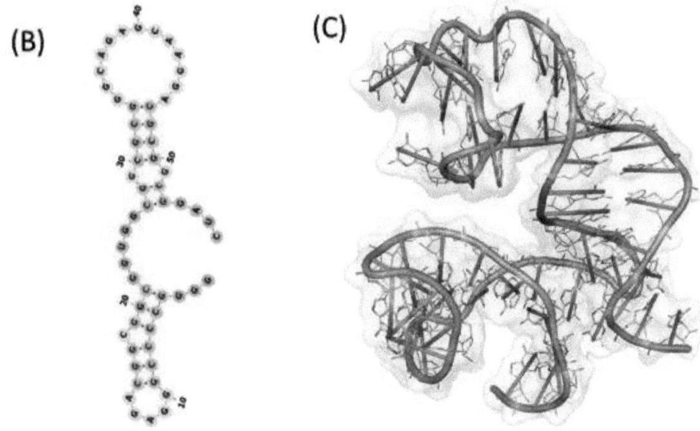

Figura 1. Sequência de RNA do APP e notação de colchetes (A) para previsão de estrutura secundária (B) e estrutura terciária (C). Extraído da ref. 25.

Além disso, construímos a estrutura terciária do ARN do APP IRE utilizando software online e um servidor Web, começando com as sequências de nucleótidos. A representação da estrutura secundária do ARN do APP IRE pelo RNAComposer foi utilizada para construir a estrutura terciária (26). No sítio Web HDOCK, foi simulado o acoplamento molecular do ARN da APP IRE com as moléculas da proteína IRP1 (33). O tipo de interação entre o ARN e a proteína, bem como a identificação dos resíduos, foram possíveis graças a este método computacional. A Fig. 2 apresenta um padrão de ligação completo do modelo de acoplamento escolhido para a interação entre os oligonucleótidos de ARN IRE da APP e a IRP1.

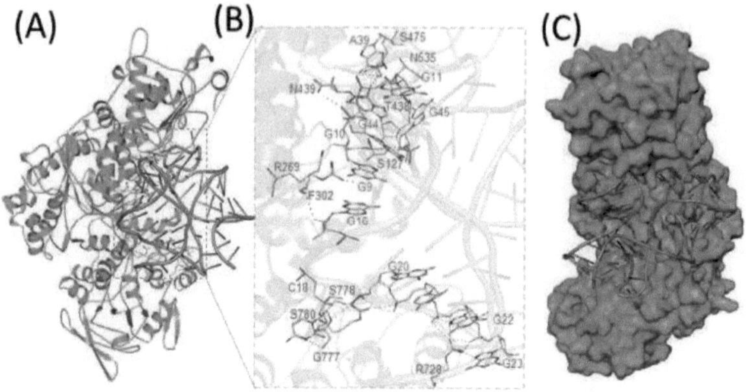

Figura 2. Ligação do ARN IRE da APP ao IRP1. (A) Diagrama cartográfico do IRP1 com o ARN da APP mostrando a sobreposição do ARN acoplado com o IRP1 (B) Mostrando a interação dos resíduos do IRP1 com o ARN. (C) O ARN encaixa na fenda do IRP1. Retirado da ref. 25.

ϕVários modelos de acoplamento potenciais com afinidades de ligação significativas são previstos pelo acoplamento do IRP1 e do oligonucleótido de ARN APP IRE. Os modelos de maior sucesso foram selecionados de entre todos os modelos potenciais com base na pontuação da interação. A ligação do oligonucleótido do ARNm da APP IRE ao IRP1 demonstrou ter uma pontuação de acoplamento significativa de - 364,09. Além disso, foi efectuado um estudo extensivo de interação de complexos acoplados para investigar o mecanismo de ligação da interação do oligonucleótido IRP1/APP IRE RNA. O ARN IRE da APP é visto na bolsa de ligação da proteína IRP1 na Fig. 2C. A IRP1 foi ligada numa fenda pelo ARN da APP IRE. Um grupo de resíduos funcionalmente activos no local de ligação da IRP1 está a interagir com o oligonucleótido de ARN IRE da APP (Fig. 2A). O IRP1 é representado como um modelo de banda desenhada em verde claro, enquanto o ARN é representado em representações de elemento, bola e bastão em castanho claro. O ARN liga-se a vários resíduos do IRP1, em particular aos que geram ligações de hidrogénio, como se mostra na Fig. 2B por traços pretos. Onze ligações de hidrogénio, para além de outras interações, estabilizam o complexo de oligonucleótidos de ARN IRP1 ^APP IRE, como se mostra na Fig. 2B. Durante o processo de construção do complexo, ocorrem interações de ligação de hidrogénio entre os resíduos de poligonucleótidos do ARN da APP IRE e os resíduos da IRP1 Ser127, Arg269, Phe302, Thr438, Asn439, Ser475, Asn535, Arg728, Gly777, Ser778 e Ser780 (25). O ARN IRE da APP ligado está em contacto direto com estes resíduos. Foi demonstrada a complementaridade estrutural do oligonucleótido do ARNm da APP IRE com a bolsa de ligação da IRP1 (Fig. 2C). A bolsa interna da proteína IRP1 parece estar perfeitamente dimensionada para a ligação do ARNm da APP IRE.

4.4 Abordagem Espectroscópica de Fluorescência para Ligação

Seguindo a alteração da intensidade de fluorescência intrínseca da proteína após a adição de quantidades crescentes de ARN, foi determinada a ligação do ARN da APP à proteína IRP1. A um comprimento de onda de excitação de л Ex = 280 nm e a um comprimento de onda de emissão de AEm = 332 nm, observou-se a fluorescência da proteína. Foram efectuados estudos sobre a ligação do IRP1 utilizando concentrações crescentes de ARN da APP. A ligação ARN/IRP1 foi monitorizada medindo a variação da intensidade de fluorescência da proteína quando esta foi titulada com ARN. Cada amostra foi incubada durante 15 minutos para permitir a aclimatação à temperatura experimental antes de os dados serem recolhidos. Para todos os ensaios de ligação dependentes da temperatura, a temperatura da amostra foi controlada com um dispositivo de termopar no interior da cuvete (AT ± 0,1 °C). A constante de dissociação de equilíbrio (KD) foi determinada utilizando a alteração normalizada da fluorescência (AF/AFmax) da IRP1/RNA e os espectros de fluorescência das proteínas individuais, como já foi referido (24, 34). Os valores de KD foram obtidos utilizando o KaleidaGraph (Synergy Abelbeck Software, versão 2.1.3).

4.5 Ligação do ARN do APP IRE ao repressor IRP1

Os locais de contacto do IRP1 nos RNAs IRE da APP têm uma estrutura conservada. O nucleótido C, que está localizado seis bases a montante do motivo CAGAGC da APP e corresponde à distância entre a protuberância C e o laço terminal CAGUGC do RNA padrão do IRE da H-ferritina, mostrou uma conservação evolutiva essencial no IRE da APP. Expandimos o alinhamento do domínio central do IRE da APP para abranger os IREs gerados por mRNAs que têm preferência pela ligação com o IRP1. À semelhança dos IREs da APP, as localizações da ansa terminal e dos nucleótidos C6 a montante destes mRNAs apresentaram alinhamentos de sequência conservados. A espetroscopia de fluorescência foi utilizada para relatar ainda mais a investigação recente sobre a ligação molecular para a interação entre o IRP1 e o ARN do IRE da APP (25). Notavelmente, como ilustra a Fig. 3, fomos capazes de avaliar a afinidade de ligação do ARN da APP com a interação da proteína IRP1 de forma consistente. A quantidade de ARN da APP ligada à IRP1 e a quantidade de extinção da fluorescência da proteína foram consideradas proporcionais, indicando o desenvolvimento de um complexo.

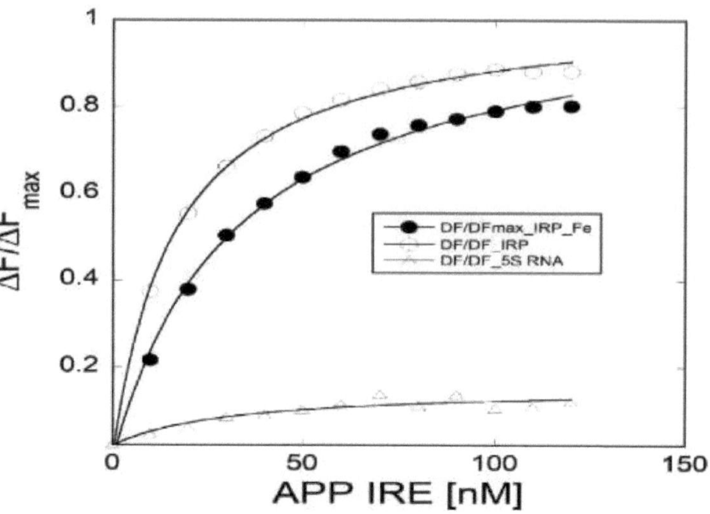

Figura 3. Espectroscopia de fluorescência para a ligação do ARN IRE da APP ao IRP1 com adição de ferro.

O declive e a interceção do gráfico de Scatchard foram utilizados para calcular a afinidade de ligação (Ka) e a capacidade de ligação (n). A gama de nanomolar foi a afinidade de ligação para a interação entre o ARN da APP e o IRP1. O IRP1 apresenta um único sítio de ligação ao ARN da APP. É interessante notar que o valor obtido utilizando uma abordagem de mínimos quadrados não lineares (nanomolar) e o valor KD para a ligação do ARN da APP ao IRP1 derivado através da análise de Scatchard coincidem bastante bem. As constantes de equilíbrio podem ser dadas quer como constantes de dissociação (KD) quer como constantes de associação (Ka = 1/KD). Um estudo anterior (35) demonstrou que o complexo IRE RNA/IRP1 da ferritina é desestabilizado por iões de ferro. Investigações posteriores revelaram que o ferro influencia diretamente a forma do laço da haste da afinidade de ligação do ARN do IRE da APP ao IRP1. Quando foi adicionado ferro, a afinidade de ligação do ARN da APP/IRP1 foi quase três vezes inferior. No entanto, em circunstâncias experimentais idênticas, o ciclo de 30 oligonucleótidos produzido a partir do ARN 5S da levedura (um controlo negativo) não se ligou ao IRP1, o que indica que o IRP1 reconhece especificamente o ciclo do ARN da APP, tal como se verificou anteriormente para o ciclo do ARN da ferritina IRE (35). Neste estudo, são apresentados dados quantitativos que apoiam a ligação específica do ARN do IRE da APP ao IRP1. Os efeitos de concentrações variáveis de ferro são demonstrados pela utilização de quelantes de ferro, como demonstrado por uma investigação recente da proteína precursora amiloide IRE da doença de Alzheimer. A desferrioxamina, um quelante férrico, aumentou a ligação do ARN IRE da APP ao IRP1 nas células (13). Antes da nossa demonstração de que os complexos IRE RNA/IRP1 eram prejudicados por baixas concentrações de iões ferrosos, o mecanismo molecular permanecia pouco claro. Outros iões metálicos, contudo, têm acções específicas (35).

4.6 Medições de energia de ligação

A afinidade de ligação do ARN da APP ao IRP1, com e sem ferro, é diretamente influenciada pela temperatura (25). Os resultados das investigações de fluorescência efectuadas a várias temperaturas mostraram que, na ausência de ferro, as constantes de ligação aumentam com a temperatura. O complexo ARN da APP/IRP1 é estabilizado a temperaturas mais baixas. A dissociação do complexo ARN IRP1/APP aumenta constantemente com o aumento da temperatura. Os valores de KD do ARN da APP/IRP1 aumentam com a adição de ferro. As caraterísticas termodinâmicas para a interação do ARN com a proteína IRP1 na ausência e na presença de ferro foram incluídas no nosso artigo para ajudar a compreender e prever potenciais interações entre o ARN IRE da APP e a IRP1. Os gráficos de van't Hoff foram criados utilizando constantes de ligação dependentes da temperatura. As métricas termodinâmicas, a entropia (Δ S), a energia livre (Δ G) e as alterações de entalpia (Δ H) das interações ARN/IRP1 são úteis para definir o papel das forças de interação. Os valores termodinâmicos foram medidos a partir da dependência da temperatura do KD de acordo com a equação isobárica de van't Hoff:

$$ln\, K_a = -\frac{\Delta H}{RT} + \frac{\Delta S}{R}$$

em que T é a temperatura absoluta em Kelvins e R é a constante dos gases (8,31 J mol^{-1} K^{-1}). o K_a foi calculado em cinco intervalos de temperatura distintos. Os valores de Δ H e Δ S foram determinados analisando o declive e a interceção do gráfico de ln K_a em função da temperatura (T^{-1}). A fórmula seguinte foi utilizada para determinar a variação da energia livre, ou AG, para o processo de ligação entre o ARN e a proteína IRP1:

$\Delta G = \Delta H - T\Delta S$ e $\Delta G = -R\,T\,ln\,K_a$

em que *T* é 298 K.

O declive e a interceção do gráfico de van't Hoff foram utilizados para determinar os parâmetros termodinâmicos da entalpia e da entropia. As alterações na entropia e na entalpia, bem como as energias livres associadas para a formação de complexos, encontram-se no gráfico de van't Hoff (Fig. 4).

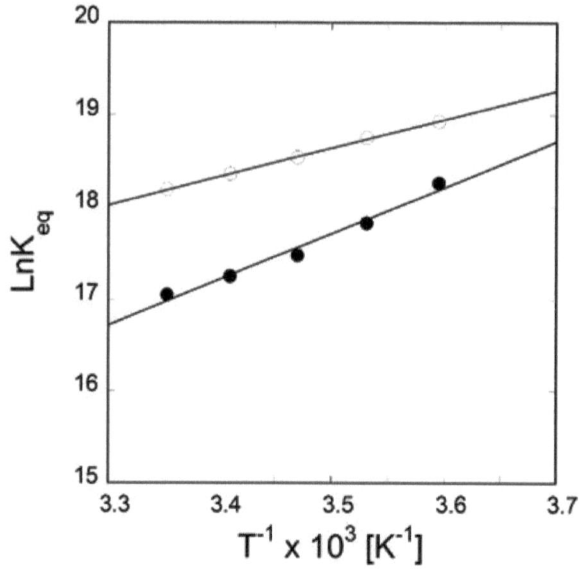

Figura 4. Gráficos de van't Hoff para a ligação do ARN da APP ao IRP1 com ferro. Gráficos de IRP1/RNA (—O—) e complexo IRP1/RNA-Fe^{2+}(—•—) .

O complexo APP IRE RNA/IRP1 apresentava uma entropia e uma entalpia de condução favoráveis. Foi adicionado ferro, o que aumentou a contribuição entálpica e diminuiu a contribuição entrópica. É interessante notar que a inclusão de ferro alterou drasticamente a energia livre para a interação do complexo ARN da APP/IRP1. Observou-se que os parâmetros termodinâmicos AH e AG são principalmente negativos, o que apoia a ligação do ARN da APP ao IRP1. O sinal e a magnitude dos parâmetros termodinâmicos servem como indicadores da força que está envolvida na interação entre uma proteína e o seu ligando (36). A síntese do complexo a diferentes temperaturas foi possível, e a reação de ligação foi espontânea, de acordo com os valores negativos de Δ G. A reação de ligação foi classificada como exotérmica devido ao seu valor negativo Δ H. No entanto, um valor negativo significativo de Δ H para a formação do complexo indica que as ligações de van der Waals e de hidrogénio são as principais forças que influenciam a interação entre o ARN da APP e o IRP1 (36, 37). Por outro lado, os complexos ARN da APP/IRP1 com e sem ferro apresentaram um valor AS elevado, indicando a presença de interações hidrofóbicas. Assim, estes resultados sugerem que o desenvolvimento do complexo ARN da APP/IRP1 é influenciado por interações hidrofóbicas, de van der Waals e de ligação de hidrogénio. A energia livre de ligação do ARN da APP ao IRP1, um valor típico para uma ligação de hidrogénio extra não covalente, foi drasticamente reduzida pela adição de ferro (38). A presença de ferro pode causar alterações conformacionais nos complexos ARN da APP/IRP1, alterando a quantidade de ligações de hidrogénio, o que leva à desestabilização do complexo, como demonstrado por uma alteração na energia livre de ligação (ΔG).

4.7 Abordagem do espetrómetro de fluxo interrompido para taxas

Utilizando um espetrómetro de fluxo interrompido, foram efectuados estudos cinéticos rápidos da ligação do ARN da APP à proteína IRP1. Com um comprimento de onda de excitação de 280 nm, a intensidade de fluorescência (medida em volts) para a IRP foi observada no filtro de corte de 324 nm. A intensidade da fluorescência foi monitorizada durante 200 milissegundos. O dispositivo tinha um tempo morto de um milissegundo. Para cada reação de amostra, foram recolhidos mais de mil pares de pontos de dados. Antes de recolher quaisquer dados, as amostras foram deixadas a aclimatar-se à temperatura experimental durante um máximo de quinze minutos. A amostra foi termoestabilizada e foi utilizado um banho de água circulante com temperatura controlada para manter a temperatura do reservatório da célula de fluxo. Após a mistura rápida da proteína e do ARN, foi utilizado um programa informático de captura de dados para registar o curso temporal da intensidade da fluorescência. Tal como referido anteriormente, os dados foram avaliados através do seu ajustamento às funções exponenciais simples e duplas (34, 39, 40). Também analisámos a forma como o ferro afectava a rapidez com que o ARN da APP se ligava ao IRP.

4.8 Análise de dados cinéticos

Como mencionado anteriormente, os traços de fluorescência de fluxo interrompido que mostravam como o ARN se ligava à proteína foram examinados utilizando um programa de ajuste de curvas (Global analysis software) (39, 40). As funções exponenciais simples e duplas foram ajustadas aos dados das experiências de medição da intensidade da fluorescência (medida em volts). As curvas ajustadas correspondem à equação exponencial simples apresentada abaixo:

$$F_t = R \times e^{(-k_{obs} \times t)} + F_f$$

em que a amplitude e a constante de velocidade de primeira ordem observada são designadas, respetivamente, por R e k_{obs}. O valor final da fluorescência é F_f, enquanto a fluorescência que é detectada num dado momento é F_t. A curva ajustada está de acordo com a equação exponencial dupla subsequente:

$$F_t = R_1 \times e^{(-k_{obs_1} \times t)} + R_2 \times e^{(-k_{obs_2} \times t)} + F_f$$

em que o primeiro e o segundo componentes da reação têm amplitudes denotadas por R1 e R2, respetivamente, e as suas constantes de velocidade medidas são k_{obs1} e k_{obs2}. As fases rápida e lenta são indicadas pelos subscritos 1 e 2, respetivamente. Os resíduos foram utilizados para avaliar cada ajuste, calculando a discrepância entre o ajuste estimado e os dados experimentais. As constantes de velocidade observadas foram ainda analisadas pelas experiências de relaxamento para determinar k_{on} e k_{off} a partir da equação $k_{obs} = k_{on}$ [ARN] + k_{off}. Um gráfico de k_{obs} *versus* concentrações de ARN foi utilizado para determinar k_{on} e k_{off} a partir do declive e da interceção do gráfico. Observações da constante de velocidade dependente da temperatura para o processo de ligação proteína-RNA. A energia de ativação dos complexos ARN/IRP1 na presença e ausência de ferro foi determinada utilizando os valores da constante de velocidade medidos em função da temperatura. Os gráficos de Arrhenius foram criados utilizando as constantes de velocidade observadas de acordo com as seguintes relações:

$$\ln k_{obs} = -\frac{E_a}{R\,T} + \ln A$$

em que Ea é a energia de ativação, kobs é a constante de velocidade observada, R (8,314 J/K. mol) é a constante universal dos gases, T (Kelvin) é a temperatura absoluta e A é a

Fator pré-exponencial de Arrhenius. Os declives do gráfico linear ajustado de ln kobs vs T^{-1} (Kelvin) foram utilizados para derivar os valores das energias de ativação.

4.9 Monitorizar as taxas de binging em tempo real

Os traços de fluxo interrompido que resultam da combinação rápida de IRP1 com o ARN IRE da APP são apresentados na Fig. 5 (25). A resposta de ligação do IRP1 foi examinada numa variedade de concentrações de ARN IRE da APP (Fig. 5A). A tensão relativa, que é uma função da intensidade da fluorescência, é apresentada na ordenada. A intensidade da fluorescência diminuiu quando o IRP1 e o ARN da APP IRE foram misturados rapidamente; esta redução da fluorescência baseou-se na concentração de ARN da APP IRE.

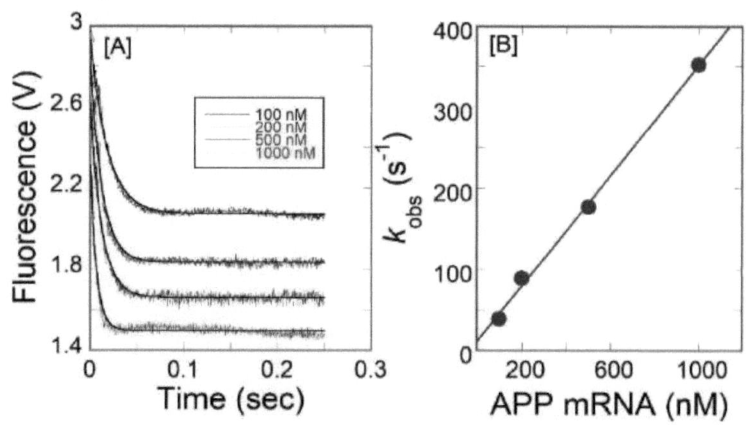

Figura 5. Taxa cinética de ligação do ARN da APP ao IRP1. (A) Curso temporal da diminuição do sinal da proteína com a ligação do ARN. A constante de velocidade observada no gráfico A foi utilizada para o gráfico (B) em função do ARN.

A representação gráfica dos dados da ligação do IRP1 ao ARN dos IRE da APP mostrou a fluorescência (medida em volts) em função do tempo. Ao longo da gama de concentrações de ARN de IRE da APP, os traços mostraram uma dinâmica exponencial única. Para ajustar os dados do curso temporal, foi utilizada uma análise de regressão não linear. A função exponencial única ajusta-se aos pontos durante toda a duração das medições, de acordo com os resíduos, que mostram a divergência entre os dados estimados e os dados experimentais. Os resíduos não se alteraram no decurso do estudo, nem um ajuste exponencial duplo os melhorou. Se a reação de associação for um processo simples de uma etapa, então a taxa medida deve flutuar linearmente com as quantidades de ARN do PDA em condições de pseudo-primeira ordem. Além disso, foi possível distinguir entre uma ligação bimolecular simples e mecanismos mais complexos (como uma associação rápida seguida de uma mudança conformacional) utilizando a dependência da concentração da taxa de reação. A equação seguinte (em que kon e koff são as constantes de velocidade de associação e dissociação para a ligação do ARN da APP ao IRP1) representa um mecanismo de reação numa só fase que se ajusta aos nossos resultados experimentais:

$$\text{APP RNA} + \text{IRP1} \underset{k_{off}}{\overset{k_{on}}{\rightarrow}} \text{APP RNA·IRP1}$$

Prevê-se que a constante da taxa observada (k_{obs}) seja uma função linear da concentração de ARN do PDA, conforme indicado na equação:

$$k_{obs} = k_{on}[\text{APP RNA}] + k_{off}$$

em que as taxas de alteração da concentração de ARN da APP não corresponderam às alterações da intensidade de fluorescência do IRP1. A relação entre kobs e [ARN da APP] foi traçada linearmente (Fig. 5B), sugerindo um mecanismo de ligação simples numa única etapa para a interação IRP1-ARN da APP. Kon e Koff são a interceção y e o declive, respetivamente (41).

A afinidade de ligação do ARN IRE da APP ao IRP1 foi afetada pelo ferro. Os efeitos do ferro na cinética da reação foram examinados de modo a compreender melhor o mecanismo subjacente a esta reação. A taxa observada diminuiu constantemente com a adição de ferro ao ARN da APP IRE no contexto da formação de complexos com mistura rápida de IRP1 (Fig. 6). Ao longo da gama de concentrações de ARN da APP, os traços demonstraram uma dinâmica exponencial única. Os resíduos não se alteraram durante o curso temporal, nem foram diminuídos por um ajuste exponencial duplo.

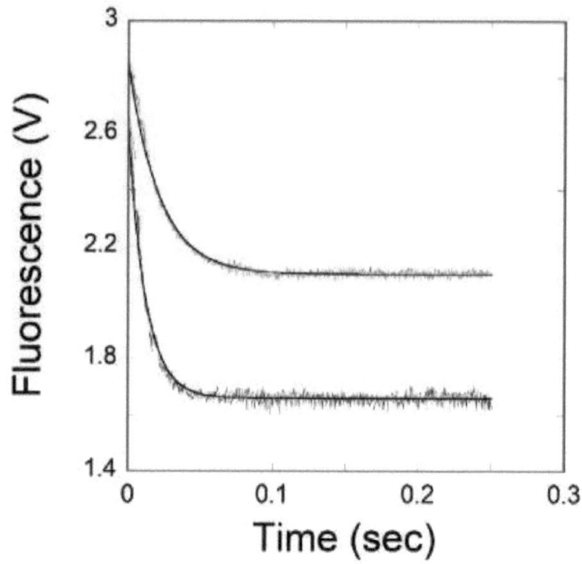

Figura 6. O ferro diminui as taxas de ligação do ARN da APP ao IRP. Retirado da ref. 25.

As taxas de associação entre o ARN da APP e o IRP1 foram reduzidas pela adição de ferro. A Fig. 7A apresenta gráficos cinéticos para a ligação do ARN da APP ao IRP1 na presença de ferro, relacionando a constante de velocidade medida com a concentração de ARN da APP. A constante da taxa de dissociação e a constante da taxa de associação significativa para a ligação do ARN da APP ao IRP1 foram demonstradas neste estudo. A adição de ferro reduziu a constante de velocidade de associação (k_{on}) em cerca de três vezes, enquanto aumentou a constante de velocidade de dissociação em cerca de duas vezes para a ligação do IRP1 ao ARN da APP. Quando quantidades equivalentes de ARN da APP/IRP1 foram rapidamente combinadas apenas com tampão ou com ferro na solução tampão, o efeito do ferro na dissociação do complexo pré-formado ARN da APP/IRP1 foi também observado através da medição da intensidade de fluorescência da reação de relaxação. Foi observada uma cinética exponencial única nos traços cinéticos dos processos de dissociação iniciados pela diluição de duas vezes. Quando o ferro foi adicionado ao tampão, as taxas de dissociação do complexo ARN da APP/IRP1 aumentaram duas vezes em relação ao tampão isolado. A cinética de reação dependente da concentração para o complexo APP RNA/Fe^{2+} /IRP1 revelou que as taxas de dissociação para os complexos APP RNA/IRP1 obtidos a partir da diluição apenas com tampão ou com tampão contendo ferro eram comparáveis. Estes resultados implicam que o ferro aumenta preferencialmente as taxas de dissociação dos complexos ARN da APP/IRP1 (25).

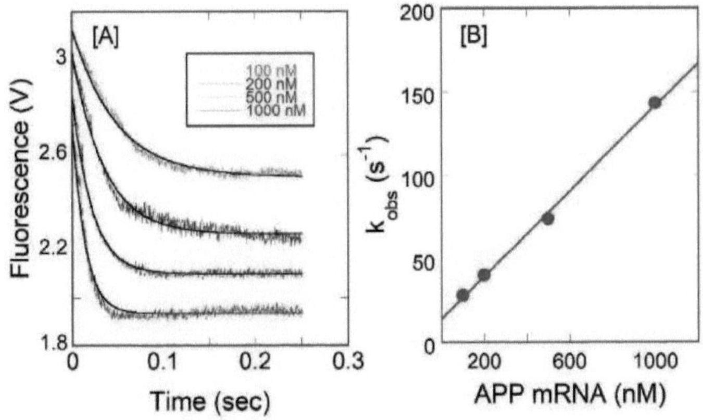

Figura 7. Taxas cinéticas da ligação do ARN da APP ao IRP1 na presença de ferro. (A) Traço da ligação do ARN da APP ao IRP. (B) A taxa observada para os traços do gráfico A em função do ARN da APP. Retirado da ref. 25.

As taxas cinéticas de ligação do ARN IRE da APP ao IRP alteraram-se drasticamente com a temperatura, tanto na presença como na ausência de ferro. As constantes de velocidade observadas para a interação do ARN da APP com o IRP1 na ausência de ferro aumentaram com o aumento da temperatura. Com o aumento da temperatura, a constante de velocidade cinética do complexo ARN da APP/Fe^{2+} /IRP1 também aumentou. A adição de ferro diminuiu as taxas cinéticas para a ligação do complexo ARN da APP/IRP1, de acordo com uma análise dos dados cinéticos dependentes da temperatura. Os valores da constante de velocidade observados em função da temperatura foram utilizados para criar os gráficos de Arrhenius, que permitiram a avaliação das energias de ativação da ligação do ARN da APP ao IRP1 na presença e na ausência de ferro. O declive da linha linear ajustada de ln k versus 1/T (Kelvin) (Fig. 8) foi utilizado para calcular a energia de ativação. Energia de ativação da ligação do ARN da APP ao IRP1 estimada a partir de constantes de velocidade dependentes da temperatura. A energia de ativação do complexo ARN da APP/IRP1 foi grandemente aumentada pela adição de ferro.

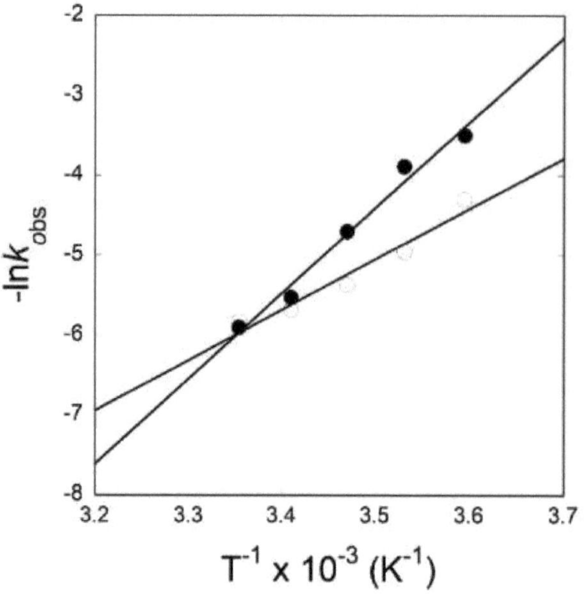

Figura 8. Gráficos de Arrhenius do ARN da APP/IRP1. Para os complexos IRP1/APP RNA(—O—) e IRP1/APP RNA-Fe $^{2+}$(—•—) . Retirado da ref. 25.

Estes resultados demonstram que a adição de ferro altera significativamente a energia de ativação do complexo ARN da APP/IRP1. A adição de ferro parece causar alterações conformacionais no complexo ARN da APP/IRP1, que liberta a proteína repressora IRP1 e permite a ligação de factores de iniciação da tradução, como indicado pela mudança na energia de ativação para a ligação do ARN da APP ao IRP1. Isto, por sua vez, provoca um aumento da síntese de proteínas.

4.10 Abordagem de Espectroscopia CD para Dinâmica Estrutural

As medições de dicroísmo circular (CD) foram efectuadas na gama do ultravioleta distante utilizando um espectropolarímetro equipado com um banho de água regulado por termóstato que circulava constantemente e mantinha uma célula sob fluxo de azoto. De acordo com as instruções do fabricante, foi utilizado ácido (D)-(+)-10-canforsulfónico para calibrar o instrumento. À temperatura ambiente, foram adquiridos espectros de CD de UV distante (200-250 nm) da proteína IRP1 após a adição de diferentes concentrações de ARN da APP. Após um período de incubação de 15 minutos para cada amostra de proteína com e sem ARN, os espectros foram registados. Cada espetro foi obtido utilizando uma célula de quartzo com um comprimento de trajetória de 0,5 mm, uma velocidade de varrimento de 50 nm/min e um tempo de resposta de 1 segundo. Antes da criação dos espectros finais de CD, procedeu-se à redução do ruído de alta frequência para uma média de três a cinco varrimentos por espetro. A contribuição dos espaços em branco do tampão e, se relevante, do tampão que contém o ARN foi deduzida de cada espetro recolhido. Utilizando o software CDNN, foi calculada a alteração do conteúdo da estrutura secundária da proteína na presença e ausência de várias concentrações de ARN. Como mencionado anteriormente, as estruturas secundárias foram também inferidas a partir da sequência de aminoácidos, utilizando técnicas de previsão (42-45). O conteúdo helicoidal da proteína foi determinado a partir da elipticidade média dos resíduos (MRE) a 222 nm, utilizando a seguinte equação (46, 47):

$$\% \alpha - \text{helix} = \left(\frac{\text{MRE}_{222\text{nm}} - 2340}{30300}\right) \text{X } 100$$

4.11 Medições de CD para a dinâmica estrutural do ARN IRP1/IRE

Detalhes importantes relativos às caraterísticas estruturais das proteínas em solução são obtidos por espetroscopia CD que opera na gama do UV distante. As alterações de UV-CD da proteína correspondem à alteração da estrutura secundária da proteína. Recentemente (25), comunicámos a alteração da estrutura secundária da proteína IRP1 nativa após a ligação ao ARN IRE da APP, medindo os espectros de CD no UV distante (200 - 250 nm). Os espectros de CD de UV distante da proteína IRP1 livre e os obtidos após a adição do ARN da APP IRE em várias doses são apresentados na Fig. 9. A informação fornecida pelas medições de CD da área de UV distante tem sido útil no estudo das modificações das estruturas secundárias das proteínas, tais como a quantidade de hélice-A, folha-A, curva-A e bobina aleatória (48, 49). Os espectros revelam que o IRP1 não ligado tem um único pico negativo a 208 nm, o que é típico de uma a-hélice de UV distante, e um pequeno pico a 218 nm, que é o diagnóstico de uma conformação em folha P da proteína. O aumento da adição de ARN da APP resultou num aumento da intensidade da banda sem uma mudança discernível na posição do pico, sugerindo que a ligação do ARN IRE da APP provoca modificações na estrutura secundária. O ganho de mais estrutura secundária é sugerido pelo aumento da elipticidade negativa do IRP1 em resposta à adição de ARN da APP. Os espectros de CD do IRP1 mostraram uma mudança na elipticidade na região do UV distante após a ligação ao ARN da APP, indicando uma diminuição na conformação de folha 0 e um aumento no conteúdo ^-helicoidal. O programa CDNN foi utilizado para determinar a percentagem de IRP1 livre e de IRP1 ligado ao ARN da APP que apresentava estrutura secundária.

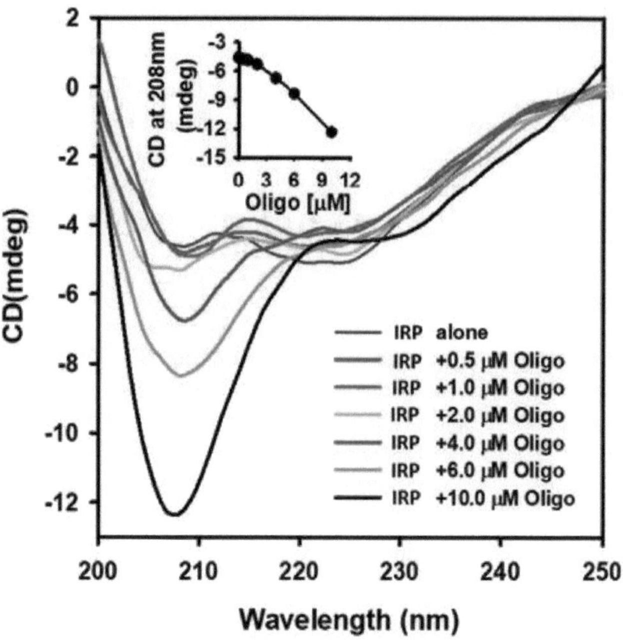

Figura 9. Espectros CD da alteração da conformação da proteína IRP1 em função do ARN IRE da APP.

De acordo com a descrição anterior, os conteúdos estruturais secundários foram estimados (47, 50, 51). O conteúdo de a-hélice aumentou para cerca de 30% e o conteúdo de 0-folha diminuiu para cerca de 35% após a ligação do ARN da APP IRE ao IRP1. Quando o ARN da APP IRE foi adicionado, observámos um aumento nos valores de a-helicidade do IRP1. Estas modificações na estrutura secundária mostram que a adição do ARNm da APP provocou alterações estruturais no IRP1. Esta alteração estrutural significativa implica que uma a-hélice interage com o ARNm da APP para se ligar ao IRP1 e que esta alteração conformacional pode ter uma função reguladora.

4.12 Mecanismos de ligação do ARN do IRE da APP ao IRP1

O 5'-UTR da proteína precursora amiloide da doença de Alzheimer contém um elemento responsivo ao ferro (IRE), que é ativado por um aumento da ingestão de ferro. Tanto a ansa da haste do IRE da APP como o RNAm do IRE da ferritina apresentaram fortes afinidades de ligação ao IRP1. O 5'-UTR do transcrito da APP tem uma interação entre a proteína reguladora do ferro (IRP1) e a estrutura do laço do IRE RNA, como demonstrado por acoplamento molecular, equilíbrio, cinética e dicroísmo circular (25). Foi relatado anteriormente (35) que a ferritina IRE e a IRP1 formam um complexo, que é desestabilizado pelo ferro. Além disso, o estudo alargou as restrições da estrutura conhecida do laço de caule do IRE necessária para explicar o controlo translacional dependente do ferro do transcrito da APP, recorrendo a conhecimentos prévios da interação do mRNA do IRE da ferritina com o IRP1. Os resíduos de aminoácidos importantes do IRP1 que interagem com as bases nucleotídicas do ARN do IRE da APP foram identificados por acoplamento molecular: Ser127, Arg269, Phe302, Thr438, Asn439, Ser475, Asn535, Arg728, Gly777, Ser778 e Ser780. Os complexos IRP1/APP IRE RNA e IRP1/ferritina IRE RNA têm apenas dois locais de contacto muito espaçados, que contribuem para a sua seletividade de ligação (25, 52). O ARN é introduzido no complexo entre os domínios proteicos 1-2 e 4. No complexo IRE ARN/IRP, o ARN é dobrado e a proteína IRP tem uma estrutura em forma de L. O ARN e a proteína estão ligados entre si por cerca de vinte e seis ligações. A15 e G16 fazem dez ligações no pseudotriloop no terminal do ARN, e os resíduos de aminoácidos são produzidos nas bolsas do domínio 3. O ARN do IRE foi inicialmente associado ao metabolismo do ferro. No entanto, descobriu-se recentemente que o ARN do IRE também codifica várias proteínas adicionais, incluindo a alfa-sinucleína na doença de Parkinson e a proteína precursora do amiloide de Alzheimer na doença de Alzheimer (13). Espera-se que o pseudotriloop e o resíduo C8 conservado estejam presentes na estrutura secundária do ARN do IRE da APP. Prevê-se que o G7 seja uma base de protuberância na estrutura prevista do ARN do IRE da APP, mas não se prevê que o resíduo C8 o seja (13). O complexo ferritina IRE RNA/IRP1 e a estabilidade de ligação do complexo parecem ser comparáveis. Mas o ARN do IRE da ferritina não se liga ao IRP2 (13). Também foi observado que os IRE RNAs implicados na homeostase do ferro apresentam um maior grau de seletividade nas suas interações com o IRP2 (32, 53). É concebível que sejam encontradas outras estruturas de IRE que se ligam de forma diferente a IRP1 e IRP2. A evidência termodinâmica, que indica que a ligação de hidrogénio impulsiona o contacto APP IRE RNA/IRP1, é consistente com esta ligação molecular. As estruturas previstas mais favoráveis do ponto de vista energético foram as estruturas terciária, secundária e o modelo de acoplamento molecular que foram compilados. As conformações das moléculas de proteína e ARN afectam a estabilidade da formação do complexo. A análise de CD forneceu uma confirmação adicional da alteração conformacional das moléculas de proteína após a adição de ARN. Uma investigação da interação entre o ARN IRE da APP e o IRP1 revela que a ligação de hidrogénio envolve muitos resíduos de aminoácidos. O principal mecanismo subjacente a estas interações é a ligação de hidrogénio entre o ARN do IRE e a bolsa do IRP1.

Além disso, a investigação por fluorescência demonstrou que o ARNm da APP IRE e o IRP1 formam um complexo. O IRP1 medeia a tradução da expressão do mRNA 5'-UTR IRE, que aumenta em resposta aos níveis de ferro celular (54). A dissociação em equilíbrio do complexo APP IRE/IRP1 é acelerada pelo ferro. Tanto a entropia como a entalpia favorecem a ligação do APP IRE ao IRP1 no intervalo de temperatura em estudo. A ligação de IRP1 a APP IRE é contrária à entropia e impulsionada pela entalpia, de acordo com as caraterísticas termodinâmicas. A reação parece ser espontânea com base no valor negativo de

AG. Para além das forças de van der Waals, a interação ARN/IRP1 pode ser impulsionada por ligações de hidrogénio, como indicado pelo valor negativo dos valores AH. O ferro aumenta substancialmente as contribuições entálpicas e diminui as contribuições entrópicas no complexo APP IRE/IRP1. O aumento das ligações de hidrogénio é sugerido pelo aumento da entalpia do complexo APP IRE/IRP1 e pela diminuição dos impactos entrópicos após a adição de ferro. Para APP IRE/IRP1 e APP IRE/IRP1/ferro, a comparação das entalpias de ligação resultou numa diminuição da entalpia. A alteração da entalpia por ligação de hidrogénio é comparável a esta diferença entálpica (55). Esta observação indica que a ligação APP IRE/IRP1 com a diminuição da entalpia se deve a uma diminuição da ligação de hidrogénio na presença de ferro. O IRP1 tem dois domínios de ligação que se combinam para estabelecer vinte e duas interações com o RNAm da ferritina IRE no complexo RNAm da ferritina IRE/IRP1 (52). A conversão da IRP1 de uma aconitase para um complexo IRE RNA/IRP1 requer extensas alterações de conformação na proteína e no RNA (52). Por outro lado, os nossos dados de acoplamento molecular revelam que a IRP1 e o ARN IRE da APP criam onze ligações de hidrogénio. Os resultados experimentais e de docagem molecular são bem comparáveis, mostrando que as interações de ligação de hidrogénio são o principal modo de interação entre o ARN IRE da APP e a proteína IRP1. Tal como foi observado anteriormente para as interações proteína-RNA (ligação da proteína U1A ao stem-loop II do U1 snRNA), as alterações conformacionais no complexo APP IRE-IRP1 também podem ser controladas termodinamicamente (56). É altamente provável que estas alterações conformacionais também influenciem a cinética de interação da APP IRE com a IRP1. Não se pensou muito sobre a forma como a cinética de ligação APP IRE ARN/IRP e as ligações diretas ferro/ARN afectam as taxas de tradução do ARNm da APP ou a expressão genética a jusante. No entanto, uma caraterística de um sistema riboregulador que funcione cineticamente e, de facto, dos organismos vivos, é a determinação genética de RNA e proteína em situações de não-equilíbrio. Em sistemas biológicos complexos, as constantes de velocidade de associação e dissociação são, por conseguinte, mais significativas do que as constantes de equilíbrio, mesmo que sejam mais difíceis de medir experimentalmente. Ao examinar as taxas de associação e dissociação entre IRP1 e APP IRE RNA, descobrimos que uma taxa de associação mais rápida era necessária para obter uma dissociação menor para a ligação APP IRE RNA/IRP1. Tanto as taxas de ligação como de dissociação foram alteradas na presença de ferro. Prevê-se que as contribuições cinéticas para a concentração dos complexos APP IRE RNA/IRP sejam significativas e específicas da célula, uma vez que as quantidades de ferro, APP IRE RNA e proteína repressora IRP variaram em vários tipos de células. As taxas de reação ferritina IRE RNA/IRP1 que calculámos anteriormente estão de acordo com o mecanismo cinético de APP IRE RNA/IRP1 (41). Os estudos em equilíbrio revelaram uma interação significativa entre o ARN da APP IRE e o IRP1. A ligação do APP IRE ao IRP1 tornou-se instável após a adição de ferro. A cinética destas interações foi examinada para determinar se o ferro desestabilizava o complexo aumentando o k_{off}, diminuindo o k_{on} ou fazendo ambos. A ligação do ARN da ferritina IRE ao IRP1 e a constante de velocidade de ligação do ARN da APP IRE ao IRP1 foram relativamente semelhantes (41). Os nossos estudos anteriores mostraram que a constante de velocidade de ligação do ARN da ferritina IRE ao IRP1 foi reduzida seis vezes com a adição de ferro (41). Por outro lado, quando o ferro foi adicionado, a constante de velocidade do complexo APP IRE RNA/IRP1 diminuiu cerca de três vezes. Além disso, na presença de ferro, observou-se uma taxa mais rápida de dissociação do APP IRE do complexo APP IRE/IRP1. Estes resultados implicam que o ferro contribui para caraterísticas de ligação mais lentas e uma taxa de dissociação mais rápida no complexo APP IRE RNA/IRP1. Além disso, relatámos a taxa de ligação dependente da temperatura da associação do ARN IRE da APP sem ferro e com ferro ao IRP1. As taxas de associação e dissociação dependentes da temperatura da ligação do APP IRE ao IRP1 são influenciadas pelo ferro. Para a interação do APP IRE com o IRP1 na ausência e na presença de ferro, existe uma diferença percetível nas taxas cinéticas com as alterações de temperatura. Verificou-se uma diferença considerável nas energias de ativação Arrhenius entre APP IRE/IRP1 e APP IRE/IRP1-ferro. A energia de ativação foi aumentada com a adição de ferro. A energia de ativação mais elevada sugere a existência de um intermediário que pode mais facilmente causar uma mudança conformacional para desestabilizar o complexo. A instabilidade selectiva do complexo APP IRE/IRP1 induzida pelo ferro sublinha a sensibilidade da relação estrutura-função do ARN ao seu ambiente. Ao provocar alterações conformacionais na proteína IRP1 após a ligação APP IRE, o ferro desestabiliza ainda mais o complexo APP IRE/IRP1. Estas alterações conformacionais são comparáveis às observadas quando o ARN IRE da ferritina se liga ao IRP1 e ao eIF4F (24). A alteração conformacional facilita a libertação da proteína repressora IRP1 do complexo APP IRE/IRP1, o que, por sua vez, permite a ligação do eIF4F e o aumento da tradução do ARNm da APP. Estes estudos demonstraram que a proteína IRP1 sofre uma alteração conformacional em resposta à ligação do ARN APP IRE, o que modifica a quantidade de ligações H. O dicroísmo circular examinado demonstra que a mudança conformacional da proteína IRP1 é a causa do aumento dos elementos da estrutura secundária. Após a interação com o APP IRE, a estrutura da proteína IRP1 altera-se significativamente. A interação de ligandos minúsculos, como o ARN do IRE, provocou modificações conformacionais adicionais na estrutura da proteína (24, 37). As alterações estruturais na proteína IRP1 após a ligação ao ARN IRE da APP são apoiadas pelas alterações observadas na entalpia e na energia livre. Parece que o IRE da APP também contribui para a regulação do ferro no cérebro porque as constantes de taxa para os dois RNAs IRE (ferritina versus APP) são semelhantes para a proteína IRP1. Como demonstrámos anteriormente, o ferro ajuda a libertar o IRP1 do complexo ferritina IRE/IRP1, permitindo a ligação do eIF4F. Consequentemente, a tradução do ARNm da ferritina é melhorada (35, 40, 54). Foi observado um nível elevado de ferro no sistema nervoso central nos doentes de Alzheimer (57). Ao alterar a sua composição estrutural, os níveis elevados de ferro celular aumentam a afinidade do ARN do IRE/IRP1 para os componentes de montagem e iniciação do ribossoma, o que, por sua vez, promove a tradução do ARNm amiloide. Além disso, investigações anteriores indicam que a toxicidade da DA gerada pelo péptido amiloide-0 pode estar associada à acumulação de ferro no cérebro e à desregulação da via de sinalização IRE/IRP.

4.13 Conclusões

A via de sinalização IRE RNA-IRP-ferro e a degenerescência dos neurónios em doenças humanas, em particular nas doenças neurodegenerativas, podem estar patológica e terapeuticamente ligadas, de acordo com uma investigação recente. A produção de amiloide-0 e a tradução do ARNm da APP podem ser reforçadas pelo excesso de ferro. Consequentemente, estes resultados mostram que a sobrecarga de ferro pode ser um componente patogénico que causa a regulação positiva da produção da proteína APP e a consequente deposição de amiloide-0. Foi demonstrado que o córtex cerebral dos doentes com DA e os neurónios dopaminérgicos dos doentes com DP apresentam quantidades desreguladas de ferro e das proteínas que a ele se ligam. As quantidades de ferro nas placas amilóides cerebrais podem atingir até 1 mM. Normalmente, a concentração de ferro é comparativamente menor no córtex temporal (cerca de 8 LIM de ferro/mg de proteína) e maior no córtex motor (20 LIM de ferro/mg). Na substância branca do cérebro dos doentes com DA, ao contrário da substância cinzenta, há alterações na distribuição das duas proteínas cerebrais de armazenamento de ferro, a ferritina e a transferrina. Consequentemente, para investigar potenciais abordagens de tratamento através do restabelecimento da homeostase do ferro no cérebro, é necessária uma compreensão mais profunda das relações entre o ARN IRE da APP, o IRP1 e o ferro. As ramificações do nosso estudo sobre os loops de haste de RNA IRE completamente funcionais nos 5'-UTRs do mRNA APP específico da AD, que codificam proteínas importantes e os agentes causais da doença neurodegenerativa, são abordadas neste capítulo. Assim, a função dos quelantes de ferro como inibidores da tradução dos transcritos da APP ou da alfa-sinucleína fornece uma explicação adicional para o seu funcionamento como agentes terapêuticos contra doenças neurodegenerativas como a DA e a DP. Prevê-se que investigações subsequentes clarifiquem a abordagem de concentração nos inibidores da APP IRE 5'-UTR para diminuir a expressão da APP, prevenir a agregação do péptido amiloide-0 e restaurar os neurónios perdidos no cérebro de doentes com AD.

Referências

1. M.S. W. Shutting down Alzheimer's. Sci Am. 2006(maio; 294(5)):72-9. .
2. Rogers JT, Randall JD, Cahill CM, Eder PS, Huang X, Gunshin H, et al. An elemento responsivo ao ferro tipo II na região 5'-não traduzida do transcrito da

proteína precursora amiloide de Alzheimer. J Biol Chem. 2002;277(47):(Nov 22):45518-28.
3. M Walsh DM, Klyubin l, Fadeeva JV, Cullen WK, Anwyl R, Wolfe MS, et al. Naturally secreted oligomers of amyloid beta protein potently inhibit hippocampal long-term potentiation in vivo. Naturc. 2002;416(6880)(Apr 4):535-9.
4. Lee VM-Y, Giasson BI, Trojanowski JQ. More than just two peas in a pod: common amyloidogenic properties of tau and alpha-synuclein in neurodegenerative diseases. Trends Neurosci. 2004;27(3)(Mar):129-34.
5. Hare D, Ayton S, Bush A, Lei P. Um equilíbrio delicado: O metabolismo do ferro e as doenças do cérebro. Front Aging Neurosci. 2013;5:34(Jul 18):1-19.
6. Ward RJ, Zucca FA, Duyn JH, Crichton RR, Zecca L. The role of iron in brain ageing and neurodegenerative disorders (O papel do ferro no envelhecimento do cérebro e nas doenças neurodegenerativas). Lancet Neurol. 2014;13(10)(Oct):1045-60.
7. Rogers JT, Leiter LM, McPhee J, Cahill CM, Zhan SS, Potter H, et al. A tradução do mRNA da proteína precursora do amiloide de alzheimer é regulada positivamente pela interleucina-1 através de sequências da região 5'-untranslated. J Biol Chem. 1999;274(10):(Mar 5):6421-31.
8. Pinero DJ, Hu J, Connor JR. Alterações na interação entre as proteínas reguladoras do ferro e o seu elemento responsivo ao ferro em cérebros normais e doentes de Alzheimer. Cell Mol Biol (Noisy-le-grand). 2000;46(4)(Jun):761-76.
9. LaVaute T, Smith S, Cooperman S, Iwai K, Land W, Meyron-Holtz E, et al. A deleção direcionada do gene que codifica a proteína reguladora do ferro-2 causa desregulação do metabolismo do ferro e doença neurodegenerativa em camundongos. Nature genetics. 2001;27(2)(Feb):209-14.
10. Bandyopadhyay S, Huang X, Cho H, Greig NH, Youdim MB, Rogers JT. Metal specificity of an iron-responsive element in Alzheimer's APP mRNA 5'untranslated region, tolerance of SH-SY5Y and H4 neural cells to desferrioxamine, clioquinol, VK-28, and a piperazine chelator. J Neural Transm Suppl. 2006;71:237-47.
11. Pantopoulos K. Iron metabolism and the IRE/IRP regulatory system: an update. Ann N Y Acad Sci. 2004;1012:1-13.
12. Piccinelli P, Samuelsson T. Evolution of the iron-responsive element. RNA. 2007;13(7):952-66.
13. Cho HH, Cahill CM, Vanderburg CR, Scherzer CR, Wang B, Huang X, et al. Selective translational control of the Alzheimer amyloid precursor protein transcript by iron regulatory protein-1. J Biol Chem. 2010;285(41):31217-32.
14. Bandyopadhyay S, Cahill C, Balleidier A, Huang C, Lahiri DK, Huang X, et al. Novel 5' untranslated region direted blockers of iron-regulatory protein-1 dependent amyloid precursor protein translation: implications for down syndrome and Alzheimer's disease. PLoS One. 2013 8(7)(Jul 31):e65978. .
15. Wang J, Pantopoulos K. Regulation of cellular iron metabolism (Regulação do

metabolismo do ferro celular). Biochem J. 2012;434(3):365-81.

16. Paul A Adlard PA, Ashley I Bush AI. Metais e doença de Alzheimer: How Far Have We Come in the Clinic? J Alzheimers Dis. 2018;62(3):1369-79. .

17. Jiang H, Song N, Jiao Q, Shi L, Du X. Fisiopatologia do ferro nas doenças de Parkinson. Adv Exp Med Biol. 2019;1173:45-66.

18. Thirupathi A, Chang Y-Z. Metabolismo do ferro cerebral e doenças do SNC. Adv Exp Med Biol. 2019;1173:1-19.

19. Wong BX, Tsatsanis A, Lim LQ, Adlard PA, Bush AI, Duce JA. 0-A proteína precursora do amiloide não possui atividade ferroxidase mas estabiliza o exportador de ferro ferroso da superfície celular, a ferroportina. PLoS One. 2014;9(12)(Dec 2):e114174.

20. Zhou ZD, Tan E-K. A via de sinalização da proteína reguladora do ferro (IRP) - elemento responsivo ao ferro (IRE) nas doenças neurodegenerativas humanas. Mol Neurodegener. 2017;12(75):1-13.

21. Selezneva AI, Cavigiolio G, Theil EC, Walden WE, Volz K. Cristalização e análise preliminar por difração de raios X da proteína reguladora do ferro 1 em complexo com o ARN IRE da ferritina. Ata crystallographica Section F, Structural biology and crystallization communications. 2006;62(Pt 3):249-52.

22. Brazzolotto X, Timmins P, Dupont Y, Moulis JM. Structural changes associated with switching activities of human iron regulatory protein 1. J Biol Chem 2002;277(14):11995-2000.

23. Volpon L OM, Capul AA, de la Torre JC, Borden KL. A estrutura sem tampa do eIF4E sugere uma base para a regulação conformacional pelos seus ligandos. EMBO J. 2006;25(21):5138-49.

24. Khan MA, Malik A, Domashevskiy AV, San A, Khan JA. Interação do mRNA do elemento responsivo ao ferro da ferritina (IRE) com o fator de iniciação da tradução eIF4F. Spectrochimica Ata Parte A: Espectroscopia Molecular e Biomolecular. 2020;243(118776):1-10.

25. Khan MA, Mohammad T, Malik A, Hassan MI, AV. D. Elementos de resposta ao ferro (IREs) -mRNA da ligação da proteína precursora amiloide de Alzheimer à proteína reguladora do ferro (IRP1): uma abordagem combinada de docagem molecular e espectroscópica. Sci Rep 2023;13(1):5073. (28 de março).

26. Popenda M, Szachniuk M, Antczak M, Purzycka KJ, Lukasiak P, Bartol N, et al. Composição automatizada da estrutura 3D para RNAs grandes. Nucleic Acids Res 2012; 40(e112).

27. Zhang Y, Xiong Y, Xiao Y. 3dDNA: Um método computacional de construção de estruturas 3D de DNA. Molecules. 2022;27(18)(5936):1-15.

28. Zhang Y, Z., Wang J, W., Yi X. 3dRNA: Previsão da estrutura 3D de RNAs lineares a circulares. Jornal de biologia molecular. 2022;Vol.434 (11):167452-.

29. Biesiada M, Purzycka KJ, Szachniuk M, Blazewicz J, Adamiak RW. Previsão automatizada da estrutura 3D do ARN com o RNAComposer. In: Turner. DH, Mathews DH, editores. RNA Structure Determination. Methods Mol Biol. 1490.

New York: Springer Nature; 2016. p. 199-215.

30. Yan Y, Zhang D, Zhou P, Li B, Huang S-Y. HDOCK: um servidor web para acoplamento proteína-proteína e proteína-DNA/RNA baseado numa estratégia híbrida. Investigação em ácidos nucleicos. 2017;45(W1):W365-W73.

31. Kim YS, Gu MB. Avanços no rastreio de aptâmeros e aptasensores de pequenas moléculas. Adv Biochem Eng Biotechnol. 2014;140:29-67.

32. Ke Y, Wu J, Leibold EA, Walden WE, Theil EC. Loops e bulge/loops em isoformas de elementos responsivos ao ferro influenciam a ligação da proteína reguladora do ferro. Ajuste fino da regulação do mRNA? J Biol Chem. 1998;273(37):23637-40.

33. Yan Y ZD, Zhou P, Li B, Huang SY. HDOCK: um servidor web para docagem de proteína-proteína e proteína-DNA/RNA com base numa estratégia híbrida. Nucleic Acids Res. 2017;45(W1)(Jul 3):W365-W73.

34. Khan MA, Goss DJ. Poly(A)-binding protein increases the binding affinity and kinetic rates of interaction of viral protein linked to genome with translation initiation factors eIFiso4F and eIFiso4F.4B complex. Biochemistry. 2012;51(7):1388-95.

35. Khan MA, Walden WE, Goss DJ, Theil EC. A deteção direta de Fe2+ por complexos de RNA mensageiro responsivo ao ferro: repressor enfraquece a ligação. J Biol Chem. 2009;284(44):30122-8.

36. Ross PD, Subramanian S. Thermodynamics of protein association reactions: forces contributing to stability. Biochemistry. 1981;20(11):3096-102.

37. Tayyab S, Sam SE, Kabir MZ, Ridzwan NFW, Mohamad SB. Estudo da interação molecular de um fármaco anticancerígeno, o ponatinib, com a albumina do soro humano, utilizando métodos espectroscópicos e de acoplamento molecular. Spectrochimica Ata Parte A: Espectroscopia Molecular e Biomolecular. 2019;214(5 May):199-206.

38. Kuntz ID, Chen K, Sharp KA, Kollman PA. A afinidade máxima dos ligandos. Proc Natl Acad Sci U S A. 1999;96(18):9997-10002.

39. Khan MA, Miyoshi H, Gallie DR, Goss DJ. Potyvirus genome-linked protein, VPg, directly affects wheat germ in vitro translation: interactions with translation initiation factors eIF4F and eIFiso4F. J Biol Chem. 2008;283(3):1340-9.

40. Khan MA, Domashevskiy AV. O ferro aumenta as taxas de ligação e a eficiência translacional do mRNA dos elementos responsivos ao ferro (IREs) com o fator de iniciação eIF4F. PLoS One. 2021;16(4)(Apr 21):e0250374.

41. Khan MA, Ma J, Walden WE, Merrick WC, Theil EC, Goss DJ. A cinética rápida do elemento responsivo ao ferro (IRE) RNA / proteína reguladora do ferro 1 e os complexos IRE- RNA / eIF4F respondem de forma diferente aos iões metálicos. Nucleic Acids Res. 2014;42(10):6567-77.

42. Chen YH, Yang JT, Martinez HM. Determinação das estruturas secundárias de proteínas por dicroísmo circular e dispersão ótica rotatória. Biochemistry. 1972;11(22)(Oct 24): 4120-31.

43. Khan MA, Muzammil S, Musarrat J. Differential binding of tetracyclines with serum albumin and induced structural alterations in drug-bound protein. Int J Biol Macromol. 2002;30(5):243-9.
44. Kabir MZ, Ghani H, Mohamad SB, Alias Z, Tayyab S. Associação interactiva entre o inibidor da sinalização transcricional RhoA, CCG1423 e a albumina do soro humano: Estudos biofísicos e in silico. J Biomol Struct Dyn. 2018;36(10)(Aug):2495-507.
45. Tayyab S, Izzudin MM, Kabir MZ, Feroz SR, Tee WV, Mohamad SB, et al. Ligação de um medicamento anticancerígeno, o axitinib, à albumina do soro humano: Fluorescence quenching and molecular docking study. J Photochem Photobiol B. 2016;162(Sep):386-94.
46. Rabbani G, Ahmad E, Khan MV, Ashraf MT, Bhat R, Khan RH. Impacto da estabilidade estrutural da lipase B (CaLB) de Candida antarctica adaptada ao frio: em relação ao pH, desnaturação química e térmica. RSC Adv. 2015;5(26):20115-31.
47. Chen YH, Yang JT, Martinez HM. Determinação das estruturas secundárias das proteínas por dicroísmo circular e dispersão ótica rotatória. Biochemistry 1972;11(22):4120-31.
48. Khrapunov S. A espetroscopia de dicroísmo circular tem limitações intrínsecas para a análise da estrutura secundária das proteínas. Anal Biochem. 2009;389(2):174-6.
49. Rodger A, Marrington R, Roper D, Windsor S. Circular dichroism spectroscopy for the study of protein-ligand interactions. Methods Mol Biol. 2005;305:343- 64.
50. Rabbani G, Kaur J, Ahmad E, Khan RH, Jain SK. Caraterísticas estruturais da proteína da membrana externa imunogénica termoestável de Salmonella enterica serovar Typhi. Appl Microbiol Biotechnol 2014;98(6):2533-43.
51. Khan MA, Kumar Y, Tayyab S. Bilirubin binding properties of pigeon serum albumin and its comparison with human serum albumin. Int J Biol Macromol. 2002;30(3-4):171-8.
52. Walden WE, Selezneva AI, Dupuy J, Volbeda A, Fontecilla-Camps JC, Theil EC, et al. Structure of dual function iron regulatory protein 1 complexed with ferritin IRE-RNA. Science (Nova Iorque, NY). 2006;314(5807):1903-8.
53. Erlitzki R, Long JC, Theil EC. Elementos múltiplos e conservados de resposta ao ferro na região 3'-não traduzida do mRNA do recetor da transferrina aumentam a ligação da proteína reguladora do ferro 2. J Biol Chem. 2002;277(45):42579-87.
54. Ma J, Haldar S, Khan MA, Sharma SD, Merrick WC, Theil EC, et al. O Fe2+ liga-se ao elemento-RNA responsivo ao ferro, alterando seletivamente as afinidades de ligação às proteínas e regulando a repressão e ativação do mRNA. Proc Natl Acad Sci U S A. 2012;109(22):8417-22.
55. Pimentel GC, Mcclella AL. Ligação de hidrogénio. Annu Rev Phys Chem. 1971;22:347-85.

56. Williams DJ, Hall KB. RNA hairpins with non-nucleotide spacers bind efficiently to the human U1A protein. Journal of Molecular Biology. 1996;257(2):265-75.
57. Ward RJ, Zucca FA, Duyn JH, Crichton RR, Zecca L. The role of iron in brain ageing and neurodegenerative disorders (O papel do ferro no envelhecimento do cérebro e nas doenças neurodegenerativas). Lancet Neurol. 2014;13(10)(Oct):1045-60.

Capítulo 5

Aspectos fundamentais das estruturas e funções do ARN do IRE

Os ARN mensageiros assumem formas tridimensionais que lhes conferem uma variedade de papéis funcionais na vida humana, bem como um mau funcionamento na doença. Estão a ser intensamente investigadas estratégias de utilização de pequenos compostos para atingir terapeuticamente estruturas de ARN. A regulação do metabolismo do ferro nos seres humanos depende principalmente das proteínas reguladoras do ferro (IRPs) e de uma estrutura em cadeia do ARN conhecida como elemento responsivo ao ferro (IRE). A ferritina, o recetor da transferrina, a aconitase mitocondrial, o transportador de metais divalentes, a sintase do ácido aminolevulínico eritroide e a ferroportina são apenas alguns dos ARNm que contêm o IRE, que regula o início da tradução ou a estabilidade do ARNm. Entre estes, pensa-se que o IRE da ferritina representa o antepassado do controlo da tradução, e outros genes incorporaram a estrutura do IRE à medida que evoluíram para animais superiores. As regiões 5' ou 3' não traduzidas dos ARNm contêm estruturas em anel com cerca de 30 nucleótidos, denominadas IREs, que se ligam a proteínas de ligação IRE para influenciar o controlo pós-transcricional. Os iões ferrosos são o sinal fisiológico do ferro; as respostas ao ferro in vivo podem diferir por um fator de dez com base na forma de cada IRE em particular. A família IRE afecta dez vezes a estabilidade de ligação das IRP, o que reflecte as bases únicas emparelhadas e não emparelhadas em cada IRE. As respostas graduais ao ferro *in vivo* são influenciadas por esta variação. O modelo que os IRE-mRNAs produziram para o direcionamento de pequenas moléculas para estruturas de mRNA mostra como o mRNA pode ser altamente manipulável quimicamente.

5.1 Introdução

Os mamíferos apresentam um elevado grau de conservação da sequência e da estrutura dos elementos de resposta ao ferro (IRE). Os IREs são normalmente constituídos por um elemento em forma de laço composto por um tronco de cinco pares de bases com um motivo de laço apical de 6 nucleótidos, que é separado de um tronco inferior de comprimento variável por um laço interno ou protuberância que tem um C conservado. As proteínas reguladoras do ferro citoplasmático (IRP1, IRP2) ligam-se especificamente aos IREs (1, 2). Um ARN-RIE é uma estrutura de cerca de 30 nucleótidos constituída por duas hélices de ARN separadas por um loop de seis nucleótidos com a sequência 5'-CAGUGN-3' (N é tipicamente uma pirimidina) e um resíduo de citosina saliente. Tanto o nucleótido saliente como a sequência da ansa são muito conservados (3, 4). Os dois IRPs, eles próprios bem conservados, ligam complexos IRE-RNA numa série de mRNAs animais que foram objeto de uma caraterização substancial e surgiram em diferentes momentos da evolução (4). O termo "elemento reativo ao ferro", ou "IRE", foi cunhado para descrever as consequências do ferro elevado em animais ou células animais mantidas em cultura, com a maioria dos modelos a basearem-se na degradação elevada de IRP (5, 6). Os modelos que foram tipicamente utilizados para acompanhar os efeitos do ferro incluíam a acumulação de proteínas, a entrada do ARN-IRP nos polissomas e, mais recentemente, alterações na mobilidade do ARN com extractos de células. Os modelos que surgiram mostraram que o ferro causava a degradação da proteína repressora IRP, bem como a inserção do aglomerado Fe-S no IRP1. De acordo com o relatório (7), a estabilidade do IRP1/IRE é diretamente enfraquecida por iões metálicos (Fe^{2+} e Mn^{2+}). Muitas classes de ARN, tais como o ARNr, ARNt (8), ribozimas (9, 10), riboswitches em ARNm bacterianos, onde os metais contribuem tanto para a função do ARN como para a deteção de metais (10-12), e talvez hammerhead, ARNm humanos (13), são diretamente modulados por iões metálicos. O IRE-RNA da ferritina liga-se a iões metálicos (Mg^{2+}) com uma estequiometria de 1:2 (14-16); numerosos rRNAs, tRNAs, riboswitches e ribozimas estão igualmente ligados ao Mg^{2+} . Além disso, em locais ainda mais precisos, o IRE-RNA liga-se a outras pequenas moléculas, bem como a complexos metálicos de forma específica (1,10-fenantroleno e Ru(tpy)bpy) (17, 18).

Em comparação com o IRE-RNA da aconitase mitocondrial, o efeito do Fe^{2+} e do Mn^{2+} na ligação do IRE-RNA da ferritina foi significativamente maior (7), cuja sequência de IRE-RNA é distinta. A homeostase do manganês e a homeostase do ferro podem cruzar-se em determinados locais biológicos. Na levedura e nos animais, este facto é demonstrado pelo transporte no DMT 1 tanto de Mn^{2+} como de Fe^{2+} (19). Com base na estrutura cristalina do complexo RNA/proteína da ferritina e na RMN em solução do RNA livre, ocorrem alterações conformacionais quando o IRP1 se liga ao RNA da ferritina-IRE (14, 20). Todos os IRE-RNAs têm as bases tri-loop A15, G16 e a base C8 da hélice, que são viradas para fora e deixam uma porção considerável do RNA exposta no complexo proteico de RNA. Embora os equilíbrios de ligação ARN/proteína sejam cruciais, a cinética de renovação do IRP/IRE-RNA é provavelmente um alvo regulador mais sensível porque as células precisam de reagir rapidamente a alterações no metabolismo e no ambiente. Observa-se uma rápida renovação do complexo e da ligação IRE-RNA/IRP1, com variações quantitativas entre as estruturas IRE. Na presença de Mn^{2+} , a ligação de dois complexos IRE-RNA ao IRP1 foi reduzida (21), A reação ao ferro in vivo (22) é, no entanto, maior para a tradução das moléculas de ARNm da ferritina do que para as moléculas de ARNm da aconitase mitocondrial, uma vez que a queda da % é específica do ARNm do IRE. Com base em comparações evolutivas, o ARNm da ferritina possui o ARN-IRE mais antigo da família dos ARNm-IRE e a estrutura mais bem caracterizada (RMN em solução e cristalografia de raios X). O hairpin IRE-RNA do ARNm da ferritina tem uma ansa terminal conservada, uma protuberância C na hélice média e uma protuberância U exclusiva do IRE-RNA da ferritina, que está associada a uma ligação IRP mais forte e a maiores respostas ao ferro, tanto in vitro como in vivo (4, 23). O par de bases entre as bases conservadas C e G forma um triloop AGU na ansa terminal do ARN-IRE (1, 14). No IRE-RNA complexado com IRP1, a alça terminal A15, a alça terminal G16 e o bojo da hélice C8 são os três principais locais de interação proteína/RNA

(14). Mesmo quando complexado com IRP1, uma superfície considerável de ARN é deixada aberta, permitindo interações do ARN com outras moléculas e iões. Quando combinada com a estrutura cristalina de raios X do complexo IRE-RNA/IRP1, a sondagem do IRE-mRNA com metaloncleases como Cu1+ -1,10-fenatrolina ou Mg^{2+} (16, 17) para identificar sítios sensíveis aos metais revela que alguns sítios metálicos se encontram em superfícies expostas que estão abertas a outras interações com o ARN, mesmo no complexo IRP1 (23, 24) (Fig. 2). A composição química do sinal biológico do ferro foi determinada pela função específica do Fe^{2+} na separação do IRE-RNA do inibidor da síntese proteica, IRP1(7, 25), e modelos de regulação da degradação da proteína IRP melhorados por E3 ligase sensível ao ferro (26) ou inibição da ligação do IRE-RNA pelo IRP através da inserção de um cluster [4Fe-4S] no local de ligação do RNA. Quando o cluster [4Fe-4S] é inserido, a IRP1 transforma-se em c-aconitase (27). Ainda não se sabe como é que o IRE-RNA aumenta as taxas de síntese proteica quando o IRP (28) não está presente.

A regulação do metabolismo do ferro nas células animais depende em grande medida do ARN do IRE e das IRPs. O ferro facilita a ligação do ARNm, o que acelera a criação da proteína ferritina nos animais. O ferro metabólico, ou ferro livre nas células, é ferroso (29). Um conjunto hierárquico de respostas do mRNA ao ferro in vivo é produzido pelas proteínas IRP que se ligam à família IRE-RNAs com afinidades variáveis. Para além de eliminar a regulação por IRP, a eliminação do IRE-RNA diminui a taxa de síntese proteica independente de IRP (28). O ponto de controlo primário em vários dos modelos actuais de regulação IRE-RNA/IRP é a modificação ou degradação dependente do ferro das proteínas IRP (30-32). Nos eucariotas, um mecanismo único de regulação genética envolve a ligação do ferro metabólico ao IRE-RNA para diminuir as ligações proteína inibidora (IRP)-RNA e aumentar as interações proteína activadora (eIF4F)-RNA. O potencial de certas interações de metais com estruturas de ARNm dobradas e não codificantes para o controlo dos genes é demonstrado pelo riboregulador IRE. Cada vez mais se investiga as interações selectivas de metais com estruturas de ARN, como as das ribozimas e riboswitches, que se encontram sobretudo nas bactérias (33). Em comparação com os riboswitches de ARNm bacterianos, sabe-se menos sobre as interações de metais com riboreguladores em ARNm eucarióticos, que estão envolvidos na síntese de proteínas citoplasmáticas, independentemente da síntese de ARNm e da transcrição do ADN. Foi recentemente demonstrado que os quadruplexos sensíveis aos metais regulam o ritmo a que ocorre a síntese proteica no ARNm humano (34). As respostas celulares podem ocorrer rapidamente quando os mRNAs estáveis são regulados. As três fases primárias da síntese proteica eucariótica são a iniciação, o alongamento e a terminação. Cada fase requer um conjunto diferente de proteínas, e cada processo consome energia (ATP) (35). Quando os mRNAs estão ligados e orientados nos ribossomas por factores de iniciação (eIFs) e o codão de início AUG do mRNA está corretamente alinhado para ser reconhecido pelo tRNA iniciador^{met} e pelo ribossoma, a maior parte da regulação das taxas de síntese proteica ocorre durante a fase de iniciação. Presume-se que a primeira fase da síntese proteica, a ligação do eI4F ao ARNm eucariótico, seja limitadora da taxa. A ligação da capa 5' do ARNm ao eIF4E, a subunidade pequena do eIF4F, é o primeiro passo na síntese de proteínas. A proteína de ligação poli(A), que estabiliza o complexo eIF4F, eIF4A, que desenrola a estrutura secundária dentro da sequência 5'-leader para permitir a varredura ribossómica 40 S, e eIF3, que estimula a ligação da subunidade ribossómica 40 S, estão entre os factores de iniciação adicionais que são recrutados por eIF4G, a subunidade grande de eIF4F. A subunidade 40 S reúne-se com a subunidade 60 S para produzir o ribossoma 80 S, que efectua então a tradução da zona de codificação, após a sua ligação e a leitura dos códons de iniciação (35). A região 5' não traduzida (5' UTR) é a região não codificadora que se situa entre o cap e a região codificadora. Tal como evidenciado pela ligação competitiva do IRE-RNA a duas proteínas reguladoras, as estruturas não codificantes do ARNm podem desempenhar um papel significativo nas taxas de síntese proteica e de expressão genética das células eucarióticas. Para além da ligação conhecida de um inibidor da síntese proteica, IRP, o IRE-RNA também se liga ao potenciador da síntese proteica, eIF4F. Os factores que fosforilam as proteínas (eIFs) (35) modificam a ligação do mRNA em diferentes contextos celulares. Um processo único envolve a ligação de um ferro metabólico a um IRE-RNA não codificante, estabilizando as ligações eIF/RNA. Em comparação com a ligação do eIF4F ao ARNm da a-globina ou à estrutura da capa m7G, o ferro promove a ligação do eIF4F/RE-RNAm com maior estabilidade (36). A tradução Ferritina IRE-RNA é melhorada in vitro quando se utiliza uma ligação estabilizada por iões metálicos. Há muito que se sabe que moléculas minúsculas e esféricas como Cu1+-fenatrolina e/ou Ru2+-tris(bipiridil) podem ligar o metal a locais específicos do ARN-IRE (17). Os intermediários reactivos que se formam na presença de dioxigénio e de complexos ligados ao ARN clivam o ARN dobrado no local de ligação do complexo metálico; os locais de ligação do ARN são identificados por sequenciação do ARN clivado. Estas investigações demonstraram uma ligação particular dos complexos metálicos em locais próximos de deformações da hélice ou no loop terminal da estrutura IRE-RNA (17). Os resultados da clivagem do IRE-RNA com ferro e peróxido de hidrogénio apontam para a possibilidade de ligação do ferro ao IRE-RNA no mRNA da ferritina (37). O padrão invulgar dos locais de clivagem hipersensíveis foi inicialmente explicado como sendo o acesso ao solvente impedido pela dobragem do ARN (37), uma suposição que não foi apoiada pelas estruturas de RMN obtidas posteriormente (20, 38). Em alternativa, os locais de ligação ferro/ARN podem ser indicados pelos locais hipersensíveis. Na conformação IRE-RNA observada na estrutura cristalina IRP/IRE-RNA, vários dos sítios metálicos IRE-NMR detectados por sondagem de metalonuclease encontram-se em bases que estão expostas a superfícies de RNA. Consequentemente, estas bases podem estar acessíveis aos iões metálicos enquanto o ARN-IRE estiver ligado ao IRP. A investigação com IRE-RNA com substituições de 2AP revelou que o Fe2+ alterou a estrutura do loop IRE terminal e criou uma protuberância mais organizada. A15 e C8 são membros de contacto múltiplo dos dois locais de interação IRE-RNA/IRP1 (39).

5.2 Estruturas de ARN do IRE

Os IREs são sequências de 30 nt em forma de hairpin que partilham uma sequência de laço apical CAGUGN conservada. Na posição 6, N nunca é G e só pode ser A, C ou U. A posição 1 C e a posição 5 G formam um par básico. Foram encontrados RNAs IRE funcionais no 3'-UTR do mRNA do recetor de transferência (TfR), no 5'-UTR das cadeias H e L da ferritina, na aminolevulinato sintase eritroide (eALAS), na aconitase mitocondrial e nos mRNAs da succinato desidrogenase (SDH) (40). A hélice de ARN de cadeia dupla da família de ARN IRE tem uma estrutura conservada constituída por 9/10 pares de bases, um hexalope terminal e um resíduo C8 não emparelhado que forma uma haste superior constituída por 5 pares de bases e uma haste inferior com comprimentos variáveis. Um par de bases G-C atravessa o loop terminal, formando assim um triloop exposto ao solvente do AGU. C14 e G18 formam um par de bases no loop terminal, formando um pseudotriloop de AGU (39, 41-43). U17 e G16 apresentam desordem. Os RNAs IRE são classificados em dois grupos com base em diferenças no emparelhamento de bases e na sequência em torno do resíduo C8 não emparelhado. O primeiro grupo tem um laço interno feito do C8 não emparelhado, enquanto o outro grupo tem um C não emparelhado isolado, uma base não emparelhada na posição 6, o 5'-UTR para o C não emparelhado e um par de bases extra entre eles.

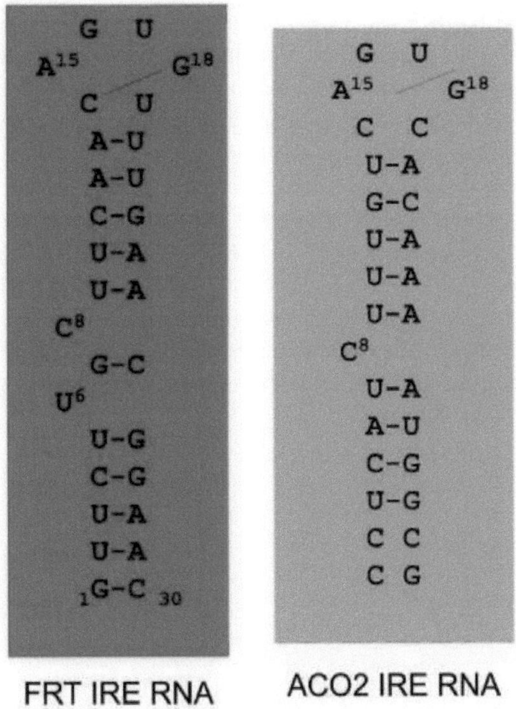

Figura 1. Estrutura da ferritina e do ARN da aconitase mitocondrial IRE.

Um fator-chave no processo de ligação selectiva ao repressor é a deformação da hélice em torno do resíduo C8 conservado (44). A protuberância de um resíduo C conservado e o laço apical conservado estão separados por cinco pares de bases (Fig. 1). Três elementos estruturais distintos de cada ARN do IRE estão envolvidos nas respostas de sinalização observadas in vivo (23, 45). Protuberância/laço da hélice; pares de bases da hélice que modificam e partilham caraterísticas com a estrutura do laço terminal e a hélice curta do ARN. As variações na ligação da IRP in vitro e as modificações na síntese proteica in vivo estão ligadas a variações na sequência da hélice, na estrutura de flanqueamento e no bojo/laço da hélice (46). Em comparação com IRP1, a distorção da hélice

em torno do resíduo C conservado tem um impacto muito maior na ligação do IRP2. O C não emparelhado é uma protuberância na hélice que forma um local de reconhecimento IRP2 muito fraco numa grande variedade de RNAs IRE, incluindo a aconitase mitocondrial, a aminolevulinato sintase eritroide, a ferritina e o DMT1. Está também presente em IREs isolados do recetor de transferência 1. A ligação do IRP2 é reforçada quando um U e um C não emparelhados são separados por um par G-C, como nos IREs da ferritina ou numa ansa gerada por um AU rico e ligada a quatro estruturas IRE adicionais por sequências com motivos conservados (47). As interações IRE-RNA/IRP são mais estáveis do que outros tipos de complexos enzima-substrato. O comprimento do sítio de ligação do IRP é de trinta oligonucleótidos, como demonstrado pela impressão de pés e por comparações de sequências de vários IRE-RNAs de animais. A importância da estrutura helicoidal em torno do C8 não emparelhado é evidenciada pelo efeito da supressão de um único U6 não emparelhado, caraterístico do ARN do IRE da ferritina, que afecta grandemente a estabilidade dos complexos IRP1 e IRP2, com a consequência de diminuir a repressão translacional (48). O ARNm da ferritina é significativamente afetado pelas sequências de flanqueamento do ARN do IRE. A região flanqueadora com pares de bases de diferentes RNAs IRE da ferritina varia em comprimento. A helicidade das regiões flanqueadoras aumenta com a ligação do ARN do IRE da ferritina ao IRP, indicando uma mudança conformacional entre o ARN do IRE e a hélice da região flanqueadora (37).

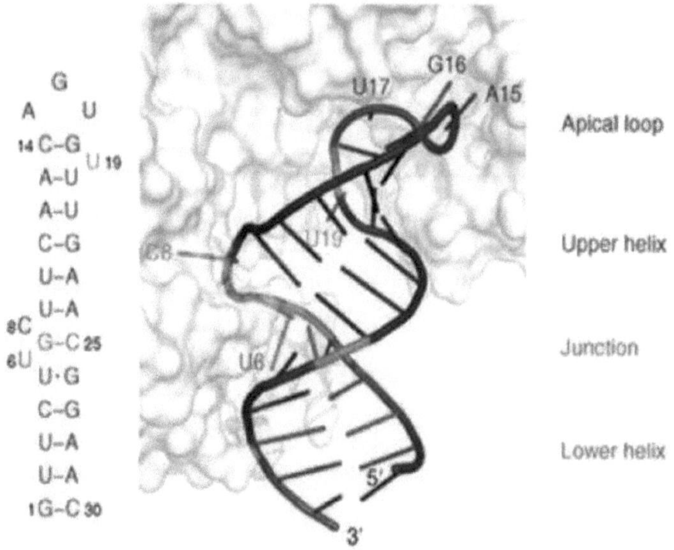

Figura 2. Estrutura do complexo ferritina IRE RNA/IRP1. A hélice do ARN do IRE dobra-se e as bases de contacto C8 e Tri loop A15 e G16 estão viradas para fora. Modificação da fig. originalmente publicada na ref. 14.

Após a interação com o IRP, a estrutura do ARN do IRE alterou-se. U17 completou a pilha de hélices quando os resíduos A15 e G16 do loop terminal foram extrudidos da molécula de ARN do IRE e expandidos para uma cavidade proteica considerável (Fig. 2). No entanto, G16 e U17 estavam desorganizados em solução, e A15 foi empilhado sobre o par de bases C13-G18. O C8 não emparelhado na hélice, que estava desorganizado no ARN livre em solução, serviu como o segundo local de ligação ao ARN (38). Enquanto o U6 não emparelhado, que estava empilhado numa cavidade de ARN do ARN livre, foi virado para a superfície da proteína no complexo IRP1, o ARN foi totalmente esticado para fora da haste e depositado numa bolsa de proteína. A sequência e a estrutura corretas do ciclo da haste do ARN do IRE são importantes nas doenças genéticas humanas, como a doença de Alzheimer, a doença de Parkinson, a demência e a síndrome de hiperferritinemia-catarata hereditária, que resultam de mutações pontuais ou de deleções no IRE ou em regiões adjacentes no IRE 5'UTR. A ligação do IRP é afetada por mutações agrupadas no loop terminal do ARN do IRE da ferritina e no loop da hélice. Além disso, um aumento da síntese de ferritina pode ser útil em indivíduos com hemoglobinopatias, como a anemia falciforme e a talassemia, que sofrem de sobrecarga de ferro devido à terapia transfusional, uma vez que o controlo do ARN do IRE pode ser alterado nestas pessoas. Os tratamentos potenciais podem incluir a criação de compostos minúsculos e/ou medicamentos que sabotem especificamente as interações entre o ARN do IRE da ferritina e o IRP.

5.3 Proteínas de ligação ao ARN do IRE

O principal modulador da homeostase intracelular do ferro é a proteína reguladora do ferro (IRP), um membro da família da aconitase que se liga a elementos conservados de resposta ao ferro (IREs) encontrados nas regiões não traduzidas (UTRs) dos mRNAs para regular pós-transcricionalmente uma série de genes relacionados com a homeostase do ferro. Os IRPs têm a capacidade de se ligar firmemente ao IRE encontrado na UTR 3' do ARNm TfR1 para estabilizar os transcritos e aumentar os níveis da proteína TfR1, o que, por sua vez, aumenta a captação de ferro, quando os níveis de ferro são baixos. Por outro lado, o baixo nível de ferro também facilita a ligação dos IRPs aos IREs que se encontram na 5' UTR do ARNm da ferroportina, o que, por sua vez, reduz o nível de proteína da ferroportina que exporta o ferro. Consequentemente, a absorção e a disponibilidade de ferro nas células são aumentadas pela interação IRP/IR que detecta o ferro. Por outro lado, níveis elevados de ferro limitam a propensão das IRPs para se ligarem às IRE, o que leva a uma diminuição da estabilidade do ARNm TfR1 e a um aumento da tradução do ARNm da ferroportina, que funcionam em conjunto para esgotar o ferro celular. Por conseguinte, compreender a afinidade de ligação do IRE é essencial para compreender o metabolismo do ferro mediado pelo IRP. Importantes facetas do metabolismo do ferro celular são reguladas pela interação da IRP com mRNAs alvo. Uma proteína distinta é a IRP1. Para além de se ligar ao ARN do IRE, a IRP1 também se liga ao cluster [4Fe-4S], o que resulta na atividade da aconitase citoplasmática. Os homólogos da aconitase são proteínas IRP que reconhecem seletivamente estruturas de ARN de IRE.

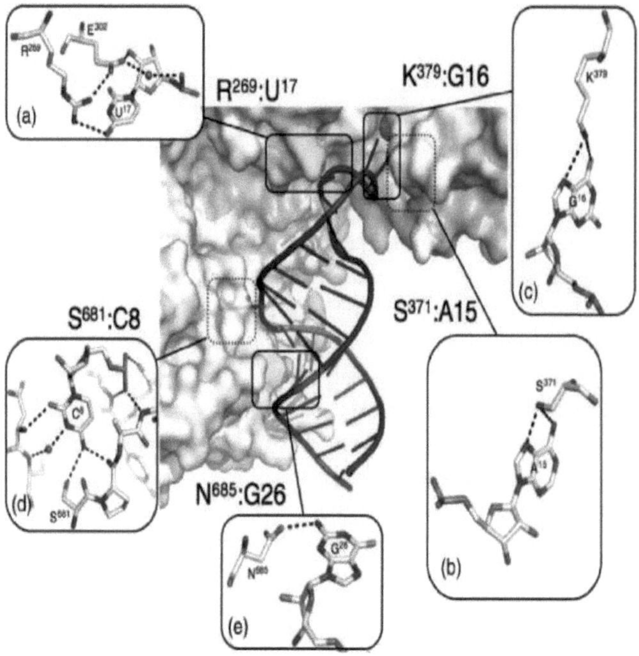

Figura 3. Os resíduos de aminoácidos do IRP1 formam ligações de hidrogénio específicas da base com o ARN do IRE. Modificação da figura publicada na ref. 14.

A localização do IRE no interior do ARNm afecta frequentemente a função do IRP; os IREs próximos do cap 5' inibem a ligação do ribossoma, enquanto os IREs que seguem a secção de codificação do ARNm e o códão de paragem inibem a quebra do ARNm. Cada membro da família Aconitase está organizado em quatro domínios. O quarto domínio de uma aconitase mitocondrial normal é ligado por um ligante longo, constituído por cerca de 60 aminoácidos, enquanto os três primeiros domínios formam uma ligação estreita para aninhar o aglomerado Fe-S. O IRP1 sofre modificações conformacionais após a ligação do ARN do IRE. (Fig. 3). Depois de se ligar ao ARN do IRE, a molécula da proteína IRP1 assume uma conformação em forma de L e o ARN é dobrado. São necessários dois locais de contacto muito separados para formar o complexo IRP1/ARN do IRE (14, 49). Utilizando a numeração da aconitase, o ARN é introduzido no complexo entre os domínios proteicos 1-2 e 4. As aconitases são formações globulares em que os quatro domínios estão em contacto estreito. Com ligações diretas do laço terminal do ARN do IRE e da haste inferior, o laço da haste do ARN do IRE é ancorado através da abertura côncava do IRP1 (Fig. 3). Na junção dos domínios 2 e 3, os resíduos A15 e G16 da alça terminal expostos estendem-se para uma cavidade da proteína IRP. As ligações A15, G16 e U17 conferem estabilidade ao complexo IRE

RNA/IRP. O oligonucleótido C8, que se insere numa bolsa na face interna do domínio 4, é o ponto focal da ancoragem da IRP à haste do ARN do IRE. A curvatura de 31 ° no ARN do IRE reencaminha o percurso da haste inferior ao longo da face idêntica do domínio 4, ligando o lado da haste inferior que está mais afastado do laço terminal (Fig. 3). As cinco hélices de pares de bases da haste superior mantêm os 30 A^ que separam o loop terminal e o C8 do ARN do IRE nas suas respectivas posições. A proteína IRP e o ARN do IRE estão unidos por vinte e duas ligações: Dez contactos são feitos entre aminoácidos, tais como os resíduos Ser371 e Lys379 numa bolsa criada no domínio 3 num local que é bloqueado pelos domínios 1 e 2 na forma globular, e A15 e G16 no pseudotriloop no terminal do ARN do IRE. No domínio 4 da IRP1, são efectuadas oito ligações entre o C8 do IRE-RNA e os resíduos de aminoácidos Arg713 e Arg780; são produzidas mais quatro ligações entre a haste do IRE abaixo do C8 e os aminoácidos Ser681, Pro682, Asp781 e Trp782. Juntamente com a saída do bojo da hélice C8 e das bases da ansa terminal A15, G16 (38). No complexo IRP/IRE-RNA, o U19 não emparelhado no hexalope é virado para fora da hélice de RNA do IRE, o U6 não emparelhado é colocado no sulco menor e a espinha dorsal do RNA do IRE é deformada por uma volta abrupta no meio da hélice. São necessárias alterações conformacionais no ARN e provavelmente na proteína não ligada para explicar as discrepâncias entre as estruturas em solução do ARN-RE livre e do ARN-RE ligado à proteína IRP; a estrutura da apo-IRP é mais desordenada do que a do ARN ou dos complexos [4Fe-4S] (50). Uma das principais superfícies expostas do IRE-RNA na estrutura cristalina do IRE RNA/IRP (14, 15) está disponível para interações com outros iões metálicos, RNA e proteínas.

5.4 Mapeamento das bolsas de ligação de iões metálicos

Os iões de magnésio são muito bons a estabilizar a dupla hélice do ARN devido às suas interações electrostáticas com a espinha dorsal de fosfato do ARN. Uma estrutura terciária nas moléculas de ARN resulta frequentemente na criação de bolsas únicas de ligação a metais. Os iões Mg^{2+} ligam-se a estas bolsas mais firmemente do que às hélices de ARN. Quando os níveis de ferro celular aumentam, os ARN mensageiros que codificam as proteínas envolvidas no tráfico de ferro e no metabolismo oxidativo tornam-se mais activos. Uma variedade de ARN, incluindo ribozimas, ARNt e ARNr, são afectados por iões metálicos (8, 18), riboswitches em ARNm bacterianos, onde os metais contribuem tanto para a função do ARN como para a deteção de metais (51), e possivelmente hammerhead, ARNm de mamíferos (52). Pensa-se atualmente que os efeitos do ferro nos repressores proteicos IRP1 e IRP2, que se ligam aos IRE-RNAs e são destruídos ou alterados por aumentos do ferro celular, são a única causa de alterações na tradução dos RNAs mensageiros sensíveis ao ferro, que dependem de estruturas não codificantes (IRE) (31, 53). À semelhança dos rRNAs, tRNAs, riboswitches e ribozimas, os IRE-RNA ligam-se a iões metálicos em locais específicos. Os metais modificam diretamente os complexos IRE-RNA/IRP mensageiros. Khan et al

(2009) (7) tinham escolhido dois IRE-RNAs para comparar, a ferritina e a mt-aconitase, porque variavam em termos de estrutura no local de ligação do metal ao IRE-RNA da ferritina e porque tinham respostas quantitativamente diferentes ao mesmo sinal de ferro in vivo (22). O IRE da aconitase mitocondrial surgiu após o IRE da ferritina. Foi observado que a ligação do IRP1 discrimina entre várias estruturas IRE e que o Fe^{2+} , o Mn^{2+} e o Mg^{2+} desestabilizam seletivamente os complexos IRE/IRP dos dois RNAs mensageiros. Para além de quantificar as diferenças qualitativas de ligação observadas como a quantidade de proteína necessária para alterar a mobilidade do IRE-RNA durante a eletroforese em gel EMSA, verificou-se que o complexo IRE-RNA/IRP1 da ferritina é mais estável em solução do que o complexo IRE-RNA da aconitase mitocondrial. Este facto pode estar relacionado com uma resposta mais forte do ferro à síntese de ferritina *in vivo* (22, 48). Comparado com o complexo mitocondrial aconitase IRE/IRP1, o complexo ferritina-IRE/IRP1 tem um valor Kd mais baixo. A disparidade dos valores de Kd sugere que, mesmo a baixas concentrações de ferro, uma maior proporção de ARNm da aconitase mitocondrial estará "livre" de IRP, ou desreprimido, do que o ARNm da ferritina. Como resultado, uma maior proporção de moléculas de ARNm da aconitase mitocondrial será traduzida constitutivamente e, como demonstrado em testes com animais, o impacto relativo do ferro elevado no ARNm da aconitase mitocondrial será menor do que no ARNm da ferritina. A razão estrutural subjacente às variações do Kd dos dois complexos IRE/IRP1 pode ser atribuída à ausência da protuberância U6 no ARNm da aconitase mitocondrial. De facto, o Kd do complexo U6-ferritina IRE/IRP1 está de acordo com os resultados qualitativos da eletroforese em gel e é três vezes superior ao Kd do ARNm da ferritina IRE e do ARNm da aconitase mitocondrial IRE (48). A estabilidade dos complexos IRP/IRE-RNA é também afetada por variações nos pares de bases da hélice filogeneticamente conservados em cada IRE-RNA, como evidenciado pelo facto de a eliminação da protuberância U6 no IRE-RNA da ferritina ter compensado apenas parcialmente as diferenças na ligação do IRP à aconitase mitocondrial ou ao IRE-RNA da ferritina. As ligações IRE-RNA/IRP1 dos mRNAs da ferritina e da aconitase mitocondrial foram diminuídas por iões metálicos. O Mn^{2+} foi investigado porque é um excelente modelo para o ferro sensível ao ar e liga-se a outros ARN, enquanto o Mg^{2+} foi investigado devido às interações diretas do metal observadas com o IRE-RNA da ferritina por espetroscopia de RMN (54). A interação ferritina-IRE/RNA foi mais sensível aos efeitos dos metais, o que sugere que os iões metálicos são capazes de identificar acoplamentos IRE-RNA/IRP distintos. Em comparação com o IRE-RNA mutante da ferritina AU6, a quantidade de Mg e Mn que desestabilizou os complexos RNA/proteína foi consideravelmente maior para as estruturas IRE da ferritina do tipo selvagem e da aconitase mitocondrial (7). Os efeitos selectivos dos metais podem ser uma das razões para as diferenças nas respostas aos metais entre os IRE-RNAs da aconitase mitocondrial mais recentes e os IRE da ferritina mais antigos. O regulador

biológico ferro foi então investigado para estabilizar o estado divalente na ausência de ar. O Mg^{2+} , o Mn^{2+} e o Fe^{2+} reduziram os complexos IRP-RNA/IRP, mas o ferro teve um maior impacto na interação ferritina-IRE-RNA/IRP do que os outros iões metálicos. Em contrapartida, os efeitos do Mn^{2+} e do Fe^{2+} na aconitase mitocondrial foram semelhantes. O ferro aumentou o Kd para o IRE-RNA da ferritina em cerca de 10 vezes, o que é muito mais elevado do que o Mn^{2+} . Por conseguinte, parece que as contribuições das alterações estruturais do IRE-RNA para a ligação do IRP1, que se verificam na ausência de metais, são ainda mais amplificadas pelos iões metálicos. Interações IRE-RNA/IRP1 alteradas pelo metal, conforme determinado por eletroforese em gel e extinção de fluorescência (7, 55).
A estabilização proporcionada pelas muitas ligações entre a proteína e o ARN é posta em causa pela desestabilização por ferro dos complexos IRE-RNA/IRP1 (14) e pela estabilidade da dobra IRE-RNA (42). Pelas razões que se seguem, é mais provável que a desestabilização do ARN/proteína seja o resultado da interação de iões metálicos com o ARN ou o complexo ARN/proteína do que com a proteína. Sabe-se que ocorreu a primeira ligação direta de um metal a sítios específicos do ARN-RE (16). Em segundo lugar, a ligação do aglomerado [4Fe-4S] no IRP1 é a única ligação metálica direta conhecida à proteína IRP e resulta na atividade da aconitase (50, 56) e em locais de agregação proteica induzidos por Cd ou Zn em extractos celulares brutos (57). Não se conhece qualquer sinal químico para a renovação da IRP induzida pelo ferro. Em terceiro lugar, a mobilidade electroforética do ARN-RE varia com a adição de ferro (7). A partir de experiências de "foot printing"/proteção contra nucleases, em que o IRE-RNA foi totalmente protegido pela proteína, não é claro como os iões metálicos prejudicam o complexo IRE/IRP (37). No entanto, uma estrutura cristalina recente do complexo IRE-RNA/IRP1 da ferritina mostra que vários locais do IRE-RNA são acessíveis por solvente ou iões metálicos; a localização dos locais conhecidos de ligação metálica do IRE-RNA está sobreposta na estrutura cristalina do complexo RNA/proteína. Estes sítios IRE-RNA não têm contactos com proteínas (17). As experiências de proteção contra a nuclease recolhem um grande número de conformações moleculares, enquanto os cristais recolhem um ou um pequeno número de conformações. Pode haver mais do que uma conformação IRE-RNA/IRP, com base nas interações RNA/proteína díspares que as duas abordagens observaram. Por conseguinte, mesmo nos casos em que o IRP está ligado a um IRE-RNA, uma fração dos complexos pode ter determinados locais do RNA expostos a iões metálicos que desestabilizam o complexo IRE-RNA/IRP. Estas exposições podem ser controladas cineticamente.
Sabe-se que a seletividade das interações metal-proteína é paralela à ligação selectiva do ferro a IRE-RNAs distintos em complexos IRP e a outras interações selectivas metal-RNA (11), que realçam a especificidade estrutural tridimensional partilhada de RNAs e proteínas dobrados. As novas caraterísticas da família IRE-RNA mensageiro são ilustradas pela menor estabilidade e menor resposta ao ferro

dos complexos repressores IRE-RNA/IRP da aconitase mitocondrial, em comparação com os complexos repressores IRE-RNA/IRP da ferritina, observados em solução e na mobilidade do gel, bem como pela menor resposta da aconitase mitocondrial ao ferro, em comparação com a ferritina em experiências de corpo inteiro. Em primeiro lugar, as discrepâncias na ligação do IRP em solução e as respostas ao ferro in vivo são parcialmente explicadas por variantes filogeneticamente conservadas na estrutura do ARN do IRE que estão presentes entre os membros da família do ARN mensageiro, como a protuberância U6 na ferritina e o códão iniciador AUG no ARN do IRE da aconitase mitocondrial. O ARN-IRE detecta iões de ferro e possivelmente outros iões metálicos, como evidenciado pelo facto de o ferro enfraquecer as ligações ARN-IRE/IRP. O ferro pode, portanto, ter uma influência reguladora direta nos complexos IRE RNA/IRP, para além dos seus efeitos na renovação das proteínas ou na ligação Fe-S.

5.5 O ferro promove a ligação do ativador eIF4F ao ARN do IRE

Ao estabelecer um complexo estável com o fator de iniciação eIF4F, o ARN do IRE estimula a tradução de todos os ARNm. Após uma interação entre um ARN do IRE e o eIF4F, que facilita a formação do complexo ribossómico do ARNm, o ARNt, um iniciador único, liga-se a jusante da estrutura do IRE para iniciar a produção de proteínas. No entanto, no caso do ARNm IRE, existe uma interação que envolve tanto a proteína repressora IRP como o ativador eIF4F. Para a ligação do ARN do IRE, a IRP e a eIF4F competem entre si. A ligação da IRP inibe a ligação do ribossoma do ARNm do IRE, enquanto a eIF4F promove a ligação do ribossoma do ARNm do IRE. O 5'-UTR das estruturas do ARNm do IRE contém elementos responsivos ao ferro que ligam proteínas reguladoras do ferro (IRP1 e 2), que controlam a homeostase do ferro e impedem a tradução. A inativação das proteínas IRP é a única forma de inverter o bloqueio IRP da tradução do mRNA nos modelos de regulação 5'-UTR IRE-RNA existentes. De acordo com os relatórios (39), o IRE-RNA participa ativamente tanto na regulação positiva como na negativa. O ferro aumentou a ligação do IRE-mRNA ao eIF4F, o regulador metabólico da biossíntese da ferritina e a outras proteínas codificadas pelo IRE-RNA relacionadas com o metabolismo do ferro humano. Os impactos significativos dos riboreguladores IRE são demonstrados pela ligação conjunta do ARN-IRE do ferro ao IRP e ao eIF4F. Relatórios anteriores (7, 58) mostraram interações IRE-RNA-metal diretamente e diminuição da repressão de IRP1.

As células animais regulam o ferro a vários níveis, abrangendo a produção de ARN, a tradução do ARNm e a estabilidade das proteínas. Por exemplo, a tradução do ARNm da ferritina é regulada pelo ferro celular. A ferritina é necessária para a vida; alimenta as células com ferro, concentra o ferro celular através de interações com o oxigénio e funciona como um eliminador de ferro e antioxidante em resposta ao stress oxidativo (59). O elemento responsivo ao ferro (IRE) no 5' UTR do ARNm da ferritina, um de uma família de ARNm com estruturas IRE extremamente conservadas, serve como local de regulação do ARNm. Um triloop é formado por bases de loop correspondentes. Uma superfície considerável de ARN com sítios de ligação a metais é exposta pelos três principais sítios de interação IRP/ARN (23). Para evitar a degradação do ARNm (3'-UTR IRE) ou a síntese proteica (5'-UTR IRE), os repressores proteicos (IRP1 e IRP2) ligam-se às estruturas de ARN IRE (60). A maioria dos modelos de regulação IRE-RNA atualmente utilizados concentra-se em variações dependentes do ferro nas quantidades das proteínas repressoras IRP1 e IRP2, que são transformadas em IRP1 por inserção de aglomerados de ferro-enxofre no local do ARN ou decompostas por mecanismos dependentes do ferro (61). Anteriormente, pensava-se que o sistema regulador IRE/IRP 5'- UTR funcionava como regulação negativa, na qual a tradução do ARNm era inibida pela ligação IRP. Acreditava-se que a inativação da IRP era o único processo que estimulava a produção de proteínas. Foi demonstrado que o ferro se liga ao ARN do IRE e inibe a ligação do IRP (7). Um trabalho anterior demonstrou como o ferro aumentou a ligação do ARN-IRE ao eIF4F, induzindo assim o controlo positivo (39). Os componentes de controlo positivo e negativo estão presentes em todos os riboreguladores conhecidos, e alguns, como o riboregulador FMN, também tiram partido da cinética. O aumento da tradução observado in vitro não pode ser explicado apenas pela libertação da ligação IRP influenciada pelo ferro. É necessário um elemento de controlo positivo para dar sentido aos dados. Para identificar o controlo positivo IRE-RNA e estabelecer o IRE como um riboregulador, Ma et al (2012) (39) examinaram a ligação do eIF4F, que inclui o fator de ligação da tampa eIF4E, e é o passo limitador da taxa de iniciação da síntese proteica (Fig. 4).

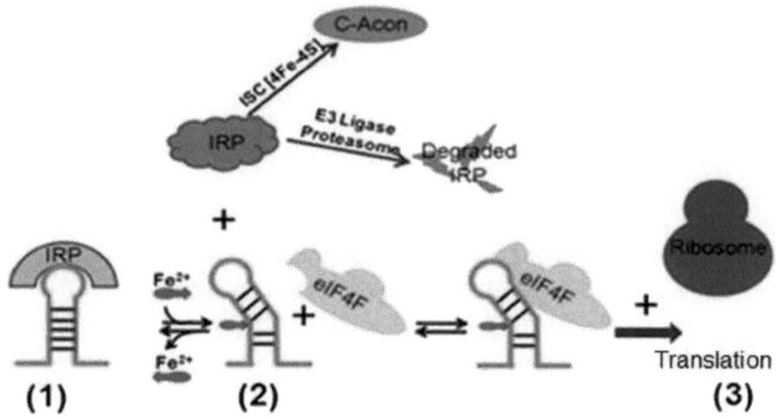

Figura 4. Um modelo proposto de regulação da tradução do ARN do IRE dependente de eIF4F induzida pelo ferro. Retirado da ref. 39.

O ramo regulador positivo da riboregulação do IRE-RNA é estabelecido por três observações: Interações IRE-RNA/eIF4F. Em primeiro lugar, os relatórios anteriores sobre a estimulação da tradução do ARNm pelo ARNm do IRE foram explicados pela ligação de alta afinidade do ARNm do IRE ao eIF4F na ausência de uma capa. Em segundo lugar, o IRP e o eIF4F competem entre si para se ligarem ao IRE-RNA. Em terceiro lugar, a afinidade de ligação do eIF4F ao ARN-IRE é cerca de cinco vezes superior quando o ferro está presente. Por conseguinte, as concentrações de IRE-RNA/IRP diminuem com a libertação de IRP e as concentrações de IRP livre diminuem (degradação proteasómica de IRP dependente do ferro) quando as concentrações de ferro aumentam (62) e a conversão de IRP1 em c-aconitase mediada pela inserção de clusters de ferro-enxofre), e o aumento da ligação IRE-RNA/eIF4F. O ganho de controlo positivo (ligação do eIF4F, tradução) e a perda de controlo negativo (ligação do IRP, repressão) são os resultados dos efeitos opostos do ferro nas interações IRE-mRNA/proteína com o IRP e o eIF4F. Os IRE-RNAs são riboreguladores em mRNAs de animais, como evidenciado pelas alterações sensíveis ao ferro nas interações RNA/proteína, tanto para a ligação do controlo positivo eIF4F como para a ligação do controlo negativo IRP. Uma vez que existe uma escassez de informação quantitativa sobre o ferro celular livre, a relação entre os efeitos do ferro em solução e os efeitos fisiológicos do ferro requer a adoção de uma série de pressupostos. O ferro livre em células normais de mamíferos é determinado por análise de fluorescência entre 0,5 e 1,0 ηM, enquanto o ferro interno é testado imunologicamente para estar entre 5 e 10 ηM. Ma et al 2012 (39) demonstraram uma diminuição da ligação do IRP e um aumento da ligação do eIF-4F a 5-10 ηM (Fe^{2+}) em solução.Devido à sua ligação competitiva, o eIF4F e o IRP resultam num aumento do complexo IRE/eIF4F para diminuições comparáveis do IRE/IRP com o ferro. A 50ηM de ferro, o efeito pode ser de 80:1, como em casos de sobrecarga de ferro em hepatócitos ou macrófagos eritrofagocíticos. O controlo negativo do IRE-RNA regulado pelo ferro (ligação ao IRP, repressor da tradução) e o controlo positivo do IRE-RNA (ligação ao eIF4F, ativador da tradução) são combinados num modelo proposto de riboregulação do IRE-RNA (Fig. 4), que também incorpora a inativação do IRP livre mencionada em modelos anteriores (53, 60, 63). O aumento das concentrações de ferro celular com o objetivo de ligar o IRE-RNA reduz a afinidade do RNA/IRP e aumenta a ligação do eIF4F, que por sua vez promove a tradução e a montagem do ribossoma. A expansão da família IRE-RNA para incluir o ARNm que codifica uma proteína do ciclo celular a partir das proteínas metabólicas do ferro, como a ferritina, a ferroportina e a aconitase mitocondrial (64), a chaperona da a-hemoglobina (65) e a proteína precursora do amiloide (66), implica que a riborregulação e o controlo translacional do ARNm-IRE afectam uma série de processos metabólicos nas células dos mamíferos.

5.6 Perspectivas

De acordo com descobertas recentes, as vias de sinalização IRE/IRP/ferro e a degenerescência dos neurónios em doenças humanas, em particular doenças neurodegenerativas como a DA e a DP, podem estar patológica e terapeuticamente ligadas. Através da sua ligação a proteínas genéricas (eIFs) e especializadas (IRP) de ligação ao ARN, os IREs controlam a tradução do ARNm em resposta a alterações do ferro celular. A estrutura do IRE é constituída por um hairpin com um hexaloop terminal. Todos os membros da família IRE partilham o hexalope e a haste superior de cinco pares de bases. No entanto, cada tipo de IRE tem um laço interno/bulge e uma haste inferior do hairpin diferentes, indicando uma composição de uma estrutura reguladora de ARN específica do ferro ligada a uma estrutura reguladora genérica de ARNm. O dobramento em grande escala, os contactos distantes e a flexibilidade conformacional parecem caraterizar a estrutura tridimensional observada no IRE. Uma possível utilização da investigação da estrutura do IRE com pequenas moléculas e nanopartículas é a criação racional de medicamentos adaptados às estruturas de ARN. Ao centrarmo-nos nas caraterísticas tridimensionais do ARN, podemos tirar partido da maior especificidade estrutural da molécula quando comparada com o ADN e do seu tamanho mais pequeno quando comparado com as proteínas. Nos domínios da fisiopatologia molecular, estrutural e básica, a estrutura e a função dos IRE são únicas e têm suscitado grande interesse. Antecipe descobertas notáveis e cativantes sobre as funções fisiopatológicas da via de sinalização IRE/IRP em doenças humanas. Estas descobertas têm o potencial de alargar a nossa compreensão da etiologia e do tratamento de várias doenças humanas, nomeadamente as formas incuráveis das doenças de Parkinson e de Alzheimer.

Referências

1. Theil EC. Iron regulatory elements (IREs): a family of mRNA non-coding sequences. Biochem J. 1994;304 (Pt 1):1-11.
2. Chen SC, Olsthoorn RCL. Relevância da estrutura do pseudotriloop do elemento responsivo ao ferro (IRE) para a ligação do IRP1/2 e validação de estruturas semelhantes ao IRE utilizando o sistema de três híbridos de levedura. Gene. 2019 710(Aug 20):399-405. .
3. Hentze MW, Kuhn LC. Molecular control of vertebrate iron metabolism: mRNA-based regulatory circuits operated by iron, nitric oxide, and oxidative stress. Proc Natl Acad Sci U S A. 1996;93(16):8175-82.
4. Piccinelli P, Samuelsson T. Evolution of the iron-responsive element. RNA. 2007;13(7):952-66.
5. Goforth JB, Anderson SA, Nizzi CP, Eisenstein RS. Multiple determinants within iron-responsive elements dictate iron regulatory protein binding and regulatory hierarchy. RNA. 2010;16(1):154-69.
6. Theil EC. A família de reguladores de mRNA do elemento responsivo ao ferro (IRE). Regulação do transporte e captação de ferro comparada em animais, plantas e microorganismos. Met Ions Biol Syst. 1998;35:403-34.
7. Khan MA, Walden WE, Goss DJ, Theil EC. A deteção direta de Fe2+ por complexos de RNA mensageiro responsivo ao ferro: repressor enfraquece a ligação. J Biol Chem. 2009;284(44):30122-8.
8. Wang B, Wilkinson KA, Weeks KM. Alterações conformacionais complexas induzidas por ligandos no tRNA(Asp) reveladas por química SHAPE de resolução de nucleótido único. Biochemistry. 2008;47(11):3454-61.
9. Nelson JA, Uhlenbeck OC. Hammerhead redux: a nova estrutura adapta-se aos dados bioquímicos antigos? RNA. 2008;14(4):605-15.
10. Vicens Q, Paukstelis PJ, Westhof E, Lambowitz AM, Cech TR. Toward predicting self-splicing and protein-facilitated splicing of group I introns. RNA. 2008;14(10):2013-29.
11. Brantl S. Metal sensing by RNA in bacteria: exception or rule? ACS Chem Biol. 2007;2(10):656-60.
12. Coppins RL, Hall KB, Groisman EA. O intrincado mundo dos riboswitches. Curr Opin Microbiol. 2007;10(2):176-81.
13. Noeske J, Schwalbe H, Wohnert J. Ligação de iões metálicos e dobragem

induzida por iões metálicos do domínio do aptâmero do riboswitch sensível à adenina. Nucleic Acids Res. 2007;35(15):5262-73.
14. Walden WE, Selezneva AI, Dupuy J, Volbeda A, Fontecilla-Camps JC, Theil EC, et al. Structure of dual function iron regulatory protein 1 complexed with ferritin IRE-RNA. Science (Nova Iorque, NY). 2006;314(5807):1903-8.
15. Walden WE, Selezneva A, Volz K. Accomodating variety in iron-responsive elements: Estrutura cristalina do recetor de transferrina 1 B IRE ligado à proteína reguladora do ferro 1. FEBS Letters. 2012;586:32-5.
16. Ke Y, Sierzputowska-Gracz H, Gdaniec Z, Theil EC. O loop interno/bulge e o loop hairpin do elemento responsivo ao ferro do mRNA da ferritina contribuem para a ligação máxima da proteína reguladora do ferro 2 e para a regulação da tradução na família do elemento responsivo ao isoferro/proteína reguladora do isoferro. Biochemistry. 2000;39(20):6235-42.
17. Wang YH, Sczekan SR, Theil EC. Estrutura da região reguladora 5' não traduzida do mRNA da ferritina estudada em solução. Nucleic Acids Res. 1990;18(15):4463-8.
18. Theil EC. Os riboreguladores IRE mRNA utilizam o ferro metabólico (Fe(2+)) para controlar a atividade do mRNA e a química do ferro em animais. Metallomics: ciência biometal integrada. 2015;7(1):15-24.
19. McNaughton RL, Reddi AR, Clement MH, Sharma A, Barnese K, Rosenfeld L, et al. Probing in vivo Mn2+ speciation and oxidative stress resistance in yeast cells with electron-nuclear double resonance spectroscopy. Proc Natl Acad Sci U S A 2010 107(35):(Aug 31):15335-9.
20. Gdaniec Z, Sierzputowska-Gracz H, Theil EC. Elemento regulador do ferro e estrutura interna de loop/bulge para o mRNA da ferritina estudados por ligação de hexamina de cobalto(III), modelação molecular e espetroscopia NMR. Biochemistry. 1998;37(6):1505-12.
21. Khan MA, Ma J, Walden WE, Merrick WC, Theil EC, Goss DJ. A cinética rápida do elemento responsivo ao ferro (IRE) RNA / proteína reguladora do ferro 1 e os complexos IRE- RNA / eIF4F respondem de forma diferente aos iões metálicos. Nucleic Acids Res. 2014;42(10):6567-77.
22. Chen OS, Schalinske KL, Eisenstein RS. Dietary iron intake modulates the activity of iron regulatory proteins and the abundance of ferritin and mitochondrial aconitase in rat liver. The Journal of nutrition. 1997;127(2):238- 48.
23. Theil EC, Eisenstein RS. Combinatorial mRNA regulation: iron regulatory proteins and iso-iron-responsive elements (Iso-IREs). J Biol Chem. 2000;275(52):40659-62.
24. Theil EC, Tosha T, Beherat RK. Resolvendo o problema da química do ferro da biologia com nanocages de proteínas de ferritina. Contas Chem Res. 2016;49(5):784-91.
25. Khan MA, Walden WE, Theil EC, Goss DJ. Thermodynamic and kinetic analyses of iron response element (IRE)-mRNA binding to iron regulatory protein,

IRP1. Relatórios Científicos. 2017;7(1):1-11.
26. Salahudeen AA, Thompson JW, Ruiz JC, Ma HW, Kinch LN, Li Q, et al. Uma E3 ligase que possui um domínio de hemeritrina sensível ao ferro é um regulador da homeostase do ferro. Science (Nova Iorque, NY). 2009;326(5953):722-6.
27. Rouault TA. The role of iron regulatory proteins in mammalian iron homeostasis and disease. Nat Chem Biol. 2006 2(8):(Aug):406-14.
28. Dix DJ, Lin PN, Kimata Y, Theil EC. The iron regulatory region of ferritin mRNA is also a positive control element for iron-independent translation. Biochemistry. 1992;31(10):2818-22.
29. Breuer W, Epsztejn S, Cabantchik ZI. O ferro adquirido a partir da transferrina pelas células K562 é entregue numa reserva citoplasmática de ferro quelatável (II). J Biol Chem. 1995;270(41):24209-15.
30. Theil EC, Goss DJ. Living with iron (and oxygen)): Perguntas e respostas sobre a homeostase do ferro. Chem Rev. 2009;109:4569-79.
31. Muckenthaler MU, Galy B, Hentze MW. Systemic iron homeostasis and the iron-responsive element/iron-regulatory protein (IRE/IRP) regulatory network. Annu Rev Nutr. 2008;28:197-213.
32. Muckenthaler MU, Rivella S, Hentze MW, Galy B. A Red Carpet for Iron Metabolism (Uma passadeira vermelha para o metabolismo do ferro). Cell. 2017 168(3):(Jan 26):344-61..
33. Johnson-Buck AE, McDowell SE, Walter NG. Íons metálicos: atores coadjuvantes no manual de pequenas ribozimas. Met Ions Life Sci. 2011;9:175-96.
34. Halder K, Hartig JS. RNA quadruplexes. Met Ions Life Sci 2011;9:125-39.
35. Merrick WC. Eukaryotic protein synthesis: Ainda um mistério. J Biol Chem. 2010;285:21197-201.
36. Marintchev A, Edmonds KA, Marintcheva B, Hendrickson E, Oberer M, Suzuki C, et al. Topologia e regulação do complexo helicase eIF4A/4G/4H humano no início da tradução. Cell. 2009 136(3):(Feb 6):447-60..
37. Harrell CM, McKenzie AR, Patino MM, Walden WE, Theil EC. Ferritin mRNA: interações do elemento regulador do ferro com a proteína reguladora da tradução P-90 e o efeito nas regiões flanqueadoras emparelhadas com bases. Proc Natl Acad Sci U S A. 1991;88(10):4166-70.
38. Addess KJ, Basilion JP, Klausner RD, Rouault TA, Pardi A. Structure and dynamics of the iron responsive element RNA: implications for binding of the RNA by iron regulatory binding proteins. Estudo comparativo J Mol Biol. 1997 274(1)(Nov 21):72-83..
39. Ma J, Haldar S, Khan MA, Sharma SD, Merrick WC, Theil EC, et al. O Fe2+ liga-se ao elemento-RNA responsivo ao ferro, alterando seletivamente as afinidades de ligação às proteínas e regulando a repressão e ativação do mRNA. Proc Natl Acad Sci U S A. 2012;109(22):8417-22.
40. Hentze MW, Caughman SW, Rouault TA, Barriocanal JG, Dancis A, Harford JB, et al. Identification of the iron-responsive element for the translational

regulation of human ferritin mRNA. Science (Nova Iorque, NY). 1987;238(4833):1570-3.
41. Hall KB, Williams J. Dynamics of the IRE RNA hairpin loop probed by 2-aminopurine fluorescence and stochastic dynamics simulations. Rna-a Publication of the Rna Society. 2004;10(1):34-47.
42. McCallum SA, Pardi A. Estrutura de solução refinada do RNA do elemento responsivo ao ferro usando acoplamentos dipolares residuais. J Mol Biol. 2003;326(4):1037- 50.
43. Volz K. Conservação na família de elementos responsivos ao ferro. Genes (Basileia) 2021;12(9):1365. (30 de agosto):1-11.
44. Ke Y, Theil EC. An mRNA loop/bulge in the ferritin iron-responsive element forms in vivo and Was detected by radical probing with Cu-1,10-phenantholine and iron regulatory protein footprinting. J Biol Chem. 2002 277(4):(Jan 25):2373-6.
45. Ke Y, Ming Qian Z. Má regulação do ferro no cérebro: uma causa primária de doenças neurodegenerativas. Lancet Neurol. 2003;2(4):(Apr):246-53.
46. Gunshin H, Allerson CR, Polycarpou-Schwarz M, Rofts A, Rogers JT, Kishi F, et al. Regulação dependente do ferro do transportador de iões metálicos divalentes. FEBS Lett. 2001;509(2):309-16.
47. Erlitzki R, Long JC, Theil EC. Elementos múltiplos e conservados de resposta ao ferro na região 3'-não traduzida do mRNA do recetor da transferrina aumentam a ligação da proteína reguladora do ferro 2. J Biol Chem. 2002;277(45):42579-87.
48. Ke Y, Wu J, Leibold EA, Walden WE, Theil EC. Loops e bulge/loops em isoformas de elementos responsivos ao ferro influenciam a ligação da proteína reguladora do ferro. Ajuste fino da regulação do mRNA? J Biol Chem. 1998;273(37):23637-40.
49. Volz K. The functional duality of iron regulatory protein 1. Opinião atual em biologia estrutural. 2008;18(1):106-11.
50. Brazzolotto X, Timmins P, Dupont Y, Moulis JM. Structural changes associated with switching activities of human iron regulatory protein 1. J Biol Chem 2002;277(14):11995-2000.
51. Lipfert J, Das R, Chu VB, Kudaravalli M, Boyd N, Herschlag D, et al. Structural
transições e termodinâmica de um riboswitch dependente de glicina de Vibrio cholerae. J Mol Biol. 2007;365(5):1393-406.
52. Martick M, Horan LH, Noller HF, Scott WG. Uma ribozima cabeça de martelo descontínua incorporada num ARN mensageiro de mamífero. Nature. 2008;454(7206):899-902.
53. Wallander ML, Leibold EA, Eisenstein RS. Molecular control of vertebrate iron homeostasis by iron regulatory proteins. Biochim Biophys Ata. 2006;1763(7):668-89.
54. Gdaniec Z, Sierzputowska-Gracz H, Theil EC. Elemento regulador do ferro e estrutura interna de Loop/Bulge para o ARNm da ferritina estudados por ligação de

hexamina de Cobalto(III), modelação molecular e espetroscopia de RMN. Biochemistry. 1999;38(17):5676.
55. Butt J, Kim HY, Basilion JP, Cohen S, Iwai K, Philpott CC, et al. Differences in the RNA binding sites of iron regulatory proteins and potential target diversity. Proc Natl Acad Sci U S A 1996 93(9):(Apr 30):4345-9. .
56. Dupuy J, Volbeda A, Carpentier P, Darnault C, Moulis JM, Fontecilla-Camps JC. Estrutura cristalina da proteína reguladora do ferro humano 1 como aconitase citosólica. Structure. 2006;14(1):129-39.
57. Martelli A, Moulis JM. O zinco e o cádmio interferem especificamente com a atividade de ligação ao ARN da proteína reguladora do ferro humano 1. J Inorg Biochem. 2004;98(8):1413-20.
58. Goss DJ, Theil EC. Iron responsive mRNAs: uma família de riboreguladores sensíveis ao Fe2+. Acc Chem Res. 2011 44(12):(Dec 20;):1320-8. .
59. De Domenico I, McVey Ward D, Kaplan J. Regulation of iron acquisition and storage: consequences for iron-linked disorders. Nat Rev Mol Cell Biol 2008;9(1)(Jan):72-81.
60. Muckenthaler M, Gray NK, Hentze MW. A ligação do IRP-1 ao ARNm da ferritina impede o recrutamento da pequena subunidade ribossómica pelo complexo de ligação ao cap eIF4F. Mol Cell. 1998;2(3):383-8.
61. Leipuviene R, Theil EC. A família de estruturas de RNA responsivas ao ferro reguladas por alterações no ferro celular e no oxigénio. Cell Mol Life Sci. 2007;64(22):2945- 55.
62. Wang J, Fillebeen C, Chen G, Biederbick A, Lill R, Pantopoulos K. Irondependent degradation of apo-IRP1 by the ubiquitin-proteasome pathway. Mol Cell Biol. 2007;27(7):2423-30.
63. Wilkinson N, Pantopoulos K. The IRP/IRE system in vivo: insights from mouse models. Front Pharmacol. 2014;5:176.
64. Sanchez M, Galy B, Muckenthaler MU, Hentze MW. As proteínas reguladoras do ferro limitam a expressão do fator-2alfa induzido pela hipóxia na deficiência de ferro. Nat Struct Mol Biol. 2007;14(5):420-6.
65. dos Santos CO, Dore LC, Valentine E, Shelat SG, Hardison RC, Ghosh M, et al. An iron responsive element-like stem-loop regulates alpha-hemoglobinstabilizing protein mRNA. J Biol Chem. 2008;283(40):(Oct 3;):26956-64. .
66. Cho HH, Cahill CM, Vanderburg CR, Scherzer CR, Wang B, Huang X, et al. Selective translational control of the Alzheimer amyloid precursor protein transcript by iron regulatory protein-1. J Biol Chem. 2010;285(41):31217-32.

O ferro altera seletivamente a afinidade do ARN do IRE com o eIF4F para regular a tradução do ARNm

As proteínas reguladoras do ferro (IRPs) ligam-se aos elementos responsivos ao ferro (IREs) na estrutura da capa dos ARNm da ferritina, inibindo a síntese da ferritina ao impedir que o ribossoma se ligue ao ARNm. Os RNAs IRE ligam-se a dois tipos diferentes de proteínas: os factores de iniciação eucarióticos eIF4F, que se ligam aos ribossomas e promovem a síntese geral de proteínas, e os IRPs, que se ligam ao RNA IRE e inibem a síntese de proteínas. O ferro regula a ligação entre o eIF4F e o IRP ao ARN do IRE. Após a ligação, interações adicionais, incluindo as interações com o ferro e outras proteínas, são incentivadas pela superfície exposta do ARN. A estrutura da proteína também é alterada pela ligação do ARN do IRE ao IRP ou ao eIF4F. A libertação do IRP e a associação dos factores de iniciação eucarióticos eIF4F, que reúnem o ARNm, o ribossoma e o ARNt para a tradução, são facilitadas pela ligação do ferro ao ARN IRE. As taxas de produção de proteínas são reguladas pela alteração da distribuição do ferro nos complexos que têm IRPs inibitórios e eIFs crescentes. Quando se trata de ligar o ARN IRE da ferritina, o fator de iniciação da tradução eIF4F tem uma afinidade especializada mais elevada do que a proteína repressora IRP. No eIF4F, a ferritina reside num único local de ligação. O ARN IRE da ferritina foi ligado ao eIF4F e ao IRP de forma competitiva, indicando locais de ligação comparáveis. A proteína eIF4F sofreu modificações conformacionais (a-hélice e folha P) devido à ligação do ARN da ferritina. Estes resultados implicam que o ferro afecta as forças de ligação H e hidrofóbicas do complexo ARN/proteína, alterando a forma geral do complexo. A mudança conformacional induzida pelo ARN da ferritina na estrutura do eIF4F confere ao complexo no ribossoma uma localização vantajosa, o que, por sua vez, promove a tradução do ARNm da ferritina.

6.1 Introdução

Para a saúde humana, os níveis de ferro intracelular devem ser controlados e ajustados. Doenças como a doença de Alzheimer, a doença de Parkinson e a ataxia de Friedreich são causadas por uma má gestão localizada dos níveis de ferro (1). As IRPs, ou proteínas reguladoras do ferro, são controladores cruciais do mRNA da homeostase do ferro nas células (2). As principais proteínas envolvidas no metabolismo do ferro, como a ferritina, a sintase do ácido 5-aminolevulínico eritroide e o ARNm da aconitase mitocondrial, são todas controladas pela ligação do ARNm IRE à IRP. Estas proteínas têm um único IRE nas suas regiões 5'-não codificantes, enquanto o recetor da transferrina (TfR) tem cinco IREs nas suas regiões 3'-não codificantes (3,4). A ligação IRP/IRE regula a tradução ou a degradação do ARNm, consoante a localização das regiões não codificantes (5'- ou 3'-). O processo de tradução é interrompido quando o IRP1 se liga a um único IRE nas regiões 5'-não codificantes, uma vez que isto impede a pequena subunidade ribossomal de estabilizar a sua interação com o mRNA (5,6). A mensagem é estabilizada quando IRP1 se liga às regiões 3'-não codificantes do mRNA de TfR (6). Para os transcritos que codificam proteínas envolvidas no metabolismo do ferro, a regulação citoplasmática da tradução e estabilidade do mRNA está bem estabelecida (5,7). Quando o ferro é deficiente, a atividade de ligação ao ARN destas proteínas de ação trans é estimulada no citoplasma. As células são protegidas dos efeitos nocivos do excesso de ferro livre pela proteína de armazenamento de ferro, a ferritina (8-10). Enquanto a expressão da ferritina é inibida por tradução nas células expostas ao stress oxidativo e à deficiência de ferro, a síntese da ferritina é estimulada por níveis excessivos de ferro. Os elementos responsivos ao ferro (IREs) próximos da estrutura da capa dos ARNm da ferritina são o local onde as proteínas reguladoras do ferro (IRPs) interagem para exercer controlo (11,12). As mutações pontuais no IRE do ARNm da cadeia L da ferritina interrompem este contacto regulador e impedem a ligação das IRPs, desacoplando a síntese da cadeia L da ferritina da regulação translacional na hiperferritinemia de herança dominante ou síndrome da catarata (13).

Nas células animais, combinam-se múltiplos componentes de produção de ARN, tradução de ARNm e controlo da estabilidade das proteínas para formar a regulação do ferro. O ferro celular livre tem como alvo o ARNm da ferritina, uma proteína antioxidante em forma de nano-gaiola que armazena o ferro celular de forma segura e inibe a produção de radicais livres nocivos, que o ferro é conhecido por produzir (14). O IRE na região 5' não traduzida (UTR) do ARNm da ferritina, um de uma família altamente conservada de ARNm contendo IRE, é o local que o ferro visa (15). O hexa-loop, o bulge C da hélice média e os hairpins do ARN são algumas das estruturas do ARNm-REI (16,17). Para formar um tri-loop AGU, as bases C/G do loop emparelham-se. No IRE-RNA/IRP, os três sítios de contacto primários, laço A15, G16 e bojo C8, deixam exposta uma hélice de RNA considerável que contém sítios de ligação a metais (18,19). Para evitar a degradação do ARNm (3'-UTR IRE) ou a síntese proteica (5'-UTR IRE), os repressores proteicos ligam-se aos complexos IRE-ARNm (20,21). As hipóteses actuais da regulação IRE-RNA centram-se em variações nas quantidades das proteínas repressoras IRPs, que são transformadas em c-aconitase por inserção de cluster de ferro-enxofre no local do RNA ou destruídas por mecanismos dependentes de ferro (22,23). O sistema regulador IRE/IRP foi previamente entendido como funcionando como um mecanismo regulador negativo no qual a tradução do mRNA era inibida pela ligação IRP. A síntese proteica era estimulada apenas pela inativação do IRP. O $Fe2+$ liga-se ao RNA do IRE, como demonstrado por nós, e funciona como um ligante para inibir a ligação do IRP (24). De acordo com os relatórios (17), este ligando aumenta a ligação da proteína eIF4F, o que proporciona um controlo positivo adicional. Os componentes de controlo positivo e negativo estão presentes em todos os sistemas riboreguladores conhecidos (25).

Embora o controlo da tradução desempenhe um papel comum na regulação metabólica, na diferenciação celular e no desenvolvimento inicial, muito dos mecanismos subjacentes é ainda desconhecido. O sistema IRE/IRP é atualmente um dos mais bem compreendidos para o controlo da tradução por proteínas reguladoras específicas do ARNm. Utilizando IRP-1 humana recombinante e mRNA indicador transcrito in vitro, a regulação translacional de mRNAs de ferritina por IRPs foi recapitulada em sistemas de tradução sem células de reticulócitos de coelho (26). Para levar a cabo este processo, o IRE tem de estar posicionado cap-proximal, uma vez que os sítios de ligação situados cap-proximal (>60 nucleótidos) não conseguem impedir o recrutamento do complexo de iniciação 43S, o que prejudica o controlo da tradução (27). É crucial compreender como o complexo IRE/IRP influencia a ligação sequencial dos factores de iniciação da tradução ao ARNm para compreender os processos moleculares subjacentes à regulação da tradução regulada por IRP. O processo altamente regulado de iniciação da síntese proteica começa com a ligação da porção de capa do ARN ao fator de iniciação da tradução eIF4F. Como uma RNA helicase dependente de cap, o eIF4F promove a ligação do ribossoma 40S e desenrola a extremidade 5' dos mRNAs para estimular a síntese proteica. Uma fase inicial da tradução de proteínas é a ligação do eIF4F aos ARNm eucarióticos. Pensa-se que representa a fase limitadora do início da tradução e um alvo para o controlo da tradução (28). A eIF4G, uma proteína adaptadora molecular, é a subunidade maior da eIF4F e é a principal responsável pela ligação do ribossoma e pelo aumento da eficiência da tradução do ARNm através de múltiplas interações entre proteínas e ARN (29). A eIF4A é a ATPase dependente de ARN que desenrola a estrutura secundária na região 5'-não codificante, permitindo o rastreio do ribossoma 40S. A eIF4F é constituída por três subunidades: a eIF4E, uma subunidade pequena, liga-se diretamente à capa m7G e facilita os eventos de iniciação. Nas células eucarióticas, a estrutura do ARNm não codificante pode influenciar significativamente as taxas de expressão genética e de síntese proteica.

Duas proteínas reguladoras, o eIF4F, um potenciador da síntese proteica (17), e o IRP, um inibidor específico da síntese proteica (24), ligam-se competitivamente ao ARN do IRE. O mecanismo de ligação do eIF4E à capa m7G foi demonstrado por dados estruturais (30). Foi demonstrado que a interação entre a capa m7G e o eIF4G aumenta a ligação da capa pelo eIF4E (31). Pensa-se que o eIF4F pode ligar-se diretamente à capa dos ARNm, uma vez que o eIF4E pode ligar a porção da capa m7G. No entanto, a existência de domínios de ligação ao ARN no eIF4G e no eIF4A implica que as interações com o ARN podem ser potencialmente importantes para o reconhecimento do ARNm pelo eIF4F. Não se sabe quais as contribuições para a estabilidade dos complexos eIF4F/ARN que provêm da ligação ao ARN, pelo que não é claro até que ponto o eIF4F consegue distinguir entre ARN com e sem tampa. As alterações conformacionais dos factores de iniciação que se ligam ao mRNA cap foram explicadas através de dicroísmo circular e de estruturas cristalinas. A alteração conformacional da função do IRP1 é crítica para a ligação ao ARN do IRE. A interconversão entre a aconitase citosólica e a proteína de ligação ao ARN do IRE envolve o reposicionamento do domínio em grande escala e alterações conformacionais localizadas para formar as bolsas de ligação ao ARN. A estrutura cristalina da IRP1 foi utilizada para descrever as alterações conformacionais que ocorrem quando esta se liga ao ARN do IRE (18,32,33). É necessária uma abordagem termodinâmica porque a estabilidade global do complexo eIF4F/ARN do IRE é determinada por uma alteração da energia livre que incorpora efeitos entrópicos e entálpicos. Estes resultados revelam um passo regulador importante na homeostase do ferro e lançam luz sobre o controlo da tradução por uma proteína de ligação ao ARNm ao nível dos factores de iniciação da tradução.

6.2 A ligação IRE/IRP controla negativamente a tradução da ferritina

O recrutamento da pequena subunidade ribossómica mediado pela capa durante o início da tradução exige interações proteína-proteína em ponte e a ligação do eIF4E à estrutura da capa m7-GpppN (34). A porção central do eIF4G liga-se à subunidade 40S através do eIF3, enquanto o seu domínio N-terminal se liga ao eIF4E (Fig. 1, painel superior) (35). Além disso, é necessário o recrutamento de eIF4A e eIF4B para o ARNm. De acordo com estudos efectuados (36), o eIF4A liga-se às regiões central e C-terminal do eIF4G. Também trabalha com o eIF4B para funcionar como uma RNA helicase dependente de ATP que é crucial para a ligação dos ribossomas (37). O IRP-1 precisa de estar próximo da estrutura da capa para que o IRE possa reprimir eficazmente a tradução e impedir o recrutamento de 40S, e também porque o complexo IRE/IRP-1 próximo da capa impede que o complexo eIF4F (eIF4E, eIF4G e eIF4A) se ligue ao ARNm (8,38). Os ensaios de purificação de intermediários de tradução (TIP) de um ARNm com subunidades ribossómicas, factores de iniciação e IRP revelaram o seguinte: (1) Uma pequena quantidade de IRP-1 não inibe a ligação do eIF3; (2) O excesso de IRP-1 inibe as interações do eIF4B ligado ao ARNm com o eIF3, bem como as interações entre o eIF4G-eIF3 (39) e o eIF4F/eIF4B e a pequena subunidade ribossomal (40). Este efeito particular requer a ligação do IRP-1 ao IRE; (3) o complexo IRE/IRP precisa de estar próximo da estrutura do cap (dentro de 40 nucleótidos) para reprimir eficazmente a tradução (27) e bloquear o recrutamento das subunidades 40S (Fig. 1). No entanto, a ligação deste complexo pode ter efeitos fisiológicos significativos. Porque à medida que os níveis de ferro celular aumentam e a atividade da IRP diminui, o eIF4F pode posicionar o mRNA para a ativação da tradução.

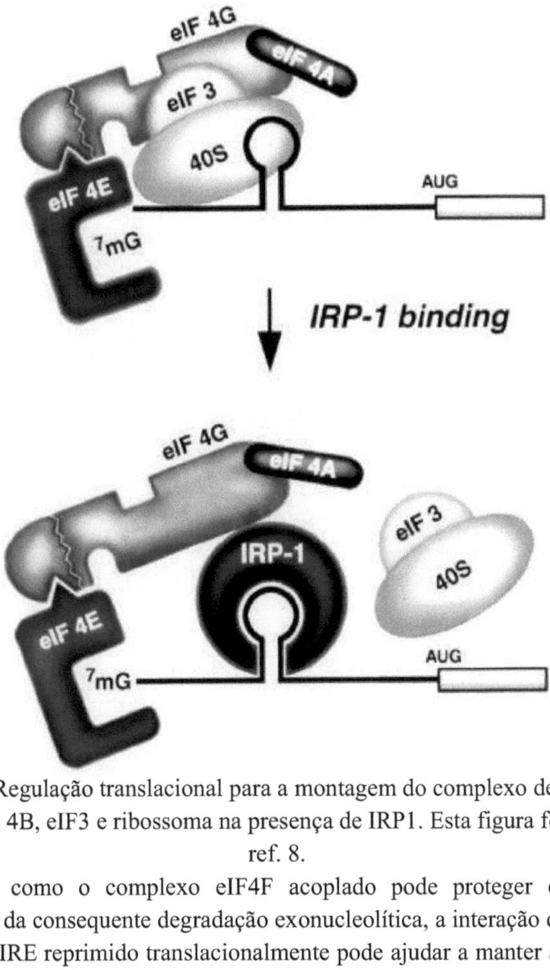

Figura 1. Regulação translacional para a montagem do complexo de ligação de capas eIF4F, 4B, eIF3 e ribossoma na presença de IRP1. Esta figura foi retirada da ref. 8.

Além disso, como o complexo eIF4F acoplado pode proteger o mRNA da decapagem e da consequente degradação exonucleolítica, a interação do eIF4F com o mRNA do IRE reprimido translacionalmente pode ajudar a manter a estabilidade do mRNA. Estes estudos demonstraram que a montagem do eIF4F (eIF4E, eIF4G e eIF4A) é permitida pela inibição da tradução causada pela ligação do IRP-1 ao IRE, enquanto o recrutamento do complexo de subunidades eIF3/40S é inibido.

6.3 Ligação do ARN do IRE da ferritina ao eIF4F

A estrutura conservada do núcleo do ARN do IRE (Fig. 2) é necessária para que o fator de iniciação da tradução eIF4F (fator de iniciação da tradução da síntese proteica) reconheça os ARN do IRE da ferritina. Descobriu-se que o eIF4F é uma proteína alternativa de ligação ao ARN do IRE (41). O ARN da ferritina IRE liga-se ao subdomínio eIF4F do eIF4G (Fig. 2) para iniciar a degradação do ARNm a 3'-UTR ou a síntese proteica a 5'UTR. O ARN da ferritina IRE liga-se preferencialmente ao eIF4G, de acordo com estudos de acoplamento molecular efectuados com o eIF4F (Fig. 2).

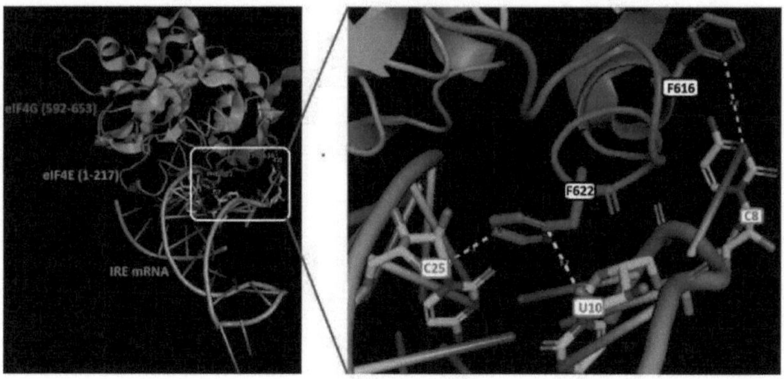

Figura 2. Ligação do eIF4F ao ARN do IRE da ferritina. Modificação da figura originalmente publicada na ref. 41.

De acordo com a investigação de docking, o complexo eIF4F/ARN IRE é estabilizado por resíduos de triptofano da proteína que formam ligações de hidrogénio com os nucleótidos C8, C10 e C25 do ARN IRE. Os resultados da ligação competitiva, que indicam que o eIF4G é o local de ligação preferido para o ARN do IRE, são corroborados por estas descobertas. O local de ligação do ARN do IRE no eIF4F foi previsto utilizando dados de acoplamento molecular específicos do local. De acordo com o modelo (Fig. 2), o eIF4F assume uma dobra estrutural compacta com secções helicoidais visíveis que se enquadram perfeitamente na estrutura secundária prevista. A subunidade eIF4G do eIF4F interage com o ARN IRE da ferritina. O resíduo F616 do aminoácido fenilalanina interage com o C8

enquanto o resíduo F622 do aminoácido fenilalanina interage com os nucleótidos C25 e U10. Na proteína eIF4F, as ligações a C8, C25 e U10 conferem estabilidade e seletividade às interações neste local. A região de ligação do laço terminal e a bolsa para a estrutura de protuberância C8 são os dois locais de ligação de IRE encontrados na IRP. Nestes locais estão envolvidas numerosas interações ARN-proteína com uma contribuição significativa de ligações de hidrogénio. Descobriu-se que o mRNA cap se liga à subunidade eIF4E do eIF4F e que o RNA do IRE se liga preferencialmente ao eIF4G. Estes resultados implicam que um aumento das ligações de hidrogénio e uma diminuição das interações hidrofóbicas, juntamente com uma mudança conformacional na proteína, estabilizaram o complexo eIF4F/RNA. De acordo com comparações evolutivas (42), o ARNm da ferritina tem o ARN-IRE mais antigo da família dos ARNm-IRE e a estrutura mais bem caracterizada (43). A protuberância U específica do ARN-RE da ferritina, que está associada a uma ligação mais estreita ao IRP e a uma maior resposta ao ferro in vitro e in vivo, está presente na espiral do ARN-RE do ARNm da ferritina, juntamente com a protuberância C conservada da hélice média e a ansa terminal CAGUGN conservada (19). O par de bases entre as bases conservadas C e G forma um triloop AGU no loop terminal IRE-RNA (18,19). As alças terminais A15, G16 e C8 do bojo da hélice abrigam os três principais sítios de interface proteína/RNA no IRE-RNA acoplado ao IRP1 (18). Mesmo quando acoplado ao IRP1, uma superfície considerável do ARN é deixada em aberto, permitindo interações do ARN com outras moléculas e iões. Quando combinada com a estrutura cristalina de raios X do complexo IRE-RNA/IRP1, a sondagem do IRE-mRNA com agentes de clivagem química como Cu1+-1,10-fenantrolina ou Mg^{2+} (44,45) para identificar sítios sensíveis aos metais revela que alguns sítios metálicos se encontram em superfícies expostas do ARN e estão abertos a outras interações do ARN, mesmo no complexo IRP1 (46).

A natureza química do sinal biológico do ferro foi identificada pelo papel seletivo do Fe^{2+} na dissociação do IRE-RNA do inibidor da síntese proteica, IRP1. Este papel também complementou os modelos reguladores da inibição da ligação do IRE-RNA pelo IRP através da inserção de um cluster [4Fe-4S] no local de ligação do ARN, ou da degradação da proteína IRP por uma E3 ligase sensível ao ferro (22). A IRP1 transforma-se em c-aconitase após a inserção do cluster [4Fe-4S] (47). Ainda não se sabe como o IRE-RNA aumenta as taxas de síntese proteica quando o IRP (48) não está presente. O loop terminal e o bulge C dos ARNs IRE da ferritina são sítios conservados do eIF4F, pelo que as variações na estabilidade do complexo eIF4F/RNA devem ser causadas por variações na estrutura helicoidal. A tradução de todos os ARNm é melhorada quando a ferritina IRE se liga ao eIF4F, uma proteína com um sítio de ligação ao ribossoma (49). Após a ligação do eIF4F por um ARN-IRE, que facilita a formação do complexo ARNm-ribossoma, um ARNt iniciador único, conhecido como ARNt-meta, liga-se à UTR 3'- do ARNm, a jusante da estrutura do ARN-IRE, iniciando assim a síntese proteica. No entanto, há uma interação proteica geral e uma específica em jogo no caso dos mRNAs IRE. A proteína potenciadora da tradução eIF4F e a proteína repressora da tradução específica do IRE, IRP, ligam-se à estrutura do ARN do IRE e competem entre si pela ligação ao ARN do IRE (17,50); a ligação da eIF4F promove a interação IRE-ARNm-ribossoma, enquanto a ligação da IRP a inibe. O fator de iniciação da tradução eIF4F está fortemente ligado ao ARN do IRE da ferritina (51). O eIF4F tem um único local de ligação ao ARN do IRE da ferritina (41). Ao acompanhar as variações da fluorescência intrínseca da proteína em diferentes proporções molares de ARN/eIF4F, foram investigadas as interações entre o eIF4F e o ARN. A intensidade de fluorescência da proteína diminui gradualmente quando uma quantidade fixa de proteína eIF4F é misturada com quantidades crescentes de ARN. Pensa-se que a quantidade de ARN ligado à proteína é proporcional à quantidade de atenuação da fluorescência. De acordo com a Fig. 3, o ferro facilitou a ligação do eIF4F ao ARN da ferritina IRE (17). Os resultados obtidos utilizando a fluorescência da proteína (17,41) para a ligação do ARN da ferritina IRE ao eIF4F são comparáveis aos publicados anteriormente utilizando o ARN da ferritina marcado com anisotropia de fluorescência 5'-fluorescência (51).

6.4 O ferro influencia a ligação do ARN do IRE ao eIF4F

A estimulação da produção de ferritina pelo ARN do IRE in vitro (48) e a maior resposta da ferritina ao ferro in vivo, em relação a outros ARNm (52), não podem ser explicadas apenas pela libertação da ligação IRP induzida pelo ferro. A forte resposta ao ferro in vivo e o declínio acentuado da síntese independente de IRP associada à supressão do IRE (48), se o ARN do IRE ligasse um fator de iniciação da síntese proteica, seriam explicados. Os efeitos da supressão do IRE são observados no extrato de gérmen de trigo sem IRP endógeno e em reticulócitos de coelho com IRP endógeno, sugerindo um componente partilhado. O ARN-RE da ferritina é ligado ao eIF4F com uma constante de dissociação nanomolar (Fig. 3A) que é muitas vezes inferior (ligação mais estreita) à do ARNm da P-globina (53) e comparável à do ARN do EMCV. Em contraste, o eIF4F não se ligou a um oligoribonucleótido com o mesmo comprimento do ARN 5S da levedura nas mesmas condições, o que indica que o eIF4F reconhece especificamente o laço do IRE, como foi o caso do laço do ARN do EMCV (53). A descoberta anterior de que a remoção da capa do IRE-RNA tinha um impacto mínimo na síntese proteica, em contraste com a remoção da estrutura do IRE-RNA, é explicada pela ligação de alta afinidade do eIF4F ao IRE-RNA da ferritina, mesmo na ausência da capa m7G (48). O ferro aumentou em cerca de cinco vezes a afinidade de ligação do eIF4F ao IRE-RNA. As variações nas concentrações de iões metálicos necessárias para obter efeitos semelhantes demonstram a seletividade do efeito do metal: Para obter um impacto semelhante a 5 LIM de Fe^{2+} ou Mn^{2+} , o Mg^{2+} necessitava de uma concentração cerca de 1000 vezes superior (17). As concentrações do complexo proteico IRE-mRNA/IRP diminuem quando as concentrações de Fe^{2+} aumentam no pool de ferro citoplasmático "livre" ou "de sinalização".

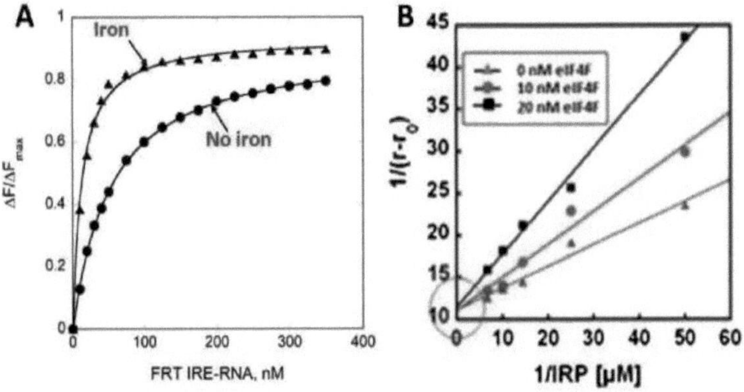

Figura 3. Ligação do ARN do IRE da ferritina ao eIF4F. (A) Ligação ferritina IRE RNA/eIF4F com e sem ferro. (B) Ligação competitiva de eIF4F e IRP1 ao ferritina IRE RNA. Originalmente publicado na ref. 17.

Os modelos actuais centram-se na depleção da IRP1 após a inserção de um aglomerado [4Fe-4S] no local de ligação da ansa terminal IRE-RNA, o que confere à proteína uma atividade de c-aconitase e uma degradação proteasómica da IRP dependente do ferro (54). Toda a tradução do ARNm é melhorada pela ligação do riboregulador IRE ao eIF4F, uma proteína com um local de ligação ao ribossoma (49). Um t-RNA iniciador único, conhecido como met t-RNA, liga-se a jusante da estrutura IRE, permitindo o início da biossíntese proteica, após a ligação do IRE-RNA ao eIF4F, que permite a construção do complexo mRNA-ribossoma. No entanto, há uma interação proteica geral e uma específica em jogo no caso dos mRNAs IRE. Há uma competição pela ligação IRE-RNA entre a proteína genérica potenciadora da tradução eIF4F e a proteína repressora da tradução específica do IRE IRP, que se ligam ambas ao complexo IRE-RNA (17). A ligação IRE mRNA-ribossoma é inibida pela ligação IRP, enquanto a eIF4F promove a ligação IRE-mRNA-ribossoma. O ferro, regulador metabólico da produção de ferritina, e outras proteínas da homeostase do ferro codificadas pelo ARNm do IRE em animais promovem a ligação do eIF4F ao ARNm do IRE (17). Os iões metálicos regulam o equilíbrio e a cinética da ligação do eIF4F ao ARNm-IRE, permitindo que a ligação do eIF4F ultrapasse a ligação do IRP. Por exemplo, a ligação do eIF4F foi cinco vezes mais lenta do que a do IRP na ausência de iões metálicos, promovendo a repressão da síntese proteica codificada nos ARNm-IRES. Em comparação com o eIF4F/ARN-IRE, os complexos IRP1/ARN-IRE também têm uma semi-vida mais curta. No entanto, a taxa de associação dos complexos eIF4F/IRE-RNA triplicou quando o Mn^{2+} foi utilizado como substituto resistente ao ar do Fe^{2+} (16). Assim, os aumentos dependentes de metal nos contactos IRE-mRNA-ribossoma e as taxas de síntese de proteínas codificadas em IRE-mRNAs são produzidos tanto pela estabilidade como pela cinética de ligação do IRE-RNA para o repressor IRP e para a ligação do potenciador eIF4F. O(s) sítio(s) específico(s) de ligação do IRE-RNA ao ferro é(são) ainda desconhecido(s). Sabe-se que os locais para as alterações conformacionais do ARN-IRE induzidas pela ligação do IRP são C8 e G16 (18,33), tal como os locais para as alterações conformacionais do eIF4F induzidas pelo ARN-IRE e/ou iões metálicos (medidos por fluorescência de CD e 2-aminopurina como sendo C8 e A15) (24,41). Os "pontos quentes" de clivagem induzida, que indicam implicitamente a proximidade do ferro ligado, são uma forma de identificar os radicais hidroxilo, ou "pontos quentes", produzidos pelo Fe^{2+} /H2O2 no ar. Estes pontos quentes estão localizados nos resíduos G6, C7, U8,9, e C23, G24, G25, opostos entre si numa dupla hélice de ARN da ferritina IRE-RNA. O bojo conservado do laço interno, que é uma caraterística dos laços de haste do IRE-RNA, contém os prováveis locais de ferro (55). Futuros investigadores terão de utilizar um proxy de Mn^{2+} e espetroscopia NMR, por exemplo, para observar diretamente o ferro no loop interno do IRE-RNA da ferritina, seguindo os locais indicados pela impressão do pé do radical hidroxilo com radicais produzidos pelo ferro (55).

6.5 Ligação competitiva de IRP e eIF4F ao ARN do IRE

O mRNA da capa m7G liga-se especificamente à subunidade eIF4E do eIF4F (56). Foram observados três sítios de ligação ao ARN bem conhecidos na subunidade eIF4G do eIF4F (57,58). O IRP1 e o eIF4F competem com sucesso entre si pela ligação ao ARN do IRE (Fig. 3B). $KD_{,IRP}(1 + [eIF4F]/KD_{,4F})$ para a ligação competitiva de IRP1 e eIF4F é o KD aparente para a interação IRP1/IRE porque um inibidor competitivo causa um aumento aparente no KD do substrato pelo fator $(1 + i/K_i)$, em que i é a concentração do inibidor e K_i é a constante de equilíbrio de dissociação do inibidor. A dissociação de IRP1/IRE aumenta ~10:1 para o ferro na ausência de eIF4F. Os dados de fluorescência foram utilizados para experiências de ligação competitiva entre IRP e eIF4F para o ARN IRE da ferritina, e são apresentados como gráficos de Lineweaver-Burk. Contrariamente ao paralelismo das linhas observado para a ligação não competitiva do ARN do IRE e da tampa m7 G ao eIF4F (41), a convergência das linhas no eixo y do gráfico indica uma ligação competitiva do IRP e do eIF4F ao ARN do IRE.

6.6 Alteração estrutural do eIF4F por ligação ao ARN do IRE da ferritina

A ligação do ARN da ferritina IRE ao eIF4F altera a estrutura da proteína, como demonstrado por uma experiência de dicroísmo circular (CD) (41). As alterações da estrutura secundária das proteínas provocadas por ligandos foram amplamente estudadas utilizando a espetroscopia de CD de UV distante (59,60).

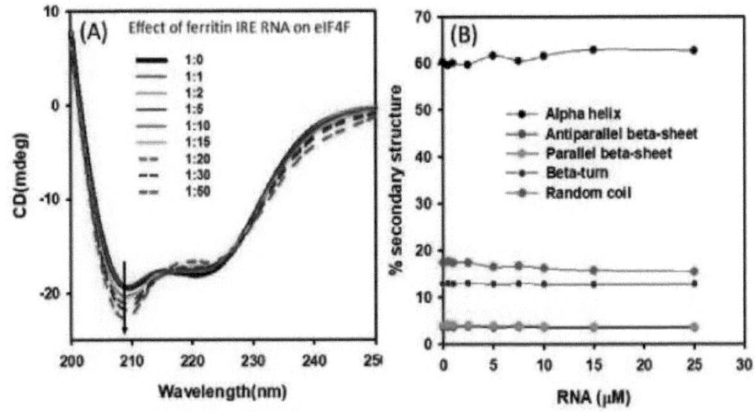

Figura 4. Os espectros CD da proteína eIF4F alteram-se após a ligação ao ARN IRE da ferritina.
Modificação da figura originalmente publicada na ref. 41.

Os espectros de CD das amostras das interações do eIF4F com o ARN do IRE são apresentados na Fig. 4. Os espectros de CD da proteína eIF4F alteraram-se (mostrando um aumento dos mínimos a 208 nm) em resposta ao tratamento com ARN de ferritina IRE. Esta alteração indica um aumento da composição alfa-helicoidal da proteína. Apenas os espectros de CD no UV distante da proteína eIF4F revelaram dois mínimos a 208 e 222 nm. A estrutura secundária da proteína eIF4F permaneceu intacta a concentrações mais baixas de ligandos. No entanto, quando o ARN do IRE, em excesso de 10 vezes ou mais, foi adicionado à proteína, verificaram-se alterações notáveis nos valores de elipticidade nestes comprimentos de onda. O estudo do conteúdo das estruturas secundárias (hélices beta, folhas beta e voltas beta) em resposta ao aumento das concentrações de ARN do IRE sugere que a estrutura desordenada da bobina aleatória da proteína se reorganizou em elementos alfa-helicoidais como resultado da ligação do ARN do IRE (Fig. 4B). Uma forma em espiral encontrada nas interações de oligonucleótidos de ARNm provoca alterações conformacionais nos factores de iniciação da tradução eucarióticos (61). As variações notáveis nos valores de elipticidade da proteína em relação ao ARN do IRE, que indicam uma alteração estrutural secundária no eIF4F. São necessárias alterações conformacionais significativas tanto na proteína como no ARN para as interações proteína-ARN (61,62). Numerosos complexos ARN-proteína sofrem este tipo de alteração do comportamento estrutural (62). A ligação de ligandos minúsculos, como o ARN do IRE, que provocou alterações conformacionais na estrutura da proteína IRP, e a ligação da proteína U1A ao snRNA do U1 (63,64), também provocou alterações conformacionais na estrutura da proteína.

6.7 A ligação IRE/eIF4F controla positivamente a síntese de ferritina

A inibição da síntese proteica IRE-mRNA-IRP regulada pelo metabolito do ferro, em que a ligação dos ribossomas é impedida (52), combinada com o aumento da síntese proteica IRE-mRNA-eIF4F regulada pelo metabolito do ferro (Fig. 5), em que a ligação dos ribossomas é facilitada, é representada num modelo da função riboreguladora IRE-mRNA da ferritina. Além disso, o modelo incorpora a inativação de IRP dos modelos anteriores para a ligação IRE-RNA (65,66). O aumento da quantidade de ferro nas células até ao ponto em que este se liga ao IRE-RNA aumentará a tradução do mRNA, a montagem do ribossoma, a ligação ao eIF4F e diminuirá a afinidade RNA/IRP. O controlo da síntese proteica pelo ARN-IRP afecta vários processos metabólicos nas células animais, como o demonstram as recentes extensões da família ARN-IRP para incluir ARNm que codificam uma proteína do ciclo celular, a chaperona da hemoglobina e a proteína precursora da amiloide (67), para além das proteínas metabólicas do ferro (por exemplo, ferritina, ferroportina e mt-aconitase). Outras interações entre metabolitos metálicos e riboreguladores, incluindo as que ocorrem em quadruplexos de ARNm (68) que regulam a atividade do ARNm, podem também implicar a ligação ao ARN de muitas proteínas reguladoras, tal como demonstrado para o ARNm-REI. A IRP, uma proteína repressora reguladora específica do IRE, e a eIF4F, uma proteína "fator" de tradução que se liga a todos os mRNAs, são os dois tipos de proteínas que se sabe regularem a função do IRE-mRNA. IRP1 e IRP2 são as duas IRPs. Tipos de células especializadas variáveis têm proporções variáveis de IRP1 e IRP2. As proteínas repressoras de ARN IRP partilham semelhanças estruturais com a mt-aconitase, uma enzima de ferro-enxofre envolvida no ciclo mitótico de Krebs. Ao contrário da IRP2, a IRP1 pode efetivamente ligar-se a um aglomerado de ferro-enxofre e desenvolver atividade de aconitase.

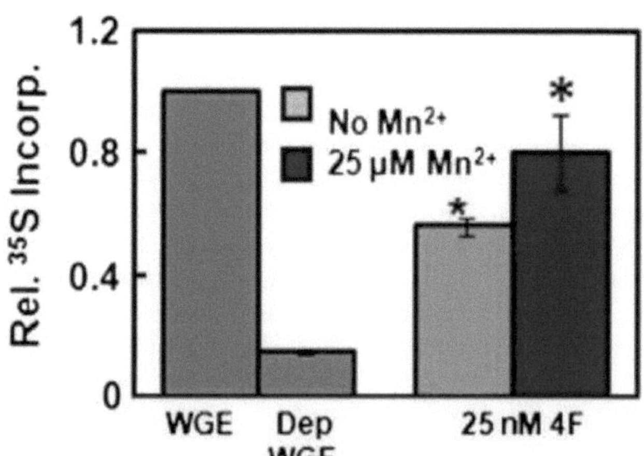

Figura 5. Mn^{2+} influencia a síntese de proteínas dirigida pelo ARNm da ferritina

IRE dependente de eIF4F. Retirado do originalmente publicado na ref. 17.

Além disso, a IRP1 liga-se a uma gama maior de IRE-RNAs de tipo selvagem e mutantes, mas a IRP2 liga-se a IRE-RNAs com maior seletividade. Os locais de fosforilação em cada IRP regulam a renovação das proteínas IRP. O fator de iniciação eucariótico eIF4F é uma de um conjunto de proteínas genéricas necessárias para iniciar a tradução do ARNm. Uma proteína multi-subunitária denominada eIF4F liga-se aos ARNm e aos ribossomas. A ligação do ARN IRP/IRE em solução é enfraquecida pelo ferro. Em contrapartida, o ferro reforça a ligação do ARN eIF4F/IRE (17). O IRP e o eIF4F competem assim pela ligação IRE-RNA, com os iões metálicos a empurrarem o IRP para fora do caminho a favor do eIF4F. Ao contrário do Mn^{2+} e do Fe^{2+} , que têm efeitos iguais na interação IRE-RNA-IRP in vitro, o ferro é muito mais eficaz na regulação da atividade do mRNA da ferritina e das taxas de síntese proteica *in vivo*. Os efeitos reduzidos do Mn^{2+} na síntese de proteínas codificadas pelo ARNm do IRE in vivo devem-se provavelmente a transportadores de ferro específicos que transportam o ferro para os ARNm do IRE de forma selectiva, ou a variações nas quantidades efectivas de Mn^{2+} e Fe^{2+} na proximidade local dos complexos ARNm-ribossoma. Duas interações IRE-RNA-proteína são afectadas de formas diferentes quando o ferro se liga ao IRE-mRNA. O repressor IRP separa-se do IRE-RNA quando o ferro se liga a ele, permitindo que o mRNA seja transcrito em proteínas como a ferritina, a proteína de exportação de ferro ferro ferroportina e a proteína de absorção de ferro DMT1.

O eIF4F associa-se ao IRE-RNA à medida que o IRP se dissocia, muito provavelmente como resultado da exposição dos sítios do eIF4F nos IRE-RNAs após a dissociação do IRP. As observações antigas de que o excesso de ferro nas células e nos animais faz com que os mRNAs IRE se desloquem das fracções sobrenadantes das células para os polirribossomas ("mRNA ligado"/traduzido) (69) "induzindo" a síntese de ferritina até 100 vezes (70) são explicadas pelo facto de que, uma vez que o eIF4F se liga a um IRE-RNA, o eIF4F recruta ribossomas para o mRNA. O mecanismo baseia-se em alterações conformacionais ligadas no ARN-IRE e em interações diretas entre os iões ferrosos e os ARN-IRE, que reduzem a probabilidade de ligação do IRP (17). O aumento da concentração de ferro nas células pode modificar não só a forma do ARN-IRE, que por sua vez afecta a ligação do IRP e do eIF4F, mas também a própria proteína IRP. Por exemplo, a IRP1 perde a sua capacidade de se ligar ao ARN-IRE quando se liga a um cluster de ferro-enxofre e se transforma em aconitase citosólica. Por conseguinte, a conversão da IRP1 em aconitase citoplasmática aumenta e a disponibilidade da IRP1 para se ligar ao ARN-RE diminui à medida que aumentam as concentrações de ferro e a síntese de aglomerados de ferro-enxofre (71). O IRP2 requer um conjunto mais complexo de processos dependentes do ferro para ser regulado porque não se liga a um cluster de ferro-enxofre. Uma vez que o ferro estimula a

FBXL5, uma proteína que liga a ubiquitina à IRP2 especificamente e inicia uma cascata de degradação proteica, a IRP2 é decomposta quando as concentrações de ferro celular aumentam. O IRP2 alterado é degradado pelas células vivas em organelos conhecidos como proteossomas. Consequentemente, existem três formas de concentrações elevadas de ferro celular reduzirem a ligação IRE-RNA-IRP: em primeiro lugar, inactivam a IRP1 introduzindo um aglomerado Fe-S no local de ligação do ARN. Em segundo lugar, a conformação do IRE-RNA muda para prejudicar a ligação do IRP e, em terceiro lugar, as enzimas modificadoras dependentes do ferro (E3 ligase) que aceleram particularmente a quebra do IRP2 pelos proteossomas normais (22).

6.8 Conclusões

Desenvolvimentos significativos no nosso conhecimento dos mecanismos que controlam os níveis de ferro intracelular e sistémico demonstraram que as anomalias da homeostase do ferro no ser humano são a causa principal de muitas doenças clínicas. A expressão coordenada e equilibrada de proteínas envolvidas na ingestão, exportação, armazenamento e utilização do ferro permite atingir o equilíbrio celular do ferro. Através das suas interações com a proteína eIF4F e a proteína reguladora do ferro (IRPs), o ferro controla a tradução do ARNm da ferritina IRE. Os repressores de proteínas, ou IRPs, ligam-se a ARNs que têm o 5'-UTR IRE e impedem a produção de novas proteínas.

Por outro lado, um IRP suprime a degradação do ARN ligando-se a um ARN IRE no IRE 3'-UTR e iniciando a tradução. As taxas de síntese de proteínas codificadas em mRNAs de elementos responsivos ao ferro (IRE) são aumentadas pelo ferro. Para regular a produção de proteínas envolvidas no tráfico de ferro, no ciclo celular e na função do sistema nervoso, a estrutura não codificante IRE-mRNA dobra-se num loop de haste. Uma mudança conformacional aumenta a seletividade do eIF4F para o ARN-IRE, proporcionando uma base mais estável para a tradução bem sucedida conduzida pela ferritina-IRE. De acordo com esta mudança conformacional, a proteína eIF4F interage com o ARN do IRE. Os contactos de uma região alfa-helicoidal dentro do eIF4F podem desempenhar um papel regulador crucial nesta transformação conformacional. Ainda não é claro qual o papel funcional da interação eIF4F/IRP/ARN IRE. Embora o papel crucial do controlo IRP/IRE tenha sido estabelecido anteriormente, a nossa compreensão dos mecanismos moleculares subjacentes ao eIF4F/IRE está ainda em desenvolvimento. A ferritina, um subproduto da síntese proteica, consome o sinal biológico do ferro, gerando um ciclo de feedback regulador. Consequentemente, a proteína ferritina reduz as taxas de síntese da proteína ferritina, aumenta a ligação do IRP ao ARNm da ferritina e diminui a concentração de ferro livre. A elegante família IRE-RNA, não codificante, serve como exemplo da sofisticação com que a natureza pode controlar rapidamente a atividade dos genes no citoplasma, salvaguardando a estrutura principal do ADN no cofre do núcleo, através de eventos de regulação metal-RNA. A família ferro-IRE-IRP serve como exemplo das interações hierárquicas eficazes metal-mRNA-proteína. Isto sugere que a escassez destas interações no nosso conhecimento atual é meramente temporária e que muitas mais destas famílias reguladoras estão ainda por descobrir.

Referências

1. Zecca, L., Youdim, M. B., Riederer, P., Connor, J. R., e Crichton, R. R. (2004) Iron, brain ageing and neurodegenerative disorders. *Nat Rev Neurosci.* **5(11)**:, 863-873.

2. Fleming, R. E., e Ponka, P. (2012) Sobrecarga de ferro na doença humana. *Jornal de Medicina de Nova Inglaterra* **366**, 348-359

3. Zhang, D. L., Ghosh, M. C., e Rouault, T. A. (2014) As funções fisiológicas das proteínas reguladoras do ferro na homeostase do ferro - uma atualização. *Front Pharmacol* **5**, 124

4. Chen, S. C., e Olsthoorn, R. C. L. (2019) Relevância da estrutura pseudotriloop do elemento responsivo ao ferro (IRE) para a ligação IRP1/2 e validação de estruturas semelhantes a IRE usando o sistema de três híbridos de levedura. *Gene.* **710**, 399-405.

5. Pantopoulos, K. (2004) Iron metabolism and the IRE/IRP regulatory system: an update. *Ann N Y Acad Sci* **1012**, 1-13

6. Zhou, Z. D., e Tan, E.-K. (2017) Via de sinalização da proteína reguladora do ferro (IRP) - elemento responsivo ao ferro (IRE) em doenças neurodegenerativas humanas. *Mol Neurodegener* **12**, 1-13

7. Pantopoulos, K., Johansson, H. E., e Hentze, M. W. (1994) The role of the 5' untranslated region of eukaryotic messenger RNAs in translation and its investigation using antisense technologies. *Prog Nucleic Acid Res Mol Biol* **48**, 181-238

8. Muckenthaler, M., Gray, N. K., e Hentze, M. W. (1998) A ligação do IRP-1 ao ARNm da ferritina impede o recrutamento da pequena subunidade ribossómica pelo complexo de ligação ao tampão eIF4F. *Mol Cell* **2**, 383-388

9. Levenson, C. W., e Tassabehji, N. M. (2004) Iron and ageing: an introduction to iron regulatory mechanisms. *Ageing Res Rev* **3**, 251-263

10. Britton, R. S., Ramm, G. A., Olynyk, J., Singh, R., O'Neill, R., e Bacon, B. R. (1994) Pathophysiology of iron toxicity. *Adv Exp Med Biol.* **356**, 239-253.

11. Butt, J., Kim, H. Y., Basilion, J. P., Cohen, S., Iwai, K., Philpott, C. C., Altschul, S., Klausner, R. D., e Rouault, T. A. (1996) Diferenças nos sítios de ligação ao ARN das proteínas reguladoras do ferro e potencial diversidade de alvos. *Proc Natl Acad Sci U S A.* **93(9)**:, 4345-4349.

12. Hentze, M. W., and Kuhn, L. C. (1996) Molecular control of vertebrate iron metabolism: mRNA-based regulatory circuits operated by iron, nitric oxide, and oxidative stress. *Proc Natl Acad Sci U S A* **93**, 8175-8182

13. Beaumont, C., Leneuve, P., Devaux, I., Scoazec, J. Y., Berthier, M., Loiseau, M. N., Grandchamp, B., e Bonneau, D. (1995) Mutação no elemento responsivo ao ferro do ARNm da ferritina L numa família com hiperferritinemia dominante e

cataratas. *Nat Genet.* **11(4):**, 444-446.

14. Liu, C., Liang, M. C., e Soong, T. W. (2019) Óxido Nítrico, Ferro e Neurodegeneração. *Front Neurosci.* **13:114.**

15. Theil, E. C. (2000) Targeting mRNA to regulate iron and oxygen metabolism. *Biochem Pharmacol* **59**, 87-93

16. Khan, M. A., Ma, J., Walden, W. E., Merrick, W. C., Theil, E. C., e Goss, D. J. (2014) A cinética rápida dos complexos RNA/ proteína reguladora de ferro 1 e IRE-RNA/eIF4F do elemento responsivo ao ferro (IRE) responde de forma diferente aos iões metálicos. *Nucleic Acids Res.* **42**, 6567-6577

17. Ma, J., Haldar, S., Khan, M. A., Sharma, S. D., Merrick, W. C., Theil, E. C., and Goss, D. J. (2012) Fe2+ binds iron responsive element-RNA, selectively changing protein-binding affinities and regulating mRNA repression and activation. *Proc Natl Acad Sci U S A* **109**, 8417-8422

18. Walden, W. E., Selezneva, A. I., Dupuy, J., Volbeda, A., Fontecilla-Camps, J. C., Theil, E. C., e Volz, K. (2006) Structure of dual function iron regulatory protein 1 complexed with ferritin IRE-RNA. *Science (Nova Iorque, N.Y.)* **314**, 1903-1908

19. Theil, E. C., e Eisenstein, R. S. (2000) Combinatorial mRNA regulation: iron regulatory proteins and iso-iron-responsive elements (Iso-IREs). *J Biol Chem* **275**, 40659-40662

20. Theil, E. C., e Goss, D. J. (2009) Living with iron (and oxygen)): Perguntas e respostas sobre a homeostase do ferro. *Chem Rev.* **109**, 4569-4579

21. Muckenthaler, M. U., Galy, B., e Hentze, M. W. (2008) Systemic iron homeostasis and the iron-responsive element/iron-regulatory protein (IRE/IRP) regulatory network. *Annu Rev Nutr* **28**, 197-213

22. Salahudeen, A. A., Thompson, J. W., Ruiz, J. C., Ma, H. W., Kinch, L. N., Li, Q., Grishin, N. V., e Bruick, R. K. (2009) Uma E3 ligase com um domínio de hemeritrina sensível ao ferro é um regulador da homeostase do ferro. *Science (Nova Iorque, N.Y.)* **326**, 722-726

23. Vashisht, A. A., Zumbrennen, K. B., Huang, X. H., Powers, D. N., Durazo, A., Sun, D. H., Bhaskaran, N., Persson, A., Uhlen, M., Sangfelt, O., Spruck, C., Leibold, E. A., e Wohlschlegel, J. A. (2009) Control of Iron Homeostasis by an Iron-Regulated Ubiquitin Ligase. *Science (Nova Iorque, N.Y.)* **326**, 718-721

24. Khan, M. A., Walden, W. E., Goss, D. J., e Theil, E. C. (2009) A deteção direta de Fe2+ por complexos de RNA mensageiro:repressor sensíveis ao ferro enfraquece a ligação. *J. Biol. Chem.* **284**, 30122-30128

25. Goss, D. J., e Theil, E. C. (2011) Iron responsive mRNAs: a family of Fe2+ sensitive riboregulators. *Acc Chem Res* **44(12):**, 1320-1328.

26. Gray, N. K., Quick, S., Goossen, B., Constable, A., Hirling, H., Kuhn, L. C., e Hentze, M. W. (1993) O fator regulador do ferro recombinante funciona como uma proteína de ligação a elementos que respondem ao ferro, um repressor translacional e uma aconitase. Um ensaio funcional para a repressão da tradução e demonstração direta do interrutor de ferro. *Eur J Biochem* **218**, 657-667

27. Goossen, B., and Hentze, M. W. (1992) Position is the critical determinant for function of iron-responsive elements as translational regulators. *Mol Cell Biol* **12**, 1959-1966
28. Mathews, M. B., Sonenberg, N., e Hershey, J.W.B. (1996) In Translational control *Cold Spring Harbor Laboratory Press, Plainview, NY*, pp 1-29
29. Park, E.-H., Zhang, F., Warringer, J., Sunnerhagen, P., e Hinnebusch, A. G. (2011) A depleção de eIF4G das células de levedura reduz a gama de eficiências de tradução em todo o genoma. *BMC Genomics* **12:68**
30. Tomoo, K., Shen, X., Okabe, K., Nozoe, Y., Fukuhara, S., Morino, S., Ishida, T., Taniguchi, T., Hasegawa, H., Terashima, A., Sasaki, M., Katsuya, Y., Kitamura, K., Miyoshi, H., Ishikawa, M., and Miura, K. I. (2002) Estruturas cristalinas do fator de iniciação eucariótico humano 4E de comprimento total ligado a 7-metilguanosina 5'-trifosfato (m(7)GTP)- e P(1)-7- metilguanosina-P(3)-adenosina-5',5'-trifosfato (m(7)GpppA)-: importância biológica da região flexível C-terminal. *Biochem J* **362(Pt 3):**, 539-544.
31. von Der Haar, T., Ball, P. D., e McCarthy, J. E. (2000) Estabilização da ligação do fator de iniciação eucariótico 4E ao mRNA 5'-Cap por domínios do eIF4G. *J Biol Chem* **275(39):**, 30551-30555.
32. Selezneva, A. I., Cavigiolio, G., Theil, E. C., Walden, W. E., e Volz, K. (2006) Cristalização e análise preliminar por difração de raios X da proteína reguladora do ferro 1 em complexo com o RNA da ferritina IRE. *Ata crystallographica. Secção F, Comunicações sobre biologia estrutural e cristalização* **62**, 249-252
33. Selezneva, A. I., Walden, W. E., e Volz, K. W. (2013) Reconhecimento específico de nucleótidos de elementos responsivos ao ferro pela proteína reguladora do ferro 1. *Journal of Molecular Biology* **425**, 3301-3310
34. Hentze, M. W. (1997) eIF4G: um adaptador polivalente do ribossoma? *Science (Nova Iorque, N.Y.)* **275**, 500-501
35. Lamphear, B. J., e Panniers, R. (1990) O complexo de proteínas de ligação ao tampão que restaura a síntese proteica em lisados de células de Ehrlich com choque térmico contém eIF-4E altamente fosforilado. *J Biol Chem* **265**, 5333-5336
36. Imataka, H., Olsen, H., and Sonenberg, N. (1997) A new translational regulator with homology to eukaryotic translation initiation fator 4G. *EMBO J* **16**, 817825
37. Altmann, M., Muller, P. P., Wittmer, B., Ruchti, F., Lanker, S., e Trachsel, H. (1993) A Saccharomyces cerevisiae homologue of mammalian translation initiation fator 4B contributes to RNA helicase activity. *Embo J* **12**, 3997-4003
38. Muckenthaler, M., Gunkel, N., Frishman, D., Cyrklaff, A., Tomancak, P., e Hentze, M. W. (1998) Iron-regulatory protein-1 (IRP-1) is highly conserved in two invertebrate species--characterization of IRP-1 homologues in Drosophila melanogaster and Caenorhabditis elegans. *Eur J Biochem* **254**, 230-237
39. Mader, S., Lee, H., Pause, A., e Sonenberg, N. (1995) O fator de iniciação da tradução eIF-4E liga-se a um motivo comum partilhado pelo fator de tradução eIF-4 gamma e pelas proteínas de ligação 4E dos repressores da tradução. *Mol Cell*

Biol. **15**, 4990-4997

40. Methot, N., Pause, A., Hershey, J. W., e Sonenberg, N. (1994) O fator de iniciação da tradução eIF-4B contém uma região de ligação ao ARN que é distinta e independente da sua sequência de consenso de ribonucleoproteína. *Mol Cell Biol* **14**, 2307-2316

41. Khan, M. A., Malik, A., Domashevskiy, A. V., San, A., e Khan, J. A. (2020) Interação do mRNA do elemento responsivo ao ferro da ferritina (IRE) com o fator de iniciação da tradução eIF4F. *Spectrochimica Ata Part A: Molecular and Biomolecular Spectrscopy* **243**, 1-10

42. Piccinelli, P., e Samuelsson, T. (2007) Evolution of the iron-responsive element. *RNA* **13**, 952-966

43. Hall, K. B., e Williams, J. (2004) Dinâmica do loop de hairpin do ARN IRE sondado por fluorescência de 2-aminopurina e simulações de dinâmica estocástica. *Rna-a Publication of the Rna Society* **10**, 34-47

44. Wang, Y. H., Sczekan, S. R., e Theil, E. C. (1990) Structure of the 5' untranslated regulatory region of ferritin mRNA studied in solution. *Nucleic Acids Res* **18**, 4463-4468

45. Ke, Y., Sierzputowska-Gracz, H., Gdaniec, Z., e Theil, E. C. (2000) O loop interno/bulge e o hairpin loop do elemento responsivo ao ferro do mRNA da ferritina contribuem para a ligação máxima da proteína reguladora do ferro 2 e para a regulação da tradução na família do elemento responsivo ao ferro/proteína reguladora do ferro. *Bioquímica* **39**, 6235-6242

46. Ke, Y., Wu, J., Leibold, E. A., Walden, W. E., and Theil, E. C. (1998) Loops and bulge/loops in iron-responsive element isoforms influence iron regulatory protein binding. Ajuste fino da regulação do ARNm? *J Biol Chem* **273**, 2363723640

47. Rouault, T. A. (2006) The role of iron regulatory proteins in mammalian iron homeostasis and disease. *Nat Chem Biol.* **2(8):**, 406-414.

48. Dix, D. J., Lin, P. N., Kimata, Y., e Theil, E. C. (1992) A região reguladora do ferro do ARNm da ferritina é também um elemento de controlo positivo para a tradução independente do ferro. *Biochemistry* **31**, 2818-2822

49. Thoreen, C. C. (2013) Muitas estradas do mTOR para o eIF4F. *Biochem Soc Trans.* **41(4):**, 913-916.

50. Khan, M. A., e Goss, D. J. (2005) O fator de iniciação da tradução (eIF) 4B afecta as taxas de ligação do análogo mRNA m7G cap ao eIFiso4F e eIFiso4F.PABP do germe de trigo. *Biochemistry* **44**, 4510-4516

51. Ragland, M., Briat, J. F., Gagnon, J., Laulhere, J. P., Massenet, O., e Theil, E. C. (1990) Provas da conservação de sequências de ferritina entre plantas e animais e de um péptido de trânsito na soja. *J Biol Chem* **265(30):**, 1833918344.

52. Wallander, M. L., Leibold, E. A., e Eisenstein, R. S. (2006) Molecular control of vertebrate iron homeostasis by iron regulatory proteins. *Biochim Biophys Ata* **1763**, 668-689

53. Lomakin, I., Hellen, C. U. T., e Pestova, T. V. (2000) A associação física do fator de iniciação eucariótico 4G (eIF4G) com o eIF4A aumenta fortemente a ligação do eIF4G ao local de entrada ribossómica interna do vírus da encefalomiocardite e é necessária para o início interno da tradução. *Mol Cell Biol* **20**, 6019-6029

54. Wang, J., Fillebeen, C., Chen, G., Biederbick, A., Lill, R., e Pantopoulos, K. (2007) Iron-dependent degradation of apo-IRP1 by the ubiquitin-proteasome pathway. *Mol Cell Biol* **27**, 2423-2430

55. Harrell, C. M., McKenzie, A. R., Patino, M. M., Walden, W. E., e Theil, E. C. (1991) Ferritin mRNA: interactions of iron regulatory element with translational regulator protein P-90 and the effect on base-paired flanking regions. *Proc Natl Acad Sci U S A* **88**, 4166-4170

56. Raught B, G. A. (1999) A atividade do eIF4E é regulada a vários níveis. *Int J Biochem Cell Biol.* **31(1)**, 43-57.

57. Yanagiya, A., Svitkin, Y. V., Shibata, S., Mikami, S., Imataka, H., e Sonenberg, N. (2009) Necessidade de ligação ao ARN do fator de iniciação da tradução eucariótica de mamíferos 4GI (eIF4GI) para uma interação eficiente do eIF4E com a capa do ARNm. *Mol Cell Biol* **29(6)**, 1661-1669

58. Kaye, N. M., Emmett, K. J., Merrick, W. C., e Jankowsky, E. (2009) A ligação intrínseca do RNA pelo fator de iniciação eucariótico 4F depende de um comprimento mínimo do RNA mas não da capa m7G. *J Biol Chem.* **284(26)**, 17742-17750

59. Khrapunov, S. (2009) A espetroscopia de dicroísmo circular tem limitações intrínsecas para a análise da estrutura secundária de proteínas. *Anal. Biochem.* **389**, 174-176

60. Rodger, A., Marrington, R., Roper, D., e Windsor, S. (2005) Circular dichroism spectroscopy for the study of protein-ligand interactions. *Methods Mol. Biol.* **305**, 343-364

61. Wang, Y., Sha, M., WY, R., van Heerden, A., Browning, K., e Goss, D. (1996) Alterações conformacionais dependentes do pH e induzidas por ligandos do fator de iniciação da síntese proteica eucariótica eIFiso4F: um estudo de dicroísmo circular. *Biochim. Biophys. Ata* **1297**, 207-213

62. Brazzolotto, X., Timmins, P., Dupont, Y., e Moulis, J. M. (2002) Structural changes associated with switching activities of human iron regulatory protein 1. *J. Biol. Chem.* **277**, 11995-12000

63. Hall, K. B., e Stump, W. T. (1992) Interação do Domínio N-Terminal da Proteína U1a com um Laço de Haste de Rna. *Nucleic Acids Research* **20**, 4283-4290

64. Williams, D. J., and Hall, K. B. (1996) RNA hairpins with non-nucleotide spacers bind efficiently to the human U1A protein. *Journal of Molecular Biology* **257**, 265-275

65. Goforth, J. B., Anderson, S. A., Nizzi, C. P., e Eisenstein, R. S. (2010) Multiple

determinants within iron-responsive elements dictate iron regulatory protein binding and regulatory hierarchy. *RNA* **16**, 154-169

66. Leipuviene, R., e Theil, E. C. (2007) A família de estruturas de ARN sensíveis ao ferro reguladas por alterações no ferro celular e no oxigénio. *Cell Mol Life Sci* **64**, 2945-2955

67. Cho, H. H., Cahill, C. M., Vanderburg, C. R., Scherzer, C. R., Wang, B., Huang, X., e Rogers, J. T. (2010) Controlo translacional seletivo do transcrito da proteína precursora do amiloide de Alzheimer pela proteína reguladora do ferro-1. *J Biol Chem* **285**, 31217-31232

68. Halder, K., e Hartig, J. S. (2011) RNA quadruplexes. *Met Ions Life Sci.* **9**, 125-139.

69. Theil, E. C. (2015) Os riboreguladores de mRNA IRE utilizam o ferro metabólico (Fe(2+)) para controlar a atividade do mRNA e a química do ferro nos animais. *Metalómica: ciência biometal integrada* **7**, 15-24

70. Schalinske, K. L., Chen, O. S., e Eisenstein, R. S. (1998) O ferro estimula diferencialmente a tradução de mRNAs de aconitase mitocondrial e ferritina em células de mamíferos. Implicações para as proteínas reguladoras do ferro como reguladoras da utilização de citrato mitocondrial. *J Biol Chem* **273(6):**, 3740-3746.

71. Netz, D. J., Mascarenhas, J., Stehling, O., Pierik, A. J., e Lill, R. (2014) Maturação de proteínas citosólicas e nucleares de ferro-enxofre. *Trends Cell Biol.* **24(5)**, 303-312.

Capítulo 7

O ferro promove seletivamente a libertação de IRP do complexo IRE RNA/IRP

A saúde humana depende da homeostase do ferro, e a desregulação do ferro pode causar uma série de doenças. As proteínas reguladoras do ferro (IRPs) e as vias de sinalização do mRNA do elemento responsivo ao ferro (IRE) são responsáveis pela regulação rigorosa da homeostase do ferro. Ao ligarem-se ao ARNm IREs nos 5'- ou 3'-UTRs dos ARNm que codificam proteínas importantes no metabolismo do ferro, as IRPs são capazes de exercer esta regulação. As IRPs podem afetar a tradução ou a estabilidade do ARNm ligando-se à estrutura do ARN IRE das UTRs e modificando a tradução do ARNm alvo. Através de um ARNm IRE, o influxo de ferro promove a tradução da proteína ferritina. Uma função direta adicional do ferro na regulação que pode apoiar as bem conhecidas vias de modificação e degradação das proteínas reguladoras é a evidência de que o ferro enfraquece a ligação entre a ferritina e as estruturas reguladoras não codificantes do ARN mensageiro da aconitase mitocondrial (ARN-IRE) e as proteínas reguladoras (IRPs). Para os complexos IRE-RNA oligómero/proteína repressora, a dissociação aumentou constantemente com a adição de ferro; o Mn^{2+} e o Mg^{2+} desestabilizaram os complexos de uma forma comparável à do Fe^{2+} , embora o Mg^{2+} tenha exigido 100 vezes mais. Na mesma gama de concentrações de ferro, a ligação da proteína repressora à estabilidade do IRE-RNA da ferritina diminuiu significativamente mais do que a do IRE-RNA da aconitase mitocondrial, indicando que as variações nas estruturas do IRE-RNA podem ser responsáveis pelas variações nas respostas ao ferro observadas in vivo. A informação indica que os complexos IRE (elemento responsivo ao ferro)-RNA/repressor interagem com o Fe^{2+} , elucidando o mecanismo de inversão da ligação apertada do repressor para a desrepressão do mRNA e oferecendo uma explicação bioquímica para o nome da sequência do RNA. Estes resultados realçam a possibilidade de ir atrás de proteínas indetectáveis ao nível da codificação do ARNm.

7.1 Introdução

A proteína reguladora do ferro (IRP) e a via de sinalização do ARNm do elemento responsivo ao ferro (IRE) regulam a homeostase do ferro a nível da tradução. As IRPs, por vezes referidas como proteínas de ligação ao ARN, regulam a tradução do ARNm da ferritina e da ferroportina, bem como a estabilidade do ARNm da transferrina, através da sua ligação induzida ao IRE. As taxas de tradução dos ARNm que codificam as proteínas envolvidas no tráfico, armazenamento, utilização e metabolismo oxidativo do ferro são alteradas quando o ferro é introduzido nas células animais (1, 2). Os iões de ferro são transportados em proteínas como a transferrina ou transferidos por proteínas de membrana como a DMT1 para atravessar as membranas celulares. O heme, os aglomerados de ferro-enxofre, os cofactores de ferro não-heme das proteínas e os minerais de óxido de ferro cobertos por nanocápsulas proteicas (ferritinas) são as principais formas de ferro encontradas no interior das células. Pensa-se que o ferro em trânsito é ferroso (Fe^{2+}) em "pools" lábeis que estão fracamente ligados por chaperones ou acessíveis a quelantes de pequeno peso molecular. Um conjunto de mRNAs na região 5'-untranslated (UTR) que possuem estruturas tridimensionais e não codificantes são desreprimidos quando a concentração de ferro nas células aumenta (Fig. 1A). Isto significa que uma proporção menor de mRNAs é encontrada em complexos de mRNA/proteínas repressoras, que impedem a ligação dos ribossomas, enquanto uma proporção maior de mRNAs é encontrada em polirribossomas ((3, 4). Os repressores são conhecidos como proteínas reguladoras do ferro (IRPs), e a estrutura 3D, não codificadora do mRNA é conhecida como elemento responsivo ao ferro (IRE), que representa uma família de estruturas relacionadas. Quando combinados, representam um dos sistemas de regulação do ARN mensageiro eucariótico que mais tem sido investigado (5). As estruturas dos IRE-RNAs foram determinadas por RMN em solução (6-8) e por cristalografia de raios X (9), para além de numerosas investigações celulares. De acordo com o relatório, a fosforilação e as baixas concentrações de ferro aumentam a desmetalização do IRP1 e desestabilizam o aglomerado [4Fe-4S], o que impede a ligação do IRP1 ao ARN (10). Estes resultados explicam a elevada ligação do IRP1 aos ARNm do IRE e a maior repressão da tradução que ocorre em concentrações anormalmente baixas de ferro. No entanto, quando as concentrações de ferro são excessivamente elevadas, o mecanismo para explicar a dissociação dos complexos RNA/IRP IRE, permitindo a montagem do ribossoma e a destruição proteossómica melhorada dos IRPs (11) (Fig. 1A), é agora desconhecido.

A maior parte das classes de ARN, incluindo o ARNr (12), o ARNt (13), as ribozimas (14), os riboswitches (15, 16) e, potencialmente, os ARNm de cabeça de martelo nos mamíferos (17), são alterados em termos de estrutura e função pela ligação de iões metálicos. Apesar da falta de investigação exaustiva sobre os efeitos da ligação de iões metálicos nos ARNm eucarióticos, sabe-se que o Mg^{2+} induz alterações conformacionais, tal como evidenciado por deslocações nos locais de clivagem de protões e 1,10-fenantroleno-ferro e radicais do ARN do IRE no espetro de RMN 1D (18). As baixas estequiometrias molares e as concentrações de magnésio são quando os efeitos do Mg^{2+} são observados (19). Por várias razões, o ferro altera diretamente a forma como o ARN do IRE se liga à proteína reguladora do ferro. Em primeiro lugar, a estrutura do ARN do IRE é afetada por vários iões metálicos. Em segundo lugar, como se mostra na Figura 1B, há sítios de ARN expostos no complexo ARN/IRP do IRE que estão disponíveis para interações nos cocristais de ARN/IRP do IRE. Em terceiro lugar, as interações específicas com metais e/ou solventes são sugeridas por secções do ARN do IRE que são hipersensíveis ao ferro-EDTA/ascorbato/H2O2 (20). Verificámos que, enquanto o Mg^{2+} necessita de uma maior concentração e o Mn^{2+} é equivalente ao Fe^{2+} , o ferro diminui a ligação IRE-RNA/IRP.

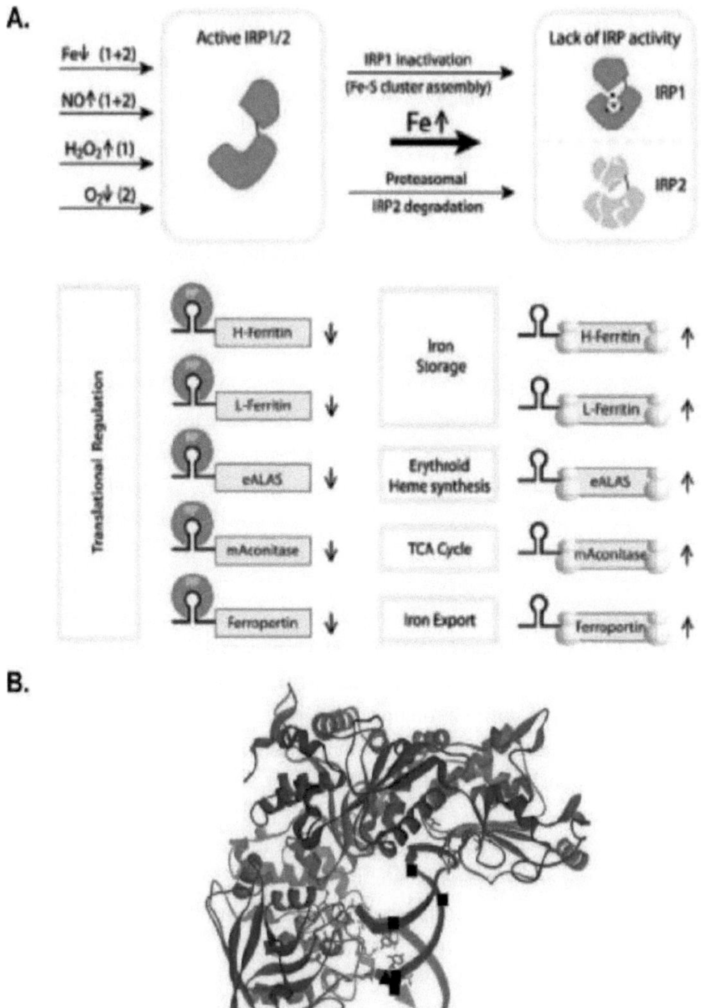

Figura 1: (A) Tradução induzida pelo ferro do ARN 5'-UTR. (B) Os iões metálicos influenciam o complexo de ligação ferritina IRE RNA/IRP. Esta figura foi modificada da referência 19.

O efeito do ferro foi menos pronunciado no IRE-RNA mutante e no IRE-RNA seletivo em sequências de tipo selvagem. Quando combinado com a proteína reguladora IRP, o IRE-RNA da ferritina liga-se mais fortemente do que o IRE-RNA da mt-aconitase. Na regulação do ferro, combinam-se múltiplos componentes da produção de ARN, da tradução do ARNm e dos controlos da estabilidade das proteínas nas células animais. Por exemplo, o ARNm da ferritina, uma proteína antioxidante em forma de nanocápsula que armazena de forma segura o ferro celular para evitar os radicais livres nocivos que o ferro é suscetível de produzir, é o alvo do ferro celular livre (21). A região alvo do ferro são os elementos responsivos ao ferro (IREs) do 5'-UTR do ARNm da ferritina, que fazem parte de uma família altamente conservada de ARNm contendo IREs (22). As estruturas em forma de laço com cerca de 30 nucleótidos, conhecidas como elementos de resposta ao ferro, encontram-se nos 5'- ou 3'-UTRs dos ARNm e controlam a regulação pós-transcricional através das suas interações com as proteínas de ligação aos IREs (IRPs). Os grampos de cabelo com um hexa-loop e um bulge de hélice média C (23, 24) são caraterísticas dos IREs. O triloop AGU (9) é formado pelo emparelhamento das bases C/G do loop. A haste do IRE é bifurcada, com a hélice inferior situada abaixo da charneira (25) e a hélice superior situada entre a ansa terminal e o bojo C8. Os principais locais de contacto ARN/IRP, as alças A, G e C, expõem uma hélice considerável de ARN que contém locais de ligação de iões metálicos (26). Dependendo do facto de o IRE estar localizado no 5'- ou 3'-UTR, a formação de complexos IRE/IRP resulta numa maior ou menor expressão da proteína (2, 27). O IRP1 adquire um cluster [4Fe-4S] e torna-se uma aconitase citosólica, diminuindo a sua capacidade de ligação ao ARN, enquanto o IRP2 é degradado quando os níveis de ferro celular são excessivos (10). Por conseguinte, a compreensão da ligação do ARN do IRE é essencial para compreender o metabolismo do ferro mediado pelo IRP (28). O mecanismo de proteção das células é principalmente mediado por proteínas reguladoras do ferro (IRPs), que controlam pós-transcricionalmente outras proteínas envolvidas na manutenção da homeostase do ferro celular. A hemocromatose, a diabetes mellitus, a doença de Parkinson, a doença de Alzheimer e a ataxia de Friedreich estão todas associadas a uma regulação incorrecta dos níveis de ferro (29).

As IRPs têm a capacidade de aumentar ou diminuir a tradução (30). O IRP1 e o ARN do IRE interagem principalmente através de ligações que se formam com as bases A15 e G16 do tri-loop, com a base do bojo da hélice C8 do ARN do IRE e com os aminoácidos dos domínios três e quatro da proteína IRP1. Todas as formas de interação ARN/proteína estão envolvidas em cada local de ligação, desempenhando as ligações de hidrogénio um papel significativo para garantir uma elevada afinidade e especificidade de ligação (31). A ligação do IRP1 e do IRP2 na experiência de deslocamento da mobilidade electroforética (32), bem como dos dois IRE RNAs ferritina e aconitase mitocondrial, é estruturalmente distinta (Fig. 1). Os dois IRE RNAs estimulam formas distintas de síntese proteica tanto em células como em animais inteiros; o ferro estimula a síntese de ferritina aproximadamente 150 vezes no fígado e 4 vezes na aconitase mitocondrial (33). Utilizando o sistema de três híbridos de levedura, um estudo documentou a importância da estrutura conformacional pseudo-tri-loop do ARN IRE da ferritina para a ligação ao IRP1 e IRP2 (34). As alterações conformacionais da proteína e do ARN regem a estabilidade do complexo IRP1/ARN (9). Para ser mais preciso, é necessário um reposicionamento do domínio em grande escala e alterações conformacionais localizadas durante a interconversão entre a aconitase citosólica e a proteína de ligação ao ARN para produzir as bolsas de ligação ao ARN. Após a ligação à IRP, o ARN da ferritina sofre alterações conformacionais, que são descritas através da comparação da estrutura cristalina, da ressonância magnética nuclear e do dicroísmo circular do complexo ARN/IRP da ferritina IRE (8, 9, 35).

7.2 IRP1 liga-se fortemente ao ARN do IRE

Uma vez que a ansa terminal e a protuberância C dos locais de contacto da IRP1 nos ARN dos IRE têm uma estrutura conservada, as variações na estabilidade do complexo IRP1/ARN devem basear-se em variações na estrutura helicoidal. O aumento do comprimento da haste superior ou a rutura das hélices acima e abaixo do bojo C alteram a interação IRP (36, 37). As variações quantitativas na afinidade de ligação do IRP e a extensão da resposta do ferro in vivo estão correlacionadas com variações naturais nos pares de bases das hélices dos ARNm com um IRE que codificam diferentes proteínas. Os ARNm-IRES podem ter uma gama de sensibilidades ao ferro porque parece que a Natureza criou um conjunto de interruptores "dimmer" graduais na família IRE, utilizando sequências de hélices que variam até 36%, em vez de um interrutor on/off. A resposta in vivo aos níveis de ferro difere pelo menos uma ordem de grandeza entre os IRE-mRNAs da ferritina e da mitocondrial-aconitase (19, 38). As maiores discrepâncias são observadas na ligação do IRP1 em solução (39) (Fig. 2). Quer através da mudança de mobilidade na eletroforese em gel, quer através da atenuação da fluorescência em solução, a ferritina e o ARN da aconitase mitocondrial têm uma afinidade relativa nove vezes diferente com o IRP1; a diferença entre as constantes de ligação picomolares das mudanças de gel e as constantes de ligação nanomolares para a fluorescência em solução pode dever-se a um componente adsorvente nos géis. O IRP liga-se mais firmemente ao ARNm da ferritina com a protuberância U6 extra (Fig. 2), o que pode ser um reflexo de uma cinética de flexão da hélice mais rápida durante a ligação da proteína IRP. Após a comparação de um grande número de ARN-RE, foi estabelecida uma hierarquia de ligação noutro local (38). Isto foi anteriormente referido como regulação combinatória (26) porque cada IRE-RNA filogeneticamente conservado tem uma combinação diferente de elementos constantes (laço terminal, protuberância C) e elementos variáveis (pares de bases, protuberâncias de hélice). Embora a proteína IRP e a maioria dos pares de bases da hélice tenham pouca ou nenhuma interação (Fig. 2), os pares de bases IRE-RNA podem alterar a estabilidade da proteína/RNA até catorze vezes (Fig. 2), muito provavelmente devido aos efeitos do passo da hélice, flexibilidade e dinâmica de ligação. A variedade de estruturas únicas, mas comparáveis, entre os membros da família IRE-RNA que são especificamente identificados pela ligação IRP aponta para uma estrutura de RNA que se assemelha aos tRNAs e tem resíduos essenciais para a interação com proteínas de reconhecimento. Os componentes principais são necessários para que tanto a tRNA sintetase como a IRP1 reconheçam o tRNA; os tRNAs também contêm elementos menores que afinam as interações (40).

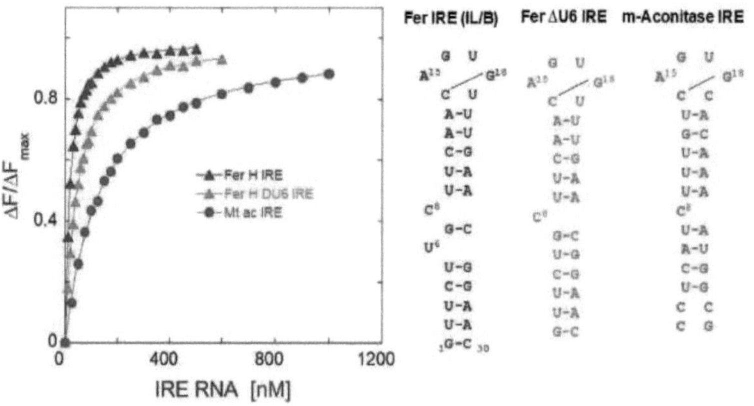

Figura 2. O IRP1 liga-se preferencialmente ao ARN do IRE da ferritina em comparação com o ARN do IRE da aconitase mitocondrial. Retirado com permissão da referência 19.

À semelhança dos ARNt, os ARN-IRE possuem elementos centrais e sequências não conservadas, especialmente na região da haste que ajuda na ligação do IRP1. As afinidades de ligação, no entanto, não têm a energia e a gama de discriminação encontradas nos ARNt (40), que requerem sintetases específicas para o reconhecimento. As mesmas proteínas IRP são capazes de identificar vários IREs. Os IRE-RNAs foram inicialmente associados ao metabolismo do ferro e do oxigénio. Numerosas proteínas adicionais, incluindo a proteína estabilizadora da a-hemoglobina (41), a fosfatase 40 do ciclo celular, o fator de transcrição induzido pela hipóxia (42),

Verificou-se que a proteína MT-p75 (43) e a proteína precursora do amiloide de Alzheimer (AAP) (44, 45) são codificadas por IRE-mRNAs. Espera-se que o pseudo-triloop e o resíduo C8 conservado estejam presentes na estrutura secundária do ARNm-RE da AAP. Embora se preveja que o resíduo G7 seja uma base de reforço (46), não se prevê que o resíduo C8 seja uma base de reforço na estrutura prevista para o ARN-RE da PAF. O complexo ferritina IRE-RNA/IRP1 e a estabilidade de ligação do complexo parecem ser comparáveis. No entanto, o AAP IRE não se liga ao IRP2 (44). Para os IRE-mRNAs implicados no metabolismo do ferro, as interações IRP2/IRE-RNA também demonstraram ter uma maior seletividade (47). É possível que se encontrem outras estruturas IRE que liguem IRP1 e IRP2 de forma diferente.

7.3 Os iões metálicos facilitam a libertação do IRP1 do complexo ARN/IRP1

As constantes de dissociação para o IRE-RNA da ferritina e para o RNA da mt-aconitase aumentaram duas e seis vezes, respetivamente, indicando que o ferro inibe a ligação da proteína RNA/IRP1 e pode mesmo desreprimir o RNA do IRE, facilitando a síntese de RNA do IRE livre de repressor. A adição de ferro resultou numa diminuição das estabilidades dos complexos IRE-RNA/IRP1 para a ferritina e a mt-aconitase. Por conseguinte, as variações na estrutura do ARN-IRE são reconhecidas pelo ferro e pelo próprio repressor IRP1. Como resultado, o ferro inibe de forma variável a interação ARN/proteína repressora para os ARN-IRE que controlam a produção de ferritina e de mt-aconitase. Investigámos o efeito do ferro nas interações ARN/proteína através do ensaio de deslocamento da mobilidade electroforética, a fim de avaliar o impacto potencial da utilização de uma concentração constante de ARN e da titulação com concentrações variáveis de proteínas, bem como para obter dados da eletroforese em gel de deslocamento da mobilidade electroforética, tal como em estudos anteriores dos complexos ARN/proteína (48). Verificou-se que o ferro reduzia a quantidade de ARN que se complexava com a proteína (Fig. 3B). A forma mais fácil de ver as diferenças entre os ARN da mt-aconitase e da ferritina nos géis é comparar as bandas de ARN não deslocadas (Fig. 3). Os efeitos indirectos do ferro celular na ligação ARN/proteína, que são mediados pela degradação da proteína e, no caso da IRP1, por alterações na montagem do [4Fe-4S], são complementados pelos efeitos diretos do Fe^{2+} , como demonstrado pela estabilidade do complexo ARN/proteína (Fig. 3). (11).

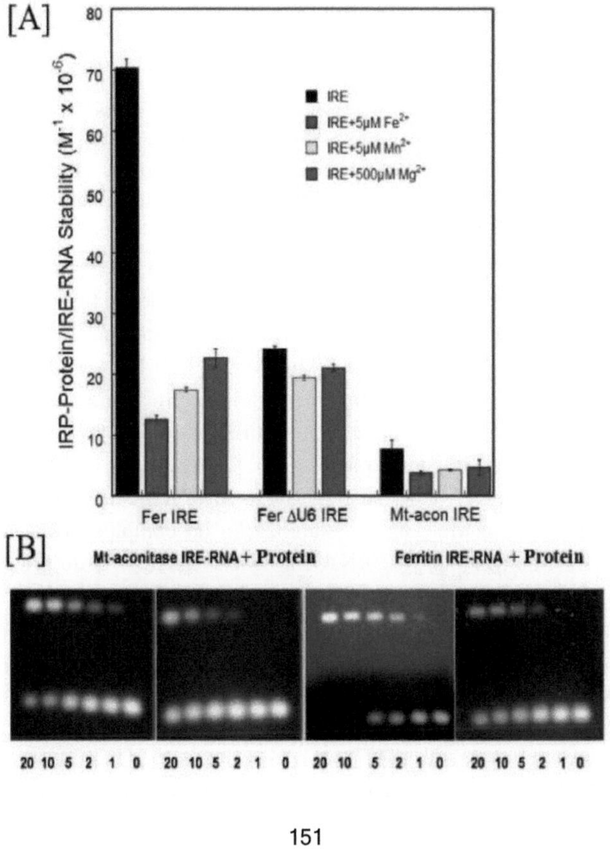

Figura 3. O ferro afecta seletivamente a ligação RNA IRE/IRP1. (A) A ligação do ARN à IRP foi medida, utilizando medições de fluorescência. (B) A ligação do ARN do IRE à proteína IRP foi medida através de um ensaio de deslocamento da mobilidade electroforética. Reproduzido com a autorização da referência 19.

Os iões de magnésio e manganês prejudicam a ferritina e os complexos repressores IRE-RNA/IRP da mt-Aconitase. O Mn^{2+} pode ser investigado no ar, mas partilha semelhanças químicas com o Fe^{2+} (49). Além disso, o Mn^{2+} reduz a força da ligação IRE-RNA/IRP1, com efeitos variáveis para os dois IRE-RNAs. Por exemplo, o Mn^{2+} e o Fe^{2+} reduziram a ligação do IRP1 ao IRE-RNA da ferritina. À semelhança do complexo IRE-RNA/IRP da ferritina, os efeitos do Fe^{2+} e do Mn^{2+} no complexo IRE-RNA/IRP1 da mt-aconitase foram menores e idênticos (Fig. 3A). O Mg^{2+} foi investigado porque afecta a estrutura e a função de numerosos tipos de ARN e porque foram observadas interações diretas de metais com o IRE-RNA da ferritina por espetroscopia de RMN (8). Só se observou um enfraquecimento comparável do complexo IRE-RNA/IRP quando as concentrações de Mg^{2+} eram 100 vezes superiores às de Mn^{2+} ou Fe^{2+} (Fig. 3A). A ideia de que os iões metálicos desempenharam um papel seletivo na evolução dos complexos IRE-RNA/IRP ou de que outros iões metálicos, para além do ferro, contribuem para a regulação dos contactos 5'-UTR IRE RNA/IRP in vivo é sugerida pela seletividade dos metais e pela seletividade do RNA para modificar a estabilidade do IRE-RNA/IRP. Para além do aglomerado Fe-S que é adicionado ao apoIRP1 para produzir c-aconitase, não há provas de que os iões metálicos se ligam ao IRP1. Além disso, a sequência central da IRP1 não contém quaisquer sequências adicionais claras de ligação a metais (10). No entanto, a RMN em solução e a clivagem por metal nuclease demonstraram que os metais se ligam ao ARN-IRE (20).

O efeito dos iões metálicos na fluorescência intrínseca do IRP e a fluorescência do brometo de etídio ligado ao IRE-RNA foram investigados a fim de obter provas mais concretas de que o efeito dos iões metálicos na estabilidade dos complexos ARN/proteína reflecte os iões metálicos ligados ao IRE-RNA e não ao repressor IRP (19, 50). Uma vez que o Mn^{2+} tem efeitos semelhantes aos do Fe^{2+} na estabilidade do complexo ARN/proteína, foi utilizado como substituto do Fe^{2+} para permitir a realização de ensaios no ar (Fig. 3). Os resultados mostram que o Fe^{2+} desestabiliza o complexo IRE-RNA/IRP ligando-se ao RNA devido às semelhanças gerais entre o Fe^{2+} e o Mn^{2+} na desestabilização do complexo IRE-RNA/IRP, à ligação detetável do Mn^{2+} ao IRE-RNA e à ligação indetetável do Mn^{2+} ao IRP1. Quando os níveis de ferro no organismo atingem níveis que saturam a ferritina e as chaperonas e transportadores de ferro normais, o ferro fica disponível para desestabilizar os complexos IRE-RNA/IRP e aumentar a síntese das proteínas codificadas. Os efeitos da variação das concentrações de ferro são demonstrados pela adição de quelantes de ferro, como demonstrado num estudo recente do IRE da proteína precursora do amiloide de Alzheimer (AAP). O estudo revelou que a ligação do IRP1 ao ARN-RE (44) aumentou nas células expostas ao quelante de Fe

(III) desferrioxamina, um resultado que foi observado para numerosos ARN-RE numa variedade de tipos de células em cultura (4, 51). Antes das recentes descobertas de que os complexos IRE-RNA/IRP1 eram inibidos por baixas concentrações de iões ferrosos, que são anaeróbicos; outros iões metálicos têm efeitos selectivos, o mecanismo molecular não era claro (19). Cada sequência e estrutura de IRE-RNA tem uma magnitude de impacto diferente do ião metálico. Por exemplo, nas gamas de concentração utilizadas, a afinidade de ligação ferritina IRE/IRP1 diminuiu 5-10 vezes, mas a ligação ACO2 IRE/IRP1 diminuiu apenas 2-5 vezes, demonstrando a influência da modulação natural da riboregulação entre IRE-RNAs. Com base na deslocação do brometo de etídio, nos impactos nos espectros de RMN, na ligação de complexos metálicos (7, 19) e na ausência de locais de ligação de iões metálicos esperados no IRP para além do local de inserção do cluster [4Fe-4S], os iões metálicos ligam-se diretamente ao ARN-IRE. Além disso, os iões metálicos podem afetar a forma como o eIF4F se liga ao ARN-IRE (24). Por último, as regiões que são hipersensíveis à quebra do Fe^{2+} - EDTA (20) estão envolvidas numa variedade de ligações de proteínas de ARN, indicando interações únicas com o solvente, Fe^{2+} -EDTA, ou ambos. A ideia de que o bojo da hélice média do IRE-ARN é o local de ligação dos iões metálicos reguladores é apoiada pelo facto de os efeitos dos iões metálicos terem sido significativamente reduzidos quando o bojo U6 conservado do IRE-ARN da ferritina foi suprimido (19), bem como por estudos anteriores de Cu-1,10- fenantrolina e modelação da ligação de Co (III)hexamina (8). As bases do bojo noutros ARN são locais onde os iões metálicos interagem (12, 17). O ferro é o sinal fisiológico que tem como alvo o riboregulador IRE-RNA para diminuir a ligação IRP e promover a tradução do IRE-mRNA, de acordo com a sua seletividade de metal 200x maior na ligação IRP aos IRE-RNAs do que o Mg^{2+} (19).

7.4 Ligação dependente da estrutura do IRE ao IRP1

A protuberância U6 na hélice do ARN da ferritina IRE distingue-o do ARN da aconitase mitocondrial IRE. Com base nos locais de contacto na estrutura cristalina IRE-RNA/IRP1 (Fig. 1B) e na estrutura secundária prevista do ARN (Fig. 2), o ARN-IRE mutante AU6 deve comportar-se mais como a aconitase-mt do que o ARN-IRE da ferritina. A estabilidade do complexo ferritina AU6 IRE-RNA-IRP1 situa-se, de facto, no meio dos complexos IRE-RNA/IRP da mt-aconitase e dos complexos IRE-RNA/IRP da ferritina. Por conseguinte, apenas uma parte da variação na ligação do IRP pelos ARNs da ferritina e da mt-aconitase pode ser explicada pela protuberância U6 no ARN da ferritina. Em comparação com os complexos do ARN do tipo selvagem IRE com o IRP1 (Fig. 3A), o Mn^{2+} ou o Mg^{2+} tiveram efeitos negligenciáveis nos complexos mutantes IRE-

complexo ARN/IRP. Isto sugere que, no complexo IRE-RNA-IRP1 da ferritina AU6, os locais de ligação ao metal que afectam a estabilidade ou a alteração conformacional do ARN responsável pela diminuição da ligação à IRP são bloqueados pela eliminação da U6. As diferenças filogeneticamente conservadas entre cada IRE-mRNA contribuem claramente para a estabilidade inerente e para as respostas aos metais dos complexos IRE-RNA/IRP, porque os IRE-RNAs da ferritina e da ferritina AU6 têm pares de bases diferentes, mas diferem na ligação ao IRP1; os IRE-RNAs da ferritina AU6 e da mt-aconitase têm estruturas secundárias semelhantes em torno dos dois locais de ligação do IRP1 da protuberância C8 e da ansa CAGUG; e os IRE-RNAs da ferritina, da ferritina AU6 e da mt-aconitase diferem nos seus efeitos metálicos no complexo proteína/RNA. Comparado com o ARN da aconitase mitocondrial, o ARN da ferritina liga-se à proteína repressora IRP1 de forma mais estável(19, 52).

7.5 Efeitos do pH na formação dos complexos ARN do IRE/IRP1

Muito antes de as sequências IRE conservadas terem sido descobertas (53), os efeitos das alterações ambientais na função do ARNm da aconitase mitocondrial e da ferritina e na biossíntese de proteínas em animais e células foram observados pela primeira vez nas décadas de 1970 e 1980 (54). A ligação do IRP1 aos RNAs IRE da ferritina e da aconitase depende do pH. Quando o pH do ambiente se altera, o mesmo acontece com a afinidade de ligação ao complexo RNA/IRP da ferritina (55). No entanto, houve pouca diferença na ligação do ARN da aconitase/IRP1 quando o pH da solução se alterou. Foi demonstrado que os complexos RNA/IRP1 da ferritina e da aconitase preferem um pH de 7,5. A ligação da ferritina e do ARN do IRE mitocondrial ao IRP1 mostrou uma diferença significativa em função do pH. Os dados de ligação dependentes do pH estão bem correlacionados com os dados de afinidade de ligação, uma vez que a afinidade muda com a alteração do pH dos complexos. Isto indica que um aminoácido com um pK entre 6,0 e 7,5 se encontra no local de ligação do IRP1 ou próximo deste para a ferritina e o ARN da aconitase mitocondrial. A ligação do IRP1 a dois ARN do IRE está de acordo com as observações da inibição da síntese do ARNm da globina pelo trifosfato de metil-7-guanosina em função do pH, em que a eficácia da inibição aumentou progressivamente de pH 6,6 para 7,9 (56). A ligação da ferritina e do ARN do IRE mitocondrial ao IRP1 mostrou uma diferença significativa em função do pH. Os dados de ligação dependentes do pH estão bem correlacionados com os dados de afinidade de ligação, uma vez que a afinidade muda com a alteração do pH dos complexos. Isto indica que um aminoácido com um pK entre 6,0 e 7,5 se encontra no local de ligação do IRP1 ou próximo deste para a ferritina e o ARN da aconitase mitocondrial. A ligação do IRP1 a dois ARN do IRE está de acordo com as observações da inibição da síntese do ARNm da globina pelo trifosfato de metil-7-guanosina em função do pH, em que a eficácia da inibição aumentou progressivamente de pH 6,6 para 7,9 (57). A forma protonada ou desprotonada das bases nucleotídicas do ARN e os resíduos de aminoácidos da proteína IRP1 podem influenciar a afinidade de ligação do ARN à IRP1, de acordo com estudos sobre a dependência da ligação em relação ao pH. A forma desprotonada das bases nucleotídicas que interagem com um resíduo de aminoácido protonado faz com que o ARN se ligue ao máximo a pH 7,5 e se ligue significativamente menos acima e/ou abaixo de pH 7,5. O aumento da afinidade de ligação a pH 7,5 é causado pelo aumento da afinidade do resíduo de aminoácido protonado para a forma desprotonada do nucleótido, enquanto a diminuição em pH 7,5 a 8,5 é causada pela diminuição da afinidade da forma protonada do nucleótido para o resíduo de aminoácido desprotonado. De acordo com estas observações, quando interage com um resíduo de aminoácido protonado, a forma desprotonada do nucleótido é preferida.

7.6 Influência do sal na ligação do ARN do IRE ao IRP1

Em todas as condições ambientais, existem variações quantitativas nas concentrações das proteínas codificadas que correspondem a variações nas concentrações celulares de cada ARNm. Os iões ligam-se ao ARN através de vários métodos. Em circunstâncias de força iónica variável, foram observadas diferenças quantificáveis nas interações electrostáticas envolvidas na ligação da ferritina e do ARN da aconitase mitocondrial IRE ao IRP1. A estabilidade do complexo IRE RNA/IRP é influenciada pela força iónica (Fig. 4A). Sem alterar a capacidade de ligação, as afinidades de ligação do complexo RNA/IRP1 da ferritina e da aconitase mitocondrial caíram 13 e 7 vezes, respetivamente, com a adição de NaCl 350 mM (55). Comparando a ferritina com a ligação do ARN da aconitase IRE ao IRP1, este efeito é maior. O tipo de interação do complexo ARN/proteína foi previsto utilizando os dados da constante de dissociação, de acordo com a hipótese de Debye-Huckle (Fig. 4B). As interações carga-carga, que são descritas em pormenor noutro local (58, 59), são previstas pela teoria de Debye-Huckle. Uma linha reta com um declive de 1,02 ZAZB, em que K e K0 são as constantes de equilíbrio na presença e ausência de NaCl e ZA e ZB são as cargas correspondentes dos reagentes, é produzida ao traçar o log (K/K0) contra a raiz quadrada da força iónica. ZAZB é igual a -1 para a interação de uma única carga positiva e negativa. Foi encontrado um valor de 0,69 para o ZAZB na interação do ARN da ferritina com o IRP1 e um valor de 0,395 para a interação do ARN da aconitase IRE com o IRP1. Este resultado indica que a força iónica afecta a ligação do ARN da ferritina e do ARN da aconitase IRE ao IRP1, com o ARN da ferritina IRE a formar uma ligação eletrostática mais forte do que o ARN da aconitase IRE. Assim, as interações electrostáticas são cruciais para o desenvolvimento do complexo IRE RNA/IRP1. A ligação do ARN do IRE da ferritina e da aconitase ao IRP1 é significativamente influenciada pela força iónica. O facto de tanto o ARN do IRE como o IRP1 se ligarem um ao outro em resposta à concentração de sal sugere que o contacto eletrostático é crucial para a formação do complexo ARN/IRP1. A dependência da força iónica do diferencial de afinidade de ligação do IRP1 entre a ferritina e o ARN do IRE da aconitase mitocondrial pode ser explicada estruturalmente da seguinte forma: o complexo ARN do IRE da ferritina/IRP1 tem mais contactos electrostáticos do que o complexo ARN do IRE da aconitase/IRP1.

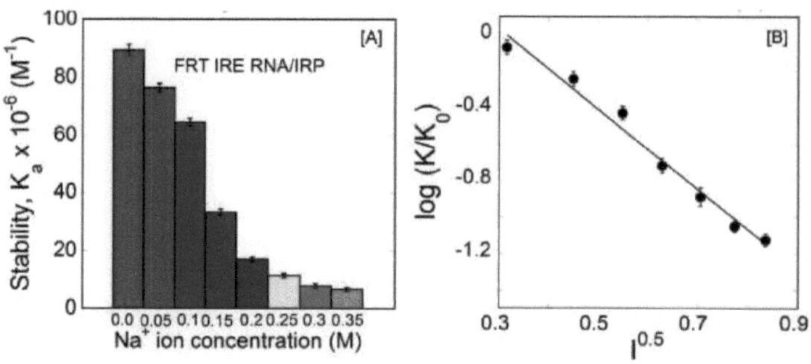

Figura 4. O sal influencia a interação do ARN do IRE da ferritina com o IRP1. Esta figura

é retirado da referência 55.

Foi demonstrado que as interações hidrofóbicas, as interações electrostáticas e as ligações de hidrogénio contribuem para a estabilização da estrutura cristalina 3D dos complexos IRP1/ARN (60). A ligação do ARN ao IRP1 envolve uma série de interações iónicas com a estrutura de fosfato do ARN, que são cruciais para estabelecer as afinidades de ligação entre o ARN e a proteína. A força iónica do ambiente tem um impacto sobre estas interações. A blindagem diminui significativamente o contacto atrativo com uma força iónica elevada. À medida que a força iónica aumenta, a afinidade de ligação do ARN do sítio de entrada interno do ribossoma aos factores de iniciação diminui (61). A afinidade de ligação do ARN do IRE da ferritina (13 vezes) e da aconitase (7 vezes) diminuiu para as interações IRP1/ARN. Estes resultados sugerem que a ferritina e a aconitase IRE RNA/IRP1 têm interações electrostáticas distintas, que podem estar ligadas à flexão da haste ou da hélice. A IRP1 utiliza a bolsa para a protuberância C8 e a cavidade de ligação da ansa terminal, que são dois locais conhecidos para a ligação do ARN do IRE (60). Cada local contribui para a estabilidade conformacional da molécula através da criação de pontes salinas e ligações de hidrogénio entre o ARN e a proteína (52).

Foram encontrados numerosos locais de contacto para a ligação IRP1/RNA através da análise da estrutura cristalina dos complexos IRP1/IRE RNA. Quando a proteína IRP1 se liga a um IRE RNA, sofre uma alteração conformacional. A estrutura cristalina do complexo IRE RNA/IRP1 da ferritina tem cerca de vinte ligações de hidrogénio (9). Isto implica que a interação direta entre os resíduos de aminoácidos e as bases nucleotídicas do loop terminal e da região do caule do ARN do IRE determina a flexibilidade conformacional do complexo ARN do IRE/IRP1. É altamente provável que a estabilidade do complexo IRE RNA/IRP1 seja influenciada de forma semelhante por esta mudança conformacional. De acordo com estes relatórios, o número de contactos (hidrofóbicos, electrostáticos e de ligação de hidrogénio) mudou, desestabilizando o complexo IRE RNA/IRP1, e isto foi acompanhado por uma mudança na forma da proteína. Utilizando o método de extinção da fluorescência do iodeto (55), foi determinado o número de resíduos de triptofano acessíveis ao solvente na proteína IRP1 (62). A supressão de iodetos para determinar a acessibilidade ao solvente é uma abordagem amplamente utilizada que tem sido aplicada para caraterizar as alterações conformacionais das proteínas, identificar os locais de ligação e analisar a contribuição de cada triptofano para a fluorescência global da proteína. Representação gráfica da extinção do iodeto da IRP1 utilizando o método de Stern-Volmer, como demonstrado anteriormente (55). A fração de resíduos de triptofano disponíveis entre todos os resíduos de triptofano na proteína IRP1 que contribuem para a fluorescência total da proteína é representada pelo recíproco da interceção (63).

O valor da interceção Y de 1,30 ± 0,10 obtido no relatório (55) indica que cerca de 80% dos resíduos de triptofano acessíveis se encontram na superfície da proteína IRP1. Estes resultados sugerem que a maioria dos resíduos de triptofano na proteína IRP1 são acessíveis por solvente.

O ambiente celular influencia a propensão do IRP1 para se ligar ao ARN do IRE. A cinética e a estabilidade dos complexos são também influenciadas por esta interação. Para outras interações proteína/ARN, este modo de interação já foi observado anteriormente (64). Uma análise aprofundada (64) da proteína neurológica HuD e da proteína U1A propôs um cenário de "atração e bloqueio". Na primeira etapa da reação, os resíduos de lisina e os grupos fosfato do ARN estão ligados principalmente por contactos electrostáticos. Seguiu-se uma segunda etapa em que os resíduos adjacentes formaram ligações de hidrogénio ou interações hidrofóbicas. A ligação do IRP1 à ferritina e ao ARN da aconitase foi influenciada pelo pH e pelo sal, tanto em termos da constante de associação como da constante de dissociação. Quando comparada com o ARN da aconitase, a ferritina teve um maior efeito na afinidade de ligação. Para o ARN da ferritina, a reação in vivo ao ferro é significativamente maior. A estabilidade da dobra do ARN e a estabilização proporcionada pelas muitas interações entre a proteína e o ARN são igualadas pela desestabilização dos complexos repressores de ARN mensageiro/proteína por iões celulares. A sensibilidade da estrutura e da função do ARN ao ambiente é evidenciada pela desestabilização selectiva induzida por iões metálicos dos complexos ARN/proteína repressora da ferritina e da aconitase, bem como por outras interações selectivas metal-ARN (16).

7.7 Papel do ferro na regulação da tradução dependente do ARNm do IRE

Com exceção da inserção de um aglomerado [4Fe-4S] na apoproteína sem ARN do IRP1 após a síntese/transporte do aglomerado [4Fe-4S] por vários catalisadores e chaperones da proteína ISC, as caraterísticas moleculares dos sinais reguladores do ferro dirigidos às interações ARN/IRP do IRE são desconhecidas (8). Os impactos do ferro são frequentemente determinados através da introdução de soluções de sais, quelatos ou complexos de ferro em culturas de animais ou de células e da monitorização dos resultados quanto a alterações das caraterísticas de ligação das IRP por EMSA, da atividade da aconitase citoplasmática ou da renovação das IRP.

De acordo com os modelos actuais, concentrações celulares de ferro mais elevadas fazem com que os ARNm-IRES regulados translacionalmente sejam traduzidos mais rapidamente porque uma maior proporção de ARNm-IRES está disponível para ligação aos ribossomas após a dissociação, degradação e/ou sequestro do IRP na forma [4Fe-4S], ou c-aconitase (23). O citoplasma é o local dos complexos IRE-RNA/IRP; no entanto, não se sabe quando ou onde o complexo RNA/proteína ocorre durante o processamento, transporte ou armazenamento do IRE-mRNA. De acordo com a investigação sobre o impacto do ferro na estabilidade do IRE-RNA, o complexo IRE-RNA/IRP apresenta uma ligação mais fraca à medida que as concentrações de ferro solúvel aumentam. A estabilização proporcionada pelo número incrivelmente elevado de ligações entre a proteína e o ARN é igualada pelo impacto desestabilizador do ferro (65). Por outro lado, o bojo C8 do ARN e a ansa terminal CAGUG da estrutura IRE-RNA são os locais onde se concentram as ligações proteína/ARN (65). Embora esteja fora do âmbito deste trabalho identificar o local de ligação do ferro no complexo IRE-RNA/IRP, várias observações apontam para que o complexo IRE-

RNA como alvo provável e não a proteína IRP. A inserção do aglomerado de ferro-enxofre começa com a produção do aglomerado [4Fe-4S] nas proteínas ISC e a inserção do aglomerado pré-formado pelas chaperonas ISC. Inicialmente, não se conhecem sítios de ferro na IRP1. A agregação induzida pelo ferro é improvável, dada a menor ligação do ARN e o aumento da fluorescência da proteína observados na presença de metais, apesar do facto de o Zn^{2+} e o Cd^{2+} também provocarem a agregação de proteínas em extractos celulares brutos (47). No entanto, sabe-se que o metal pode ligar-se a localizações específicas de IRE-RNA. Além disso, a estrutura cristalina do complexo ARN ferritina/IRP1 apresenta vários locais de ARN expostos, desprovidos de quaisquer ligações proteicas que os solventes ou os iões metálicos possam potencialmente alcançar. Alguns dos locais conhecidos de ligação de metais IRE-RNA estão de acordo com os locais de RNA expostos encontrados no complexo RNA/proteína (Fig. 1).

As localizações expostas do ARN no cristal contrastam com os testes de "foot printing" e de proteção da nuclease, em que a proteína protegeu completamente o ARN-IRE (66). As disparidades entre as duas técnicas resultam muito provavelmente das várias amostras de conformações em solução. As experiências de proteção contra nuclease recolhem um número muito maior de conformações moleculares durante a experiência do que durante a cristalização, que apenas cristaliza uma ou um pequeno número de conformações. Os dois resultados sugerem que existem várias conformações dos complexos IRE-RNA/IRP em solução. O Fe^{2+} liga-se a uma fração das conformações IRE-RNA/IRP com sítios de ligação IRE-RNA expostos, de acordo com uma hipótese que é compatível com todos os dados. Para um determinado IRE-RNA, a proporção de complexos IRE-RNA/IRP com um local de ligação ao RNA exposto ou com um local de ligação induzido pelo RNA na proteína seria então indicada pelas alterações observadas no

Fe^{2+}, ou outro ião metálico, na alteração das interações IRE-RNA/IRP. Falaremos sobre a ligação do ferro aos complexos IRE-RNA/IRP noutro capítulo, quer seja ou não controlada cineticamente. No entanto, é agora evidente que o ferro modifica diretamente as interações IRE-RNA/IRP e que, em situações em que o ferro é abundante, os iões Fe^{2+} são um tipo de sinal de ferro que controla a tradução IRE-mRNA in vivo. A variação de 30 vezes na indução da síntese induzida pelo ferro para as duas proteínas in vivo e as variações na ligação IRP1 e IRP2 in vitro podem ser, pelo menos parcialmente, explicadas pelas diferenças entre a desestabilização induzida pelo ferro da ferritina e os complexos IRE-RNA/repressor mitocondrial da aconitase (31). Dado que a aconitase mitocondrial evoluiu mais recentemente, em comparação com a ferritina, que é um ARN-IRE antigo, o tempo mais curto para a afinação evolutiva do ARNm IRE da aconitase mitocondrial pode refletir-se na estabilidade naturalmente mais baixa dos complexos proteína-repressor/ARN e em respostas menores ao ferro. No entanto, as reacções díspares dos dois RNAs IRE ao ferro podem também ser um reflexo dos papéis fisiológicos desempenhados por cada proteína. Por exemplo, variações significativas na síntese da mt-aconitase podem ser prejudiciais para o metabolismo oxidativo das células, o que explicaria as alterações comparativamente pequenas na síntese provocadas pelo ferro. Por outro lado, variações significativas da síntese da ferritina permitem às células reagir a variações significativas do stress de ferro e de oxigénio. Isto é realçado pelo facto de a síntese de ferritina ter respostas transcricionais duplas, uma relacionada com a defesa antioxidante e a outra com o tráfico e armazenamento de ferro. A protuberância U6 da ferritina, uma caraterística conservada de um IRE-RNA, foi mutada para abolir os efeitos do metal, para além de enfraquecer a ligação do IRP. Os resultados indicam que existem fortes forças genéticas selectivas que actuam em cada ARNm IRE. Estas incluem a conservação filogenética extraordinariamente elevada de cada estrutura IRE-RNA (>90%), bem como as variações entre estruturas IRE de tipo selvagem nos vários IRE RNAs, como o AUG iniciador no IRE RNA da aconitase mitocondrial e sequências de flanqueamento de emparelhamento de bases em torno dos IRE RNAs da ferritina de vertebrados (37, 53). O produto final é um conjunto combinatório de complexos ARN/proteína constituído por proteínas repressoras relacionadas mas diferentes, IRP1 e IRP2 e estruturas de ARN IRE com propriedades únicas que produzem um espetro de estabilidades físicas que são ajustáveis pelo ferro e por outros factores biológicos.

7.8 Conclusão

Investigações recentes indicam que o ferro e a via de sinalização IRE RNA/IRP estão patológica e terapeuticamente ligados à neurodegenerescência dependente do ferro em doenças humanas, nomeadamente doenças neurodegenerativas. A atual geração de medicamentos à base de ARN baseia-se sobretudo na estrutura secundária do ARN, ao passo que o alvo terapêutico mais típico das proteínas é a sua estrutura tridimensional. Uma vez que os alvos de ARN são mais pequenos do que os alvos proteicos, as terapêuticas de ARN têm uma vantagem sobre as terapêuticas proteicas. Os mecanismos que regem a preservação da homeostase do ferro estão a tornar-se mais bem compreendidos. O ferro modifica a taxa de síntese da ferritina, o que afecta a acumulação de ferritina. A importância dos controlos transcricionais e pós-transcricionais na criação de uma rede reguladora que permite aos seres humanos utilizar o ferro de forma segura e eficaz é demonstrada por desenvolvimentos a nível celular e sistémico. A utilização de vários mRNAs que codificam proteínas necessárias para a preservação da homeostase do ferro é principalmente coordenada por IRPs.

Prevê-se que investigações subsequentes forneçam informações adicionais sobre os mecanismos através dos quais o ferro e outras variáveis regulam os níveis de transcrição e tradução da expressão proteica que afectam o metabolismo do ferro. É certo que os estudos nestes e noutros domínios contribuirão para a nossa compreensão da regulação molecular da homeostase do ferro humano.

Referências

1. Wallander ML, Zumbrennen KB, Rodansky ES, Romney SJ, Leibold EA. A fosforilação independente do ferro da proteína reguladora do ferro 2 regula a ferritina durante o ciclo celular. J Biol Chem. 2008;283(35):23589-98.
2. Muckenthaler MU, Galy B, Hentze MW. Systemic iron homeostasis and the iron-responsive element/iron-regulatory protein (IRE/IRP) regulatory network. Annu Rev Nutr. 2008;28:197-213.
3. Hentze MW, Muckenthaler MU, Andrews NC. Balancing acts: molecular control of mammalian iron metabolism. Cell. 2004;117(3):285-97.
4. Hentze MW, Muckenthaler MU, Galy B, Camaschella C. Two to tango: regulation of Mammalian iron metabolism. Cell. 2010;142(1):24-38.
5. Leipuviene R, Theil EC. A família de estruturas de RNA responsivas ao ferro reguladas por alterações no ferro celular e no oxigénio. Cell Mol Life Sci. 2007;64(22):2945- 55.
6. Ke Y, Theil EC. An mRNA loop/bulge in the ferritin iron-responsive element forms in vivo and Was detected by radical probing with Cu-1,10-phenantholine and iron regulatory protein footprinting. J Biol Chem. 2002 277(4):(Jan 25):2373-6.
7. Ke Y, Sierzputowska-Gracz H, Gdaniec Z, Theil EC. O loop interno/bulge e o loop hairpin do elemento responsivo ao ferro do mRNA da ferritina contribuem para a ligação máxima da proteína reguladora do ferro 2 e para a regulação da tradução na família do elemento responsivo ao isoferro/proteína reguladora do isoferro. Biochemistry. 2000;39(20):6235-42.
8. Gdaniec Z, Sierzputowska-Gracz H, Theil EC. Elemento regulador do ferro e estrutura interna de loop/bulge para o mRNA da ferritina estudados por ligação de hexamina de cobalto(III), modelação molecular e espetroscopia NMR. Biochemistry. 1998;37(6):1505-12.
9. Walden WE, Selezneva AI, Dupuy J, Volbeda A, Fontecilla-Camps JC, Theil EC, et al. Structure of dual function iron regulatory protein 1 complexed with ferritin IRE-RNA. Science (Nova Iorque, NY). 2006;314(5807):1903-8.

10. Guo B, Yu Y, Leibold EA. Iron regulates cytoplasmic levels of a novel ironresponsive element-binding protein without aconitase activity. J Biol Chem. 1994;269(39):24252-60.
11. Clarke SL, Vasanthakumar A, Anderson SA, Pondarre C, Koh CM, Deck KM, et al. A degradação da proteína reguladora do ferro 1, sensível ao ferro, não requer o cluster Fe-S. EMBO J 2006 25(3)(Feb 8):544-53.
12. Shenvi CL, Dong KC, Friedman EM, Hanson JA, Cate JH. Accessibility of 18S rRNA in human 40S subunits and 80S ribosomes at physiological magnesium ion concentrations--implications for the study of ribosome dynamics. RNA. 2005;11(12):1898-908.
13. Wang B, Wilkinson KA, Weeks KM. Alterações conformacionais complexas induzidas por ligandos no tRNA(Asp) reveladas por química SHAPE de resolução de nucleótido único. Biochemistry. 2008;47(11):3454-61.
14. Nelson JA, Uhlenbeck OC. Hammerhead redux: a nova estrutura adapta-se aos dados bioquímicos antigos? RNA. 2008;14(4):605-15.
15. Coppins RL, Hall KB, Groisman EA. O intrincado mundo dos riboswitches. Curr Opin Microbiol. 2007;10(2):176-81.
16. Lipfert J, Das R, Chu VB, Kudaravalli M, Boyd N, Herschlag D, et al. Transições estruturais e termodinâmica de um riboswitch dependente de glicina de Vibrio cholerae. J Mol Biol. 2007;365(5):1393-406.
17. Martick M, Horan LH, Noller HF, Scott WG. Uma ribozima cabeça de martelo descontínua incorporada num ARN mensageiro de mamífero. Nature. 2008;454(7206):899-902.
18. Wang YH, Sczekan SR, Theil EC. Estrutura da região reguladora 5' não traduzida do mRNA da ferritina estudada em solução. Nucleic Acids Res. 1990;18(15):4463-8.
19. Khan MA, Walden WE, Goss DJ, Theil EC. A deteção direta de Fe2+ por complexos de RNA mensageiro responsivo ao ferro: repressor enfraquece a ligação. J Biol Chem. 2009;284(44):30122-8.
20. Harrell CM, McKenzie AR, Patino MM, Walden WE, Theil EC. Ferritin mRNA: interações do elemento regulador do ferro com a proteína reguladora da tradução P-90 e o efeito nas regiões flanqueadoras emparelhadas com bases. Proc Natl Acad Sci U S A. 1991;88(10):4166-70.
21. De Domenico I, McVey Ward D, Kaplan J. Regulation of iron acquisition and storage: consequences for iron-linked disorders. Nat Rev Mol Cell Biol 2008;9(1)(Jan):72-81.
22. Piccinelli P, Samuelsson T. Evolution of the iron-responsive element. RNA. 2007;13(7):952-66.
23. Khan MA, Ma J, Walden WE, Merrick WC, Theil EC, Goss DJ. A cinética rápida do elemento responsivo ao ferro (IRE) RNA / proteína reguladora do ferro 1 e os complexos IRE- RNA / eIF4F respondem de forma diferente aos iões metálicos. Nucleic Acids Res. 2014;42(10):6567-77.

24. Ma J, Haldar S, Khan MA, Sharma SD, Merrick WC, Theil EC, et al. O Fe2+ liga-se ao elemento-RNA responsivo ao ferro, alterando seletivamente as afinidades de ligação às proteínas e regulando a repressão e ativação do mRNA. Proc Natl Acad Sci U S A. 2012;109(22):8417-22.
25. Selezneva AI, Walden WE, Volz KW. Reconhecimento específico de nucleótidos de elementos responsivos ao ferro pela proteína reguladora do ferro 1. Journal of Molecular Biology. 2013;425(18):3301-10.
26. Theil EC, Eisenstein RS. Combinatorial mRNA regulation: iron regulatory proteins and iso-iron-responsive elements (Iso-IREs). J Biol Chem. 2000;275(52):40659-62.
27. Theil EC, Goss DJ. Living with iron (and oxygen)): Perguntas e respostas sobre a homeostase do ferro. Chem Rev. 2009;109:4569-79.
28. Zhang DL, Ghosh MC, Rouault TA. As funções fisiológicas das proteínas reguladoras do ferro na homeostase do ferro - uma atualização. Front Pharmacol. 2014;5:124.
29. Fleming RE, Ponka P. Iron overload in human disease (sobrecarga de ferro na doença humana). The New England journal of medicine. 2012;366(4):348-59.
30. Zhou ZD, Tan E-K. A via de sinalização da proteína reguladora do ferro (IRP) - elemento responsivo ao ferro (IRE) nas doenças neurodegenerativas humanas. Mol Neurodegener. 2017;12(75):1-13.
31. Khan MA, Walden WE, Theil EC, Goss DJ. Thermodynamic and kinetic analyses of iron response element (IRE)-mRNA binding to iron regulatory protein, IRP1. Relatórios Científicos. 2017;7(1):1-11.
32. Ke Y, Wu J, Leibold EA, Walden WE, Theil EC. Loops e bulge/loops em isoformas de elementos responsivos ao ferro influenciam a ligação da proteína reguladora do ferro. Ajuste fino da regulação do mRNA? J Biol Chem. 1998;273(37):23637-40.
33. Chen OS, Schalinske KL, Eisenstein RS. Dietary iron intake modulates the activity of iron regulatory proteins and the abundance of ferritin and mitochondrial aconitase in rat liver. The Journal of nutrition. 1997;127(2):238- 48.
34. Chen SC, Olsthoorn RCL. Relevância da estrutura do pseudotriloop do elemento responsivo ao ferro (IRE) para a ligação do IRP1/2 e validação de estruturas semelhantes ao IRE utilizando o sistema de três híbridos de levedura. Gene. 2019 710(Aug 20):399-405. .
35. Brazzolotto X, Timmins P, Dupont Y, Moulis JM. Structural changes associated with switching activities of human iron regulatory protein 1. J Biol Chem 2002;277(14):11995-2000.
36. Kikinis Z, Eisenstein RS, Bettany AJ, Munro HN. Role of RNA secondary structure of the iron-responsive element in translational regulation of ferritin synthesis (Papel da estrutura secundária do RNA do elemento responsivo ao ferro na regulação translacional da síntese de ferritina). Nucleic Acids Res. 1995;23(20):4190-5.

37. Leibold EA, Laudano A, Yu Y. Structural requirements of iron-responsive elements for binding of the protein involved in both transferrin recetor and ferritin mRNA post-transcriptional regulation. Nucleic Acids Res. 1990 18(7)(Apr 11):1819-24.

38. Goforth JB, Anderson SA, Nizzi CP, Eisenstein RS. Multiple determinants within iron-responsive elements dictate iron regulatory protein binding and regulatory hierarchy. RNA. 2010;16(1):154-69.

39. Gunshin H, Allerson CR, Polycarpou-Schwarz M, Rofts A, Rogers JT, Kishi F, et al. Regulação dependente do ferro do transportador de iões metálicos divalentes. FEBS Lett. 2001;509(2):309-16.

40. Schrader JM, Chapman SJ, Uhlenbeck OC. Understanding the sequence specificity of tRNA binding to elongation fator Tu using tRNA mutagenesis. J Mol Biol 2009 386(5):(Mar 13):1255-64. .

41. dos Santos CO, Dore LC, Valentine E, Shelat SG, Hardison RC, Ghosh M, et al. An iron responsive element-like stem-loop regulates alpha-hemoglobinstabilizing protein mRNA. J Biol Chem. 2008;283(40):(Oct 3;):26956-64. .

42. Sanchez M, Galy B, Dandekar T, Bengert P, Vainshtein Y, Stolte J, et al. Iron regulation and the cell cycle: identification of an iron-responsive element in the 3'-untranslated region of human cell division cycle 14A mRNA by a refined microarray-based screening strategy. J Biol Chem. 2006;281(32):22865-74.

43. Lin E, Graziano JH, Freyer GA. Regulação da subunidade 75-kDa do complexo I mitocondrial pelo ferro. J Biol Chem. 2001 276(29)(Jul 20):27685-92.

44. Cho HH, Cahill CM, Vanderburg CR, Scherzer CR, Wang B, Huang X, et al. Selective translational control of the Alzheimer amyloid precursor protein transcript by iron regulatory protein-1. J Biol Chem. 2010;285(41):31217-32.

45. Rogers JT, Cahill CM. Elementos semelhantes a ferro-responsivos e ferroptose neurodegenerativa. Learn Mem 2020; 27(9):(Aug 17):395-413.

46. Rogers JT, Randall JD, Cahill CM, Eder PS, Huang X, Gunshin H, et al. Um elemento responsivo ao ferro tipo II na região 5'-untranslated do transcrito da proteína precursora amiloide de Alzheimer. J Biol Chem. 2002;277(47):(Nov 22):45518-28. .

47. Erlitzki R, Long JC, Theil EC. Elementos múltiplos e conservados de resposta ao ferro na região 3'-não traduzida do mRNA do recetor da transferrina aumentam a ligação da proteína reguladora do ferro 2. J Biol Chem. 2002;277(45):42579-87.

48. Butt J, Kim HY, Basilion JP, Cohen S, Iwai K, Philpott CC, et al. Differences in the RNA binding sites of iron regulatory proteins and potential target diversity. Proc Natl Acad Sci U S A 1996 93(9):(Apr 30):4345-9. .

49. Vogt M, Lahiri S, Hoogstraten CG, Britt RD, DeRose VJ. Ambiente de coordenação de um ião metálico ligado ao local na ribozima hammerhead determinado por espetroscopia 15N e 2H ESEEM. J Am Chem Soc. 2006 128(51):(Dec 27):16764-70. .

50. Khan MA, Domashevskiy AV. O ferro aumenta as taxas de ligação e a eficiência de tradução do mRNA dos elementos responsivos ao ferro (IREs) com o fator de iniciação eIF4F. PLoS One. 2021;16(4)(Apr 21):e0250374.
51. Eisenstein RS. Iron regulatory proteins and the molecular control of mammalian iron metabolism. Annu Rev Nutr 2000;20:627-62.
52. Khan MA. O mRNA dos elementos responsivos ao ferro da ferritina (IREs) interage com o eIF4G e ativa a tradução in vitro. Fronteiras em Biociência (Elite Ed). 2022;14(3)(17):1-11.
53. Leibold EA, Munro HN. Caracterização e evolução do gene expresso da subunidade leve da ferritina de rato e da sua família de pseudogénios. Conservação de sequências nas regiões não codificantes dos genes da ferritina. J Biol Chem. 1987 262(15)(May 25):7335-41.
54. Casey JL, Hentze MW, Koeller DM, Caughman SW, Rouault TA, Klausner RD, et al. Iron-responsive elements: regulatory RNA sequences that control mRNA levels and translation. Science (Nova Iorque, NY). 1988;240(4854):924-8.
55. Khan MA. Análise dos efeitos dos iões e do pH nas interações entre o elemento de resposta ao ferro (IRE) e a proteína reguladora do mRNA-iroina (IRP1). Biologia Química Atual. 2020;14(2):1-12.
56. Rhoads RE, Hellmann GM, Remy P, Ebel JP. Translational recognition of messenger ribonucleic acid caps as a function of pH. Biochemistry. 1983;22(26)(Dec 20):6084-8.
57. Rhoads RE. In progress in molecular and subcellular biology. Hahn FE, Kopecko, D.J., e Muller, W.E.G., eds, editor: Springer-Verlag, Berlim; 1985. 104-55 p.
58. Carberry SE, Rhoads RE, Goss DJ. A spectroscopic study of the binding of m7GTP and m7GpppG to human protein synthesis initiation fator 4E. Biochemistry. 1989;28:8078-83.
59. Khan MA. A fosforilação do fator de iniciação da tradução eIfiso4E promove a tradução através de uma maior ligação ao potyvirus VPg. J Biochem. 2019;165 (2)(Feb 1):167-76.
60. Walden WE, Selezneva A, Volz K. Accomodating variety in iron-responsive elements: Estrutura cristalina do recetor de transferrina 1 B IRE ligado à proteína reguladora do ferro 1. FEBS Letters. 2012;586:32-5.
61. Khan MA, Yumak H, Goss DJ. Mecanismo cinético para a ligação do eIF4F e do rna do sítio de entrada do ribossoma interno do vírus Etch do tabaco: efeitos do eIF4B e da proteína de ligação poli(A). J Biol Chem. 2009;284(51):35461-70.
62. Sha M, Balasta ML, Goss DJ. Uma interação do fator de iniciação 4B do germe de trigo com oligoribonucleótidos. J Biol Chem. 1994;269:14872-7.
63. Lakowicz JR. Principles of Fluorescence Spectroscopy. Nova Iorque: Plenum Publishing Corp. 1983.
64. Katsamba PS, Myszka DG, Laird-Offringa IA. Dois passos funcionalmente distintos medeiam a ligação de alta afinidade da proteína U1A ao ARN U1 hairpin

II. J Biol Chem. 2001;276(24):21476-81.
65. Dandekar T, Stripecke R, Gray NK, Goossen B, Constable A, Johansson HE, et al. Identificação de um novo elemento responsivo ao ferro no mRNA da ácido delta-aminolevulínico sintase eritroide murino e humano. EMBO J. 1991;10(7):1903-9.
66. Khan MA, Miyoshi H, Ray S, Natsuaki T, Suehiro N, Goss DJ. Interação da proteína ligada ao genoma (VPg) do vírus do mosaico do nabo com os factores de iniciação da tradução do germe de trigo eIFiso4E e eIFiso4F. J Biol Chem. 2006;281(38):28002-10.

O ferro actua diferencialmente sobre o repressor (IRP1) e o ativador (eIF4F) para controlar a biossíntese da proteína IRE mRNA

A ligação do ferro ao 5'-UTR desencadeia a tradução dos mRNAs IRE da ferritina e da aconitase mitocondrial em resposta ao ferro celular no mRNA e às proteínas reguladoras do ferro (IRPs). In vivo, as respostas do mRNA da ferritina são maiores do que as respostas do mRNA da aconitase mitocondrial, e pares de bases filogeneticamente conservados e uma protuberância U específica da ferritina distinguem os IRE-RNAs. De acordo com os relatórios, os equilíbrios do ativador eIF4F são reforçados e os equilíbrios do repressor IRP são desestabilizados quando os iões metálicos se ligam ao IRE-RNA. As taxas rápidas de ligação do turnover do complexo proteína/RNA para os mRNAs da ferritina e da aconitase mitocondrial com o IRP1 e a cinética de resposta ao ião metálico quantitativamente distinta que se correlaciona com as várias respostas ao ferro in vivo são factores importantes a compreender para avaliar a importância relativa da cinética e da estabilidade. Além disso, verificou-se uma taxa rápida de resposta a iões metálicos e de ligação do fator de iniciação ao ARN. Quando comparado com o ARN da aconitase mitocondrial, a taxa de associação para a ligação do IRP1 ao ARN da ferritina foi significativamente mais rápida. Quando o Mn^{2+} foi utilizado como substituto resistente ao O2 do Fe^{2+}, teve um maior efeito no ARN da ferritina e reduziu as taxas de associação e dissociação da ligação do IRP a ambos os ARN. A concentração de K^{+} necessária para produzir efeitos idênticos foi 6000 vezes superior, o que sugere que os efeitos do metal foram mais concentrados do que a neutralização eletrostática. Foram também publicadas as taxas de ligação dos factores de iniciação eucarióticos ao ARN da ferritina, a fim de compreender melhor a estabilidade e a cinética da regulação do ARNm do IRE. Quando foram adicionados iões metálicos, a taxa de ligação do eIF4F ao ARN da ferritina foi muito mais lenta do que a taxa de ligação do IRP1 à mesma molécula. A taxa de associação entre o ARN da ferritina e o eIF4F foi aumentada pelos iões metálicos. O complexo IRP1/RNA apresenta um tempo de vida significativamente mais curto em comparação com o complexo eIF4F/RNA, indicando a importância das taxas de associação e da estabilidade do complexo para permitir que o sistema regulador reaja rapidamente a variações nos níveis de ferro celular. A rápida associação/dissociação RNA/IRP1 e RNA/eIF4F, a especificidade da interferência metálica para o RNA IRE e as alterações de conformação do RNA induzidas por proteínas observadas apontam para a possibilidade de os RNAs IRE serem riboreguladores que ajustam a tradução do mRNA animal em resposta à ligação direta ao metal.

8.1 Introdução

Vários genes que regulam a homeostase intracelular do ferro são regulados pós-transcricionalmente por elementos responsivos ao ferro (IREs). Os motivos da região 5'-untranslated (5'-UTR) que respondem ao ferro têm a capacidade de se dobrarem em anéis de RNA, o que pode ser importante para compreender a biologia das deficiências cognitivas associadas à demência dos corpos de Lewy (LDD), à demência da doença de Parkinson (PDD) e à doença de Alzheimer (AD). Observam-se perturbações na homeostase do ferro em sub-regiões cerebrais específicas durante os intervalos de tempo distintos da progressão das doenças neurodegenerativas. As alças de RNA do elemento responsivo ao ferro encontram-se nos transcritos da proteína prião, da alfa-sinucleína e da beta amiloide, que se dobram erradamente para formar inclusões proteicas neuropáticas em determinadas sub-regiões cerebrais. Enquanto as duplicações de genes aumentam a expressão dos seus produtos para induzir casos familiares raros de AD e PDD, a APP e a alfa-sinucleína desempenham uma função no transporte de ferro. As proteínas reguladoras do ferro citoplasmático (IRP1, IRP2) ligam-se seletivamente a estruturas cis-acting do mRNA, conhecidas como elementos responsivos ao ferro (IREs) (13). Um IRE é uma estrutura de cerca de 30 nucleótidos dobrada em duas hélices de ARN, divididas por uma ansa de seis nucleótidos com a sequência 5'-CAGUGN-3' (em que N é tipicamente uma pirimidina e C-G um par de ansa Tri) e um resíduo de citosina no centro da hélice (4-6) (Fig. 1).

Os dois IRPs, que são eles próprios bem conservados, ligam complexos IRE-RNA numa série de mRNAs animais que foram exaustivamente caracterizados (7-9) e que surgiram em diferentes pontos durante a evolução (10). O termo "elemento responsivo ao ferro", ou "IRE-RNA", foi cunhado em resposta ao impacto de níveis elevados de ferro em animais ou células cultivadas em animais na tradução ou degradação do IRE-mRNA (9,11,12). O IRE-RNA regula a tradução e está localizado na região 5' não codificante (UTR) dos mRNAs. A entrada do IRE-RNA nos polissomas, a acumulação de proteínas e, mais recentemente, as modificações na mobilidade do RNA com extractos celulares foram os efeitos reguladores do ferro que foram examinados. Nas células eucarióticas, a estrutura do ARNm não codificante pode influenciar significativamente a expressão genética e as taxas de síntese proteica. Uma ilustração é a capacidade do IRE-RNA de se ligar a duas proteínas reguladoras de forma competitiva: O IRE-RNA liga-se tanto ao inibidor da síntese proteica, IRP (13), como ao potenciador geral da síntese proteica, eIF4F (14). Foi demonstrado que os iões metálicos (Fe e Mn) interagem com o IRE-RNA (13,14), o que diminui a ligação IRP1/RNA e aumenta a ligação do fator de iniciação da síntese proteica 4F/RNA. No nosso modelo de trabalho, o eIF4F compete com o IRP1 na ligação IRE-RNA (14). Os iões metálicos Fe^{2+} e Mn^{2+} ligaram-se ao IRE-RNA (13,14), o que reduziu a ligação IRP1/IRE-RNA e aumentou a ligação eIF4F/IRE-RNA, o fator de iniciação da síntese proteica. Além disso, os iões metálicos aumentaram a ligação do eIF4F ao IRE-RNA, o que foi o oposto do que aconteceu com a ligação do IRP1 ao IRE-RNA.

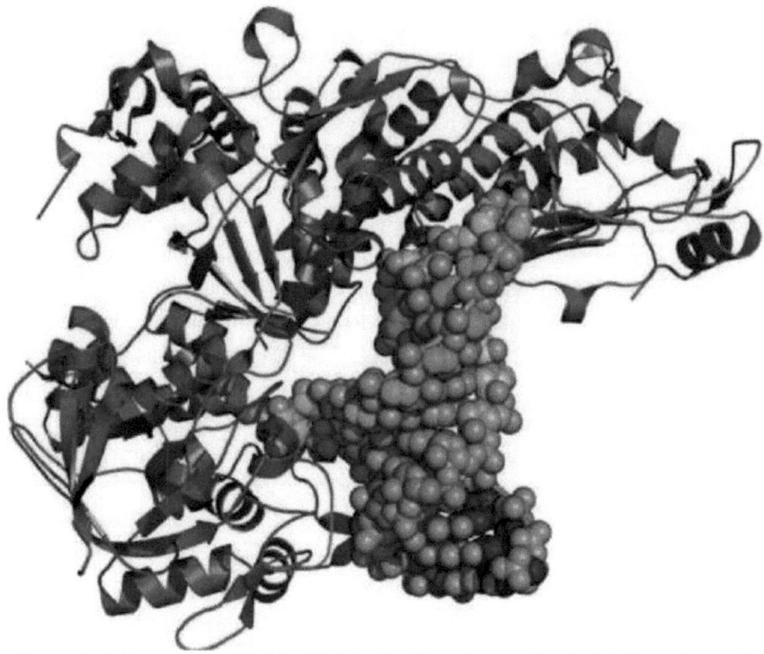

Figura 1. Ligação do ARN do IRE da ferritina à proteína IRP1. Esta figura foi modificada da ref. 33.

Os metais contribuem tanto para a função do ARN como para a deteção de metais em bactérias (15-17), e talvez em mRNAs humanos (18). Exemplos de RNAs em que ocorre regulação funcional por iões metálicos são o rRNA (19), o tRNA (20,21), as ribozimas (22,23) e os riboswitches em mRNAs bacterianos. Tanto os complexos de coordenação como as interações electrostáticas estão presentes nos complexos ião metálico de transição-RNA. Os iões metálicos ligam-se ao ARN da ferritina numa estequiometria de 1:2 (24,25). Numerosos rRNAs, tRNAs, riboswitches e ribozimas estão igualmente ligados ao Mg^{2+} . Além disso, em locais ainda mais precisos, o IRE-RNA liga-se a outras pequenas moléculas, bem como a complexos metálicos específicos (1,10-fenantroleno e Ru(tpy)bpy) (26,27). Em comparação com a ligação do ARN/IRP da aconitase, a ligação do ARN/IRP da ferritina foi significativamente mais sensível ao Fe^{2+} e ao Mn^{2+} (13). Embora as sequências do núcleo e os pares de bases de cada IRE-mRNA sejam únicos, todos os IRE-RNAs têm uma protuberância na haste e sequências em anel (Fig. 1). Ao contrário do Fe^{2+} , o Mn^{2+} foi utilizado em experiências devido à sua resistência à airoxidação. A homeostase do manganês e a homeostase do ferro podem cruzar-se em determinados locais biológicos. Este facto é demonstrado pelo transporte de Mn^{2+} e Fe^{2+} pela DMT 1 em leveduras e mamíferos (28). Como modelo biológico para o ferro sensível ao ar, utilizamos o Mn^{2+} . Com base numa comparação entre a

RMN da solução do ARN-RE livre, a estrutura cristalina do complexo ARN-RE/IRP da ferritina (29,30) e a fluorescência do ARN-RE de 2 aminopurina, a forma do ARN da ferritina muda quando o IRP1 se liga (14). Embora as "pegadas" do IRP sugiram que todo o ARN-IRE está protegido (31), as bases conservadas A15 e G16 do tri-loop e a base C8 do bojo da hélice no loop terminal do ARN-IRE, por exemplo, são invertidas e uma porção significativa do ARN-IRE é deixada exposta no complexo ARN e proteína (Fig. 1). Isto significa que o dobramento do IRE-RNA deve produzir regiões "protegidas"/ inacessíveis ao solvente da estrutura do IRE-RNA. Embora os equilíbrios de ligação ARN/proteína sejam cruciais, a cinética de renovação do IRP1/IRE-RNA é provavelmente um alvo regulador mais sensível porque as células precisam de reagir rapidamente a alterações no metabolismo e no ambiente. Demonstrámos (14) que o eIF4F compete com a ligação do IRP1 ao IRE-RNA. A capacidade de formação do complexo repressor (IRP1/IRE) ou ativador (eIF4F/IRE) será determinada pela cinética de ligação da proteína e pelo impacto dos iões metálicos nessa ligação. Foi descrita a cinética de ligação do ARN-IRE ao eIF4F e ao IRP1. Em comparação com o eIF4F/IRE-RNA, o IRP1/IRE- RNA liga-se e transforma-se mais rapidamente a baixas concentrações de iões metálicos. As taxas de associação do eIF4F aumentaram em comparação com o IRP1 com o aumento do Mn^{2+} . A combinação IRP1/IRE- mRNA apresentou uma semi-vida significativamente mais curta em comparação com o eIF4F/IRE-mRNA, indicando que o IRP1 reage a concentrações de iões metálicos a um ritmo mais rápido e que a estabilidade do eIF4F/IRE é crucial para a montagem do complexo de pré-iniciação.

8.2 Ligação do IRP1 à Ferritina mais rápida do que o ARNm da Aconitase Mitocondrial

Com base nas nossas investigações anteriores em solução e em gel shift, bem como noutros relatórios de investigação em gel shift, a ferritina e o ARNm da aconitase mitocondrial ligam-se ao IRP1 com afinidade variável (13,32). Em comparação com o ARN-IRE da aconitase mitocondrial, o ARN-IRE da ferritina

O ARN tem uma maior afinidade de ligação para IRP1. A taxa de associação do IRE-RNA da ferritina é aproximadamente oito vezes mais rápida do que a taxa de associação do IRE-RNA da aconitase mitocondrial que se liga ao IRP1, de acordo com os dados de anisotropia de fluxo interrompido (Fig. 2). A anisotropia versus tempo foi utilizada para traçar o gráfico da ligação do IRE-RNA da ferritina aos dados do IRP1 (Fig. 2 A e B), e os dados foram ajustados utilizando a análise de regressão não linear a funções exponenciais simples e duplas.

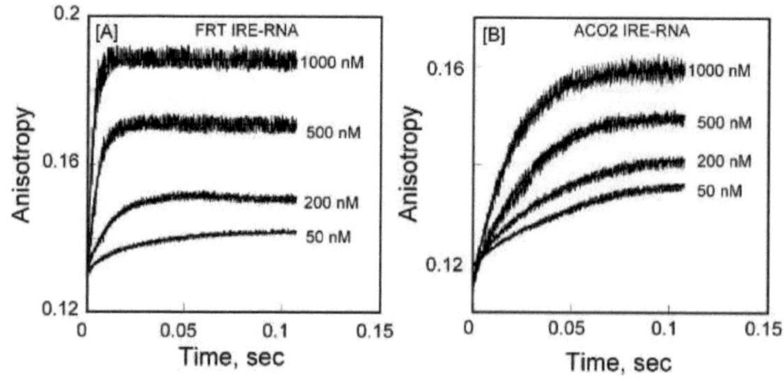

Figura 2. O ARN da ferritina associa-se mais rapidamente ao IRP1 do que o ARN da aconitase mitocondrial. Teken da ref. 33.

O ajuste não foi melhorado pelo tratamento dos dados com uma função exponencial dupla. A função exponencial simples ajusta os pontos para toda a duração das medições, de acordo com os resíduos, que mostram a divergência entre os dados estimados e experimentais. Para diferenciar ainda mais uma etapa de ligação bimolecular única de um processo mais complexo, como uma ligação rápida seguida de uma alteração conformacional, foi verificada a dependência da concentração da taxa de reação. As taxas de associação e dissociação para as interações do IRP1 com o ARN-IRE, k_{on} e k_{off}, são representadas em equações que definem o mecanismo de reação de uma etapa a que os dados se ajustam.

$$\text{IRP} + \text{IRE-RNA} \underset{k_{off}}{\overset{k_{on}}{\rightleftharpoons}} \text{IRE-RNA}\cdot\text{IRP}$$

Prevê-se que a constante de velocidade observada (k_{obs}) seja uma função linear da concentração de IRP1, como indicado na equação.

$$k_{obs} = k_{on}\,[\text{IRP1}] + k_{off}$$

em que as taxas de alteração da anisotropia da fluorescência da ferritina ou da aconitase mitocondrial IRE-RNA (marcador de fluoresceína) aumentam com o aumento das concentrações de IRP1. O gráfico linear de [IRP1] vs. k_{obs} pode ser utilizado para obter valores de k_{on} e k_{off} a partir do declive e da interceção y, respetivamente. O k_{on} para o ARN da ferritina mostrou-se mais rápido do que a ligação do ARN da aconitase mitocondrial ao IRP1. As taxas de dissociação do IRP1 para os IRE-RNAs da ferritina e da aconitase mitocondrial foram comparáveis. Verificou-se que o ARN da ferritina tem uma afinidade mais forte para os valores de K_d derivados da equação $K_d = k_{off}/k_{on}$ do que o ARN da aconitase mitocondrial com o IRP1. Os valores de K_d calculados a partir das constantes cinéticas aqui apresentadas concordam bem com o valor de K_d obtido pelo método de equilíbrio em estado estacionário (13). Estes resultados são coerentes com as experiências de ligação da ferritina e do ARN da aconitase ao IRP1 no estado estacionário de fluorescência, em que a ligação diferia muitas vezes.

8.3 Os iões metálicos promovem a libertação de IRP do complexo IRP/RNA

Poucos estudos foram realizados sobre o envolvimento da cinética de ligação do ARN IRP1/IRE e os impactos diretos dos iões metálicos na regulação da translação ou na taxa de síntese proteica. É uma decisão genética tomada num estado de não-equilíbrio para que o ARN e o ligando funcionem cineticamente de forma riboreguladora. Assim, a importância das taxas cinéticas de dissociação e associação supera a das constantes de equilíbrio. O metal de transição Mn^{2+} , que funciona como substituto do Fe^{2+} , reduz as taxas de associação do IRP1/IRE RNA e aumenta as taxas de dissociação da ferritina e da aconitase mitocondrial IRE RNA do complexo IRP1/RNA. Verificou-se que o complexo IRE-RNA/IRP1 era desestabilizado por iões metálicos em experiências de equilíbrio (13). As medições cinéticas demonstraram ainda que os iões metálicos afectam sobretudo as taxas de associação. O efeito do Mn^{2+} na cinética de ligação do IRE-RNA da aconitase mitocondrial e do IRE-RNA da ferritina com o IRP1 foi ilustrado por gráficos cinéticos (33,34). Ao contrário do Fe^{2+} , que exigia um estudo anaeróbico, o Mn^{2+} era um ião metálico que podia ser investigado no ar e tinha efeitos comparáveis (13).

A constante da taxa de associação para a ligação da ferritina e do ARN da aconitase mitocondrial ao IRP1 diminuiu drasticamente na presença de iões metálicos. Além disso, para dois ARN do IRE, os iões metálicos aceleraram a taxa de dissociação do IRP1 (33). À semelhança dos efeitos selectivos dos iões metálicos nas avaliações de equilíbrio da ligação do IRP aos dois IRE-RNAs, os efeitos combinados do Mn^{2+} nas taxas de associação e dissociação do IRP1 foram maiores para a ferritina (35). Quando quantidades iguais de ARN/IRP1 da ferritina ou de ARN/IRP1 da aconitase mitocondrial foram rapidamente combinadas com Mn^{2+} no tampão da solução, mediu-se a anisotropia da reação de relaxação para investigar o impacto do Mn^{2+} na dissociação dos complexos IRE-RNA/IRP1 pré-formados da ferritina e da aconitase mitocondrial. Foi observada uma cinética mono-exponencial nos traços cinéticos dos processos de dissociação que a diluição desencadeou. O Mn^{2+} aumentou as taxas de dissociação dos complexos de ARN/IRP1 da aconitase mitocondrial e dos complexos de ferritina encontrados nos estudos de relaxamento (33). Em contrapartida, os dois complexos IRE-RNA/IRP1 que se formaram por diluição com tampão desprovido de Mn^{2+} apresentaram taxas de dissociação comparáveis entre si e com a taxa de dissociação verificada através da cinética de reação dependente da concentração. O Mn^{2+} pode assim acelerar especificamente as velocidades de dissociação dos complexos ARN/proteínas. O local de ligação do ião metálico no ARN-IRE no complexo proteína/ARN é acessível porque a mesma proteína tem taxas de dissociação diferentes com dois ARN-IRE e porque há provas de que os iões metálicos se ligam ao ARN livre mas não à proteína IRP1 livre (33).

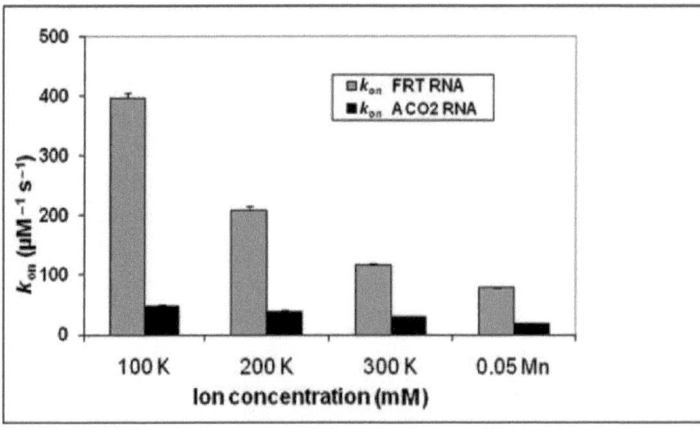

Figura 3. O metal influencia as taxas de ligação ARN/proteína. Retirado da ref. 33.

O Mn^{2+} pode ser parcialmente substituído por iões de potássio em concentrações até 6000 vezes superiores. As afinidades de ligação das proteínas e do ARN podem ser significativamente influenciadas pelas interações electrostáticas com a espinha dorsal de fosfato do ARN, que são influenciadas pela força iónica da solução circundante. A blindagem diminui significativamente as interações atractivas a uma força iónica elevada. À medida que a força iónica aumenta, a afinidade de ligação dos factores de iniciação aos ARNm que contêm sítios de entrada no ribossoma interno diminui. Observamos quatro consequências da variação da força iónica nas interações IRE-RNA/IRP: 1) Quando o ARN da aconitase se ligou ao IRP1, a taxa de associação diminuiu menos de três vezes e aproximadamente sete vezes para o ARN da ferritina. 2) Nenhum dos IRE-RNA alterou significativamente a taxa de dissociação da ligação ao IRP. 3) Verificou-se uma boa concordância entre os valores obtidos por métodos de equilíbrio (13) e os valores da constante de dissociação calculados a partir de parâmetros cinéticos, dependendo da força iónica. O valor da constante de dissociação obtido a partir de medições de equilíbrio está de acordo com a ligação da ferritina e do ARN da aconitase ao IRP1 (13). 4) Ao longo da gama de concentrações salinas examinadas, os valores da constante de dissociação para a ligação do IRP aumentaram para o ARN da ferritina e da aconitase IRE, principalmente como resultado de alterações na constante da taxa de associação (Fig. 3). Estes resultados sugerem que a ferritina e a aconitase

O ARN do IRE interage com o IRP1 através de forças electrostáticas, que podem estar ligadas a contactos da haste ou à flexão da hélice (33). A força iónica não parece ter influência na dissociação, o que sugere um processo de mudança conformacional que não limita a taxa de associação.

8.4 Cinética da ligação do ARN da ferritina ao eIF4F

O ARN da ferritina liga-se competitivamente ao eIF4F e ao IRP1, de acordo com um relatório (14). A cinética de ligação do eIF4F ao ARN da ferritina e da aconitase foi determinada por meio de espetroscopia de fluxo interrompido, a fim de obter informações adicionais sobre a função do eIF4F no mecanismo de regulação do ferro. Para as investigações cinéticas do eIF4F, o ARN da ferritina foi selecionado em vez do ARN da aconitase devido à sua maior capacidade de apresentar os efeitos dos iões metálicos. Uma função exponencial única proporcionou o melhor ajuste aos gráficos cinéticos que mostram a ligação do eIF4F a diferentes concentrações de ARN (Fig. 4A). O ajuste não foi melhorado pelo tratamento dos dados com um ajuste exponencial duplo. As constantes de taxa de associação e dissociação foram calculadas utilizando valores de constante de taxa observados derivados de taxas cinéticas que dependiam da concentração de ARN da ferritina. À medida que a concentração de ARN da ferritina aumenta, a taxa medida aumenta constantemente de forma linear (Fig. 4B). O tempo de vida dos complexos ARN da ferritina/eIF4F e ARN da ferritina/IRP1 foi calculado utilizando a equação (36), $1/T = kon\,[IRE\text{-}RNAfinal + Proteínafinal] + koff$.

Em comparação com o tempo de vida do complexo de ARN IRP1/ferritina, o complexo de ARN eIF4F/ferritina tem um tempo de vida mais longo (33). O ARN IRP1/IRE tem um tempo de vida mais curto, o que implica que o complexo reage rapidamente a alterações das condições celulares. Para criar o complexo de iniciação do ribossoma, o eIF4F/IRE-RNA pode estabilizar o mRNA circularizado como um elemento de controlo positivo, e a montagem do complexo pode necessitar de um tempo de vida mais longo. O Mn^{2+} aumenta as taxas de associação do complexo IRE-RNA/eIF4F da ferritina e diminui as suas taxas de dissociação.

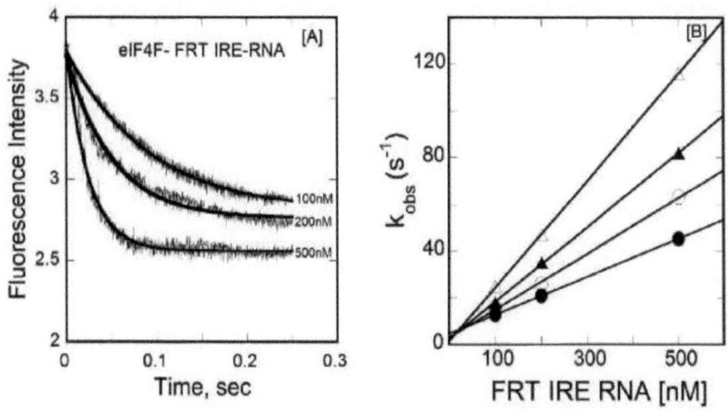

Figura 4. Cinética da ligação do eIF4F ao ARN do IRE da ferritina. (A) Ligação do eIF4F em função do ARN. (B) Taxa cinética de ligação do eIF4F ao ARN em função das concentrações variáveis de Mn^{2+}, 0,0, (—●—), 5 μM (—○—), 25 μM (—▲—), e 50 50 μM (—Δ—) Modificado da ref. 33.

Foi referido (14,37) que a afinidade de ligação do complexo eIF4F/IRE-RNA foi reforçada pelo ião metálico Mn^{2+} (um substituto do Fe^{2+}). Também foi demonstrado como as taxas cinéticas de ligação do eIF4F ao IRE-RNA da ferritina são afectadas pelos iões metálicos. Investigações anteriores (33) apresentaram gráficos cinéticos para a ligação do eIF4F ao IRE-RNA da ferritina em várias concentrações de iões metálicos. Em comparação com as taxas de associação e dissociação do IRE-RNA/eIF4F da ferritina a uma concentração zero de metal, a adição de iões metálicos demonstrou um aumento da taxa de associação e uma diminuição da taxa de dissociação. Os resultados do estudo do ião metálico mostraram que os iões metálicos aumentaram as taxas de ligação do eIF4F ao IRE-RNA da ferritina e diminuíram as taxas de ligação do IRP1 ao mesmo ARN.

8.5 Os iões metálicos são sensíveis de forma diferente à ligação do ARN do IRE ao IRP1 e ao eIF4F

A tradução é inibida quando o IRP1, um repressor específico do IRE, se liga ao IRE-RNA solitário no 5'-UTR dos mRNAs animais. Isto deve-se ao facto de impedir que a pequena subunidade ribossómica interaja de forma estável com o ARNm (38). Para além de se ligar ao repressor de tradução IRP, o ARN-IRE também se liga ao fator de tradução genérico eIF4F, um potenciador genérico da síntese proteica que se crê representar o passo limitador da taxa de iniciação da síntese proteica. O número de moléculas de ARNm-IRE ligadas ao IRP aumenta e o número de moléculas de ARNm-IRE ligadas ao eIF4F diminui à medida que a concentração de ferro celular na "reserva de ferro", ou lábil do ião ferroso citoplasmático, aumenta (39). Como resultado, a tradução do ARNm-IRE aumenta, o que também é acompanhado por um aumento da montagem do aglomerado ferro-enxofre específico do IRP e da destruição proteolítica do IRP. Cada membro da família IRE-mRNA é quantitativamente afetado de forma diferente por alterações no teor de ferro celular, como evidenciado pela variedade de afinidades de ligação IRP entre eles que podem variar até dez vezes (13). As variações na ligação IRP/RE-RNA correspondem a variações na sequência IRE-RNA que são filogeneticamente conservadas; o IRE mais antigo (10) tem a ligação IRP mais estável. Os IRE-RNAs têm sequências de hélice distintas, mas também partilham uma protuberância de hélice e a sequência de laço terminal (10).

A desestabilização dos complexos IRE-RNA/proteína por iões metálicos amplifica as caraterísticas de ligação específicas do IRE-mRNA e produz uma variedade de reacções quantitativamente distintas a variações no ferro ambiente (37,40). Sabemos agora que as propriedades cinéticas de ligação do IRP/ARN-IRE são específicas do ARNm-IRE e rápidas para facilitar respostas específicas e rápidas a alterações nas concentrações de ferro celular. As propriedades de equilíbrio da ligação IRE-RNA/proteína são conhecidas há décadas (32). O IRP1 ligou-se aos IRE-RNAs da ferritina e da aconitase mitocondrial a uma velocidade tal que quase atingiu a limitação da difusão. A ligação preferencial observada entre a ferritina e o ARNm da aconitase mitocondrial IRE é explicada principalmente pela diferença nas taxas de associação muito rápidas. Quando o IRP1 está presente em excesso, o mecanismo bimolecular simples, de uma etapa, de ligação do IRP ao ARNm do IRE depende linearmente da concentração de IRP. A explicação estrutural para as diferenças na ligação do IRP1 entre o IRE-RNA da aconitase mitocondrial e o IRE-RNA da ferritina, tal como evidenciado pelo efeito da força iónica na taxa de associação do IRE-RNA da ferritina, é o maior número de interações electrostáticas que ocorrem no complexo IRE-RNA/IRP1 da aconitase mitocondrial, ao contrário do primeiro. No entanto, a dissociação IRP/IRE-RNA é diferente da associação, uma vez que as taxas de dissociação mostram relativamente pouca dependência da força iónica. A dissociação é muito provavelmente causada por outro fator, como uma mudança conformacional. Tal como foi referido anteriormente para as interações proteína-RNA, como o mecanismo "lure and lock" para a ligação do ARN HuD e da proteína U1A, as alterações conformacionais podem regular de forma semelhante a estabilidade do complexo IRE-RNA/IRP (41,42). Nestas interações ARN-proteína, os resíduos de lisina e os grupos de fosfato do ARN ligam-se principalmente de forma eletrostática para causar a ligação inicial. Segue-se um segundo passo na reação em que os resíduos adjacentes criam ligações hidrofóbicas ou de ligação de hidrogénio. Para além dos papéis desempenhados pelos grupos fosfato e pelas ligações de hidrogénio nas interações IRE-RNA/IRP, as contribuições dos pares de bases IRE-RNA para a ligação do IRP1 também foram demonstradas pelos efeitos da mutação dos pares de bases e pelas diferenças de ligação entre o IRE-RNA da ferritina AU6 e o IRE-RNA da aconitase mitocondrial, em que apenas os pares de bases da hélice diferem. A estrutura cristalina de raios X do ARN-RE da ferritina IRE/IRP1 (25), que mostra que a hélice superior da haste do IRE é torcida por uma curvatura (~20-30o) em relação à haste inferior na área da protuberância C8, U6, fornece apoio estrutural a esta teoria. A distorção da hélice é menor no ARN-IRE da aconitase mitocondrial porque não tem a protuberância U6. As taxas de ligação mais rápidas do IRE-RNA da ferritina podem ser explicadas por uma maior flexibilidade do RNA e por mais contactos electrostáticos entre o IRE-RNA da ferritina e o IRP1 do que para a aconitase mitocondrial, provavelmente em torno das localizações C8 proteína-RNA onde os dois IRE-RNAs diferem mais (Fig. 1). As taxas de associação e dissociação da ligação do IRP1 a dois IRE-RNA foram influenciadas por iões metálicos. Em comparação com o IRE mitocondrial, que sofreu uma redução de menos de três vezes, o IRE da ferritina sofreu um aumento de cinco vezes no declínio induzido por iões metálicos nas taxas de associação IRP/RNA. O Mn^{2+} não só variou nas taxas de associação IRE-RNA/IRP, como também variou nas taxas de dissociação, com o IRE-RNA da ferritina a registar um maior aumento nas taxas de dissociação do que o IRE-RNA da aconitase mitocondrial. Estes resultados indicam que as interações do Mn^{2+} têm impacto na mudança conformacional intermédia durante a formação do complexo e que o IRE-RNA detecta diretamente o ião, de uma forma semelhante à dos riboswitches maiores. Como observado anteriormente

(13), os iões metálicos diminuíram a estabilidade do complexo IRE-RNA/IRP1. O efeito foi significativamente reduzido (16,43,44) quando a protuberância U6 foi eliminada, indicando que a ligação do metal ocorreu perto da protuberância C8 e da dobra da hélice.

Os iões de metais de transição, como o ferro, o sinal fisiológico, não só neutralizam as cargas negativas e diminuem a repulsão dos fosfatos, como também formam complexos de coordenação específicos com bases que alteram as conformações do C bulge e do hairpin loop (14). As alterações na estrutura da região do bojo C também modificam a eficiência da tradução, a sensibilidade às nuclease, o T_m do ARN-REI e o laço em espiral (24,45,46). Estes resultados apoiam um modelo de adaptação induzida que exige uma dobra dinâmica do ARN e levantam a possibilidade de a área próxima de U6 ser um local de ligação de iões metálicos. A estabilidade da dobra do ARN e a estabilização proporcionada pelas muitas ligações entre a proteína e o ARN são rivalizadas pela desestabilização por iões metálicos dos complexos repressores de ARN mensageiro/proteína. A sensibilidade da estrutura e função do ARN ao ambiente é evidenciada pela desestabilização selectiva, induzida por metais, tanto dos complexos IRE-RNA/proteínas repressoras como de outras interações selectivas metal-RNA (13,47). Propusemos que as estruturas IRE-RNA são riboswitches ou riboreguladores muito pequenos que se ligam a Fe^{2+} ou Mn^{2+} com base nos efeitos dos metais na cinética de ligação aqui observada e nos equilíbrios de ligação IRP1 (13,48,49), nas diferenças conformacionais entre IRE-RNA livre e ligado (dobra da hélice, conformação da base no tri-loop terminal e protuberância da hélice) (42) e nas interações metal-RNA (50). O complexo metal-IRE-RNA liberta a proteína repressora mais rapidamente após a dissociação e tem uma menor afinidade pelo IRP1 (13,51). A rápida libertação da IRP torna possível uma ligação mais competitiva do eIF e uma melhor tradução do mRNA. A reação parece ser principalmente controlada cineticamente, com o IRP a superar o eIF4F a baixas concentrações de Mn^{2+} e o oposto a concentrações mais elevadas de Mn^{2+} , com base numa comparação da cinética entre a ligação do eIF4F e a ligação do IRP ao ARNm-IRE em função da concentração de Mn^{2+} . Do mesmo modo, o tempo de vida mais longo do complexo proteico eIF em concentrações elevadas e baixas de Mn^{2+} implica que o eIF4F forma uma plataforma mais estável para a ligação do ribossoma, enquanto o IRP reage mais rapidamente a alterações na concentração celular de iões metálicos. As estruturas de ARN de maiores dimensões que regulam o início da tradução (29) e utilizam metabolitos para regular a acessibilidade da sequência Shine-Dalgarno e o recrutamento de ribossomas 30S são componentes comuns dos riboswitches das eubactérias. Em comparação, propomos que os minúsculos riboreguladores IRE regulam o acesso aos eIFs e, eventualmente, aos ribossomas 40S para a tradução através da ligação a metais, o que tem impacto no complexo proteína-RNA e, consequentemente, na expressão genética.

8.6 Conclusões

É necessário encontrar um equilíbrio preciso entre permitir processos celulares essenciais e evitar que o tráfico de ferro celular contribua para a produção de espécies reactivas de oxigénio. O controlo da ingestão, transporte, absorção e utilização do ferro estão todos relacionados. Investigações recentes apontam para uma relação patogénica e terapêutica entre a degenerescência dos neurónios em doenças humanas, em particular doenças neurodegenerativas, e o sistema de sinalização do ferro e do RNA IRP/IRE. Os progressos significativos na compreensão dos processos que regem os níveis de ferro intracelular e sistémico demonstraram que as alterações da homeostase do ferro nos seres humanos estão na origem de numerosas doenças clínicas. Foi demonstrado que a principal fonte de danos nas células e nos tecidos são os danos oxidativos provocados pelo envolvimento do ferro nos processos redox. O ferro induz um ciclo de feedback regulador no qual o produto da biossíntese de proteínas, a ferritina, consome o sinal de ferro. Como resultado, a proteína ferritina reduz a quantidade de ferro livre, aumenta a interação entre o IRP e o ARNm da ferritina e reduz as taxas de biossíntese da proteína ferritina. A elegante família de ARN não traduzido serve de exemplo dos sofisticados processos reguladores de ARN-metal que a natureza pode utilizar para alterar rapidamente a atividade dos genes no citoplasma, salvaguardando a estrutura principal do ADN no núcleo. A influência do metal na ligação proteína/RNA sugere que a escassez destas ligações, tanto quanto sabemos atualmente, é apenas temporária e que ainda existe um grande número destas famílias reguladoras por descobrir.

Referências

1. Guo, B., Yu, Y. e Leibold, E.A. (1994) Iron regulates cytoplasmic levels of a novel iron-responsive element-binding protein without aconitase activity. *J Biol Chem*, 269, 24252-24260.

2. Volz, K. (2008) The functional duality of iron regulatory protein 1. *Current opinion in structural biology*, 18, 106-111.

3. Volz, K. (2021) Conservation in the Iron Responsive Element Family (Conservação na Família de Elementos Responsivos ao Ferro). *Genes (Basileia).* , 12(9):1365. , 1-11.

4. Hentze, M.W. (1996) Iron-sulfur clusters and oxidant stress responses. *Trends Biochem Sci*, 21, 282-283.

5. Hentze, M.W., Castello, A., Schwarzl, T. e Preiss, T. (2018) Um admirável mundo novo de proteínas de ligação ao RNA. *Nat Rev Mol Cell Biol*, 19(5):, 327-341.

6. Theil, E.C. (1994) Iron regulatory elements (IREs): a family of mRNA noncoding sequences. *Biochem J*, 304 (Pt 1), 1-11.

7. Wallander, M.L., Leibold, E.A. e Eisenstein, R.S. (2006) Molecular control of vertebrate iron homeostasis by iron regulatory proteins. *Biochim Biophys Ata*, 1763, 668-689.

8. Muckenthaler, M.U., Galy, B. e Hentze, M.W. (2008) Systemic iron homeostasis and the iron-responsive element/iron-regulatory protein (IRE/IRP) regulatory network. *Annu Rev Nutr*, 28, 197-213.
9. Rouault, T.A. (2006) O papel das proteínas reguladoras do ferro na homeostase do ferro e na doença dos mamíferos. *Nat Chem Biol*, 2(8):, 406-414.
10. Piccinelli, P. e Samuelsson, T. (2007) Evolution of the iron-responsive element. *RNA*, 13, 952-966.
11. Rouault, T.A. e Cooperman, S. (2006) Brain iron metabolism. *Semin Pediatr Neurol*, 13, 142-148.
12. Wallander, M.L., Zumbrennen, K.B., Rodansky, E.S., Romney, S.J. e Leibold, E.A. (2008) Iron-independent phosphorylation of iron regulatory protein 2 regulates ferritin during the cell cycle. *J Biol Chem*, 283, 23589-23598.
13. Khan, M.A., Walden, W.E., Goss, D.J. e Theil, E.C. (2009) A deteção direta de Fe2+ por complexos de RNA mensageiro responsivo ao ferro:repressor enfraquece a ligação. *J. Biol. Chem.*, 284, 30122-30128.
14. Ma, J., Haldar, S., Khan, M.A., Sharma, S.D., Merrick, W.C., Theil, E.C. e Goss, D.J. (2012) O Fe2+ liga-se ao elemento-RNA responsivo ao ferro, alterando seletivamente as afinidades de ligação às proteínas e regulando a repressão e ativação do mRNA. *Proc Natl Acad Sci U S A*, 109, 8417-8422.
15. Vicens, Q., Paukstelis, P.J., Westhof, E., Lambowitz, A.M. e Cech, T.R. (2008) Toward predicting self-splicing and protein-facilitated splicing of group I introns. *RNA*, 14, 2013-2029.
16. Noeske, J., Schwalbe, H. e Wohnert, J. (2007) Ligação de iões metálicos e dobragem induzida por iões metálicos do domínio do aptâmero do riboswitch sensível à adenina. *Nucleic Acids Res*, 35, 5262-5273.
17. Coppins, R.L., Hall, K.B. e Groisman, E.A. (2007) The intricate world of riboswitches. *Curr Opin Microbiol*, 10, 176-181.
18. Martick, M., Horan, L.H., Noller, H.F. e Scott, W.G. (2008) Uma ribozima cabeça de martelo descontínua incorporada num ARN mensageiro de mamífero. *Nature*, 454, 899-902.
19. Shenvi, C.L., Dong, K.C., Friedman, E.M., Hanson, J.A. e Cate, J.H. (2005) Acessibilidade do 18S rRNA em subunidades 40S humanas e ribossomas 80S em concentrações fisiológicas de iões magnésio - implicações para o estudo da dinâmica do ribossoma. *RNA*, 11, 1898-1908.
20. Wang, B., Wilkinson, K.A. e Weeks, K.M. (2008) Alterações conformacionais complexas induzidas por ligandos no ARNt(Asp) reveladas por química SHAPE de resolução de nucleótido único. *Biochemistry*, 47, 3454-3461.
21. Oshikane, H., Sheppard, K., Fukai, S., Nakamura, Y., Ishitani, R., Numata, T., Sherrer, R.L., Feng, L., Schmitt, E., Panvert, M. *et al.* (2006) Structural basis of RNA-dependent recruitment of glutamine to the genetic code. *Science (Nova Iorque, N.Y.)*, 312, 1950-1954.
22. Nelson, J.A. e Uhlenbeck, O.C. (2008) Hammerhead redux: será que a nova

estrutura se adapta aos dados bioquímicos antigos? *RNA*, 14, 605-615.

23. Vogt, M., Lahiri, S., Hoogstraten, C.G., Britt, R.D. e DeRose, V.J. (2006) Ambiente de coordenação de um ião metálico ligado ao local na ribozima hammerhead determinado por espetroscopia 15N e 2H ESEEM. *J Am Chem Soc*, 128(51):, 16764-16770. .

24. Ke, Y., Sierzputowska-Gracz, H., Gdaniec, Z. e Theil, E.C. (2000) O loop interno/bulge e o loop hairpin do elemento responsivo ao ferro do mRNA da ferritina contribuem para a ligação máxima da proteína reguladora do ferro 2 e para a regulação da tradução na família do elemento responsivo ao ferro/proteína reguladora do ferro. *Biochemistry*, 39, 6235-6242.

25. Walden, W.E., Selezneva, A.I., Dupuy, J., Volbeda, A., Fontecilla-Camps, J.C., Theil, E.C. e Volz, K. (2006) Structure of dual function iron regulatory protein 1 complexed with ferritin IRE-RNA. *Science (Nova Iorque, N.Y.)*, 314, 1903-1908.

26. Tibodeau, J.D., Fox, P.M., Ropp, P.A., Theil, E.C. e Thorp, H.H. (2006) A regulação positiva da expressão da ferritina utilizando um ligando de pequenas moléculas ao ARNm nativo. *Proc Natl Acad Sci U S A.* , 103(2):, 253-257. .

27. Wang, Y.H., Sczekan, S.R. e Theil, E.C. (1990) Structure of the 5' untranslated regulatory region of ferritin mRNA studied in solution. *Nucleic Acids Res*, 18, 4463-4468.

28. McNaughton, R.L., Reddi, A.R., Clement, M.H., Sharma, A., Barnese, K., Rosenfeld, L., Gralla, E.B., Valentine, J.S., Culotta, V.C. e Hoffman, B.M. (2010) Probing in vivo Mn2+ speciation and oxidative stress resistance in yeast cells with electron-nuclear double resonance spectroscopy. *Proc Natl Acad Sci U S A.* , 107(35):, 15335-15339. .

29. Walden, W.E., Selezneva, A. e Volz, K. (2012) Acomodando a variedade em elementos responsivos ao ferro: Estrutura cristalina do recetor de transferrina 1 B IRE ligado à proteína reguladora do ferro 1. *FEBS Letters*, 586, 32-35.

30. Gdaniec, Z., Sierzputowska-Gracz, H. e Theil, E.C. (1998) Elemento regulador do ferro e estrutura de laço interno/bulge para o mRNA da ferritina estudados por ligação de hexamina de cobalto(III), modelação molecular e espetroscopia NMR. *Biochemistry*, 37, 1505-1512.

31. Harrell, C.M., McKenzie, A.R., Patino, M.M., Walden, W.E. e Theil, E.C. (1991) Ferritin mRNA: interactions of iron regulatory element with translational regulator protein P-90 and the effect on base-paired flanking regions. *Proc Natl Acad Sci U S A*, 88, 4166-4170.

32. Goforth, J.B., Anderson, S.A., Nizzi, C.P. e Eisenstein, R.S. (2010) Multiple determinants within iron-responsive elements dictate iron regulatory protein binding and regulatory hierarchy. *RNA*, 16, 154-169.

33. Khan, M.A., Ma, J., Walden, W.E., Merrick, W.C., Theil, E.C. e Goss, D.J. (2014) A cinética rápida dos complexos RNA/ proteína reguladora de ferro 1 e IRE-RNA/eIF4F do elemento responsivo ao ferro (IRE) responde de forma diferente aos iões metálicos. *Nucleic Acids Res.*, 42, 6567-6577.

34. Khan, M.A., Walden, W.E., Theil, E.C. e Goss, D.J. (2017) Análises termodinâmicas e cinéticas da ligação do elemento de resposta ao ferro (IRE)-mRNA à proteína reguladora do ferro, IRP1. *Relatórios Científicos*, 7, 1-11.
35. Khan, M.A. e Domashevskiy, A.V. (2021) O ferro aumenta as taxas de ligação e a eficiência translacional do mRNA dos elementos responsivos ao ferro (IREs) com o fator de iniciação eIF4F. *PLoS One*, 16(4), e0250374.
36. Wickiser, J.K., Cheah, M.T., Breaker, R.R. e Crothers, D.M. (2005) The kinetics of ligand binding by an adenine-sensing riboswitch. *Biochemistry*, 44, 13404-13414.
37. Khan, M.A. (2022) O mRNA dos elementos responsivos ao ferro da ferritina (IREs) interage com o eIF4G e ativa a tradução in vitro. *Frontiers in Bioscience (Elite Ed)*, 14(3), 1-11.
38. Wickiser, J.K., Cheah, M.T., Breaker, R.R. e Crothers, D.M. (2005) The Kinetics of Ligand Binding by an Adenine-Sensing Riboswitch. *Biochemistry (ACS)*, 44, 13404-13414.
39. Gozzelino, R. e Arosio, P. (2016) Homeostase do Ferro na Saúde e na Doença. *Int J Mol Sci.*, 17(1):130. .
40. Khan, M.A., Malik, A., Domashevskiy, A.V., San, A. e Khan, J.A. (2020) Interação do mRNA do elemento responsivo ao ferro da ferritina (IRE) com o fator de iniciação da tradução eIF4F. *Spectrochimica Ata Part A: Molecular and Biomolecular Spectrscopy*, 243, 1-10.
41. Khan, M.A., Yumak, H. e Goss, D.J. (2009) Mecanismo cinético para a ligação do eIF4F e do rna do sítio de entrada do ribossoma interno do vírus Etch do tabaco: efeitos do eIF4B e da proteína de ligação poli(A). *J. Biol. Chem.*, 284, 35461-35470.
42. Katsamba, P.S., Myszka, D.G. e Laird-Offringa, I.A. (2001) Duas etapas funcionalmente distintas medeiam a ligação de alta afinidade da proteína U1A ao ARN U1 hairpin II. *J Biol Chem*, 276, 21476-21481.
43. Brantl, S. (2007) Deteção de metais por RNA em bactérias: exceção ou regra? *ACS Chem Biol*, 2, 656-660.
44. Lipfert, J., Das, R., Chu, V.B., Kudaravalli, M., Boyd, N., Herschlag, D. e Doniach, S. (2007) Structural transitions and thermodynamics of a glycinedependent riboswitch from Vibrio cholerae. *J Mol Biol*, 365, 1393-1406.
45. Ke, Y. e Theil, E.C. (2002) Um loop/bulge de mRNA no elemento responsivo ao ferro da ferritina forma-se in vivo e foi detectado por sondagem radicalar com Cu-1,10-fenantolina e pegada de proteínas reguladoras do ferro. *J Biol Chem*, 277(4):, 2373-2376.
46. Ke, Y., Wu, J., Leibold, E.A., Walden, W.E. e Theil, E.C. (1998) Loops e bulge/loops em isoformas de elementos responsivos ao ferro influenciam a ligação de proteínas reguladoras do ferro. Regulação fina da regulação do ARNm? *J Biol Chem*, 273, 2363723640.
47. Hare, D., Ayton, S., Bush, A. e Lei, P. (2013) Um equilíbrio delicado: O

metabolismo do ferro e as doenças do cérebro. *Front Aging Neurosci*, 5:34, 1-19.
48. Goss, D.J. e Theil, E.C. (2011) Iron responsive mRNAs: uma família de riboreguladores sensíveis ao Fe2+. *Acc Chem Res*, 44(12):, 1320-1328. .
49. Theil, E.C. (2015) Os riboreguladores IRE mRNA utilizam o ferro metabólico (Fe(2+)) para controlar a atividade do mRNA e a química do ferro nos animais. *Metalómica: ciência biometal integrada*, 7, 15-24.
50. Tibodeau, J.D., Fox, P.M., Ropp, P.A., E.C., T. e Thorp, H.H. (2006) A regulação positiva da expressão da ferritina utilizando um ligando de pequenas moléculas para o ARNm nativo. *Proc Natl Acad Sci U S A*, 103, 253-257.
51. Khan, M.A. (2020) Análise dos efeitos dos iões e do pH nas interações entre o elemento de resposta ao ferro (IRE) e a proteína reguladora do mRNA-iroina (IRP1). *Current Chemical Biology*, 14, 1-12.

Capítulo 9

Regulação da Tradução do ARNm da Ferritina IRE dependente de eIF4G

A expressão coordenada da ingestão, exportação, armazenamento e distribuição do ferro mantém o equilíbrio dos níveis de ferro celular. Vários mecanismos regulam em diferentes fases, mas a rede reguladora IRP/IRE é a principal responsável pela manutenção do equilíbrio. Ao bloquear o recrutamento do ribossoma para o ARNm, as proteínas reguladoras do ferro (IRPs) ligadas aos IREs perto da estrutura da capa dos ARNm da ferritina inibem a produção de ferritina. Utilizando extractos de germe de trigo empobrecidos, foi demonstrada a função dos factores de iniciação na regulação positiva da síntese proteica do ARNm da ferritina. Os extractos de gérmen de trigo empobrecido aumentaram consideravelmente a síntese de ferritina, ligando-se à estrutura da ansa do caule do ARNm dos elementos responsivos ao ferro na região 5'- não traduzida, quando foi adicionado ao ARNm polyA+ cap/uncapped suplementado com eIF4G, uma subunidade principal do eIF4F. A suplementação exógena de eIF4G aumentou preferencialmente a tradução do ARNm da ferritina em lisado de germe de trigo deficiente, como demonstrado por testes de síntese proteica. Por outro lado, a tradução do ARNm da ferritina com tampa é muito mais elevada do que a tradução do ARNm do IRE sem tampa reforçada pelo eIF4G. A suplementação com ferro aumentou ainda mais a tradução do ARNm da ferritina (com e sem tampa), demonstrando o papel do eIF4G e do ferro como potenciadores positivos fortes da tradução do ARNm da ferritina. O ARN do IRE da ferritina apresenta uma interação robusta com o eIF4G, mas não com o eIF4E, de acordo com estudos de fluorescência. A ligação da ferritina IRE ao eIF4G foi consideravelmente reforçada pelo ferro, de acordo com estudos de equilíbrio de ligação. Com o aumento da temperatura, aumenta a constante de dissociação da ligação do ARN IRE ao eIF4G. O IRE RNA da ferritina utiliza diferentes energias de ligação para se ligar ao eIF4G, de acordo com um parâmetro termodinâmico. O aumento da quantidade de ferro nas células promoveu a formação de complexos mais estáveis, aumentando as ligações de hidrogénio e diminuindo as interações hidrofóbicas, o que, por sua vez, promoveu a produção eficaz de proteínas.

9.1 Introdução

A expressão das proteínas codificadas pelo ferro é regulada pelo nível de ferro celular através do ARNm dos elementos responsivos ao ferro (IREs) na região 5'-untranslated (UTR). Tanto a 3'-UTR como a 5'-UTR incluem IREs. As proteínas reguladoras do ferro (IRPs) funcionam como um modulador pós-transcricional da proteína que expressa o ARNm com base na colocação de IREs na região não traduzida do ARNm alvo (1). A estrutura de 30 nucleótidos do laço do caule dos IREs é extremamente conservada e é necessária para a interação do IREs-mRNA na 5'-UTR com o IRP1 para sintetizar a proteína ferritina. A haste é estabilizada por um laço assimétrico, uma protuberância de citosina na hélice inferior, um emparelhamento de bases na hélice superior e um pseudo-tri laço com a sequência

CAGUGX (C designado A, C ou U) (2). O ferro pode ter efeitos opostos no metabolismo; dependendo da localização do IRE - a 3'- ou 5'-UTR - pode funcionar como potenciador ou repressor da tradução (3). A investigação demonstrou que a tradução independente do IRP resulta da remoção da estrutura do laço de caule dos IREs (4). A regulação do ferro, o transporte de ferro e a tradução das proteínas de armazenamento de ferro podem ser promovidos ou inibidos por uma perturbação no teor de ferro celular, o que pode desestabilizar a relação IRE-IRP (5). Consequentemente, o aumento dos níveis de ferro no tecido cerebral perturba a via de sinalização dependente de IRE, que causa direta ou indiretamente a agregação das proteínas precursoras da doença de Alzheimer e a morte dos neurónios nas doenças de Alzheimer (6). Tanto o equilíbrio celular como o equilíbrio sistémico do ferro são essenciais e a desregulação do ferro pode causar danos oxidativos e morte celular em doenças como a esclerose múltipla, a doença de Alzheimer, a doença de Parkinson, a ataxia de Friedreich e a neuroferritinopatia (7). Níveis elevados de ferro no cérebro têm sido associados a uma série de doenças do sistema nervoso central. Verificou-se que o cérebro dos doentes de Alzheimer contém níveis de ferro superiores aos normais (8, 9). O armazenamento e o transporte de ferro são alterados em resultado da perturbação da formação de complexos entre as proteínas reguladoras do ferro e os componentes que respondem ao ferro, causada pela acumulação excessiva de ferro nas amilóides dos doentes de Alzheimer (10).

Nos eucariotas, vários eIFs devem trabalhar em conjunto para iniciar a tradução. O complexo de ligação ao cap, eIF4F, é um dos complexos proteicos necessários. O contacto entre o eIF4F e a porção 5'-cap do ARNm desencadeia uma sequência de acções designada por "iniciação" (11, 12). Os componentes do eIF4F, o fator eucariótico de iniciação da tradução, são o eIF4E, o eIF4G e o eIF4A. A síntese proteica é iniciada pela interação do ARN com o eIF4E e o eIF4G. Enquanto o eIF4A desenrola a estrutura secundária do mRNA na 5'-UTR para facilitar a ligação dos ribossomas, a subunidade minúscula eIF4E interage com a estrutura da capa do 5'-mRNA (13). O grande componente proteico multidomínio eIF4G interage com vários outros factores de iniciação da tradução em sequências 5'-leader para facilitar o rastreio do ribossoma 40S até ao códão de iniciação AUG apropriado e iniciar a tradução do ARNm (11, 14). Existem vários locais de ligação para o ARN e outros FEIE nos domínios funcionais do FEIE4G (12, 15), que, através de uma variedade de interações entre proteínas e ARN, é principalmente responsável pela ligação dos ribossomas, pela circularização do ARNm e pela melhoria da eficiência da tradução do ARNm. Foi demonstrado anteriormente que o ARN do IRE interage tanto com a proteína IRP1 como com o eIF4F (13, 16). O ferro adicional suprime as ligações IRP/ARN IRE para promover a tradução, melhorando também as interações eIF4F-ARN IRE. O ARN da ferritina IRE interage fortemente com o eIF4G, mas não com o eIF4E, e verificou-se que a afinidade de ligação do início da tradução do eIF4G com o ARN da ferritina IRE está relacionada com a eficiência da tradução. Além disso, a tradução do ARNm da ferritina IRE in vitro foi acentuadamente aumentada após a adição de eIF4G exógeno ao lisado de germe de trigo deficiente (17).

9.2 Os eIF4G controlam positivamente a tradução do ARNm da ferritina

IRP, uma proteína repressora reguladora específica, e eIF4F, um fator de iniciação da tradução que se liga a todos os mRNAs, são os dois tipos de proteínas que se sabe regularem a função do mRNA IRE. IRP1 e IRP2 são as duas IRPs. Tipos de células especializadas variáveis têm proporções variáveis de IRP1 e IRP2. A aconitase mitocondrial, uma proteína de ferro-enxofre que é um componente do ciclo do ácido cítrico nas mitocôndrias, e as proteínas repressoras do ARN do IRP IRE são estruturalmente semelhantes. Ao contrário da IRP2, a IRP1 pode efetivamente ligar-se a um cluster de ferro-enxofre e adquirir atividade de aconitase. Além disso, a IRP1 liga-se a uma gama maior de RNAs IRE, mas a IRP2 liga-se a RNAs IRE de forma mais selectiva. Os locais de fosforilação em cada IRP regulam a renovação das proteínas IRP. Uma de uma classe de proteínas genéricas denominada fator de iniciação eucariótico (eIF) 4F é necessária para iniciar a tradução, ligando-se a mRNAs e ribossomas. Ainda não se sabe exatamente o que acontece e em que ordem a IRP é libertada e é formado um complexo de iniciação com um RNAm IRE. Como há pouca distância entre o início do mRNA e o IRE, várias caraterísticas implicam que as estruturas IRE funcionam em conjunto com outros componentes da estrutura do mRNA (18, 19). Certos mRNAs têm o iniciador AUG incorporado no IRE RNA, como a aconitase mitocondrial. Não se sabe qual o significado funcional do início do IRE. A ligação do eIF4F ao mRNA m7G-cap sinaliza o início da produção de proteínas. A proteína de suporte eIF4G, a proteína de ligação ao ARN eIF4B e a helicase eIF4A formam o complexo supramolecular conhecido como eIF4F, que também pode interagir com o IRP (20). Uma vez que a eIF4G, uma subunidade maior de ligação da eIF4F, se liga ao ARN da ferritina IRE de forma competitiva com a IRP, mostrando que as duas proteínas ocupam os mesmos sítios de ligação ou sítios sobrepostos, pode ajudar a acelerar as respostas aos níveis de ferro celular

(4) . Há ainda muitas questões sobre a forma como é formado um complexo de arranque da síntese proteica ativa. O ARN da ferritina IRE demonstrou anteriormente (4) a sua interação com o eIF4F; no entanto, a especificidade da ligação e as distinções funcionais entre as duas subunidades do eIF4F, eIF4G e eIF4E, na biossíntese de proteínas continuam por esclarecer. Verificámos que o eIF4G apoia a tradução (17) da tradução do ARNm da ferritina luciferase com ou sem tampa no lisado de gérmen de trigo dependente de eIF4F (21). Os testes de tradução foram efectuados utilizando lisado depletado de eIF4F. O Western blot confirmou que os factores de iniciação tinham sido depletados; os níveis de eIF4G e eIF4E foram reduzidos em 95%. Utilizando um lisado de gérmen de trigo depletado e um lisado de gérmen de trigo completo suplementado com as subunidades dos factores de iniciação eIF4G e/ou eIF4E, foi avaliada a tradução do ARNm da ferritina com e sem tampa. Completar um lisado de gérmen de trigo com

ARNm de ferritina, com ou sem tampa, aumentou drasticamente a produção de proteínas. No entanto, o lisado de gérmen de trigo reduzido não permitiu a tradução in vitro quando foi adicionado ARN de ferritina IRE com ou sem tampa (Fig. 1).

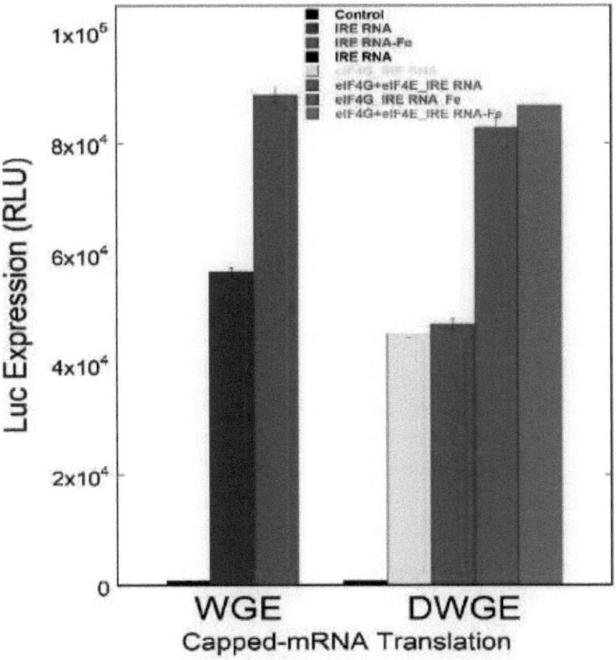

Figura 1. O eIF4G influencia a tradução do mRNA da ferritina em lisado depletado de eIF4F. Retirado da Ref. 21.

A tradução do ARNm da ferritina, com e sem tampa, foi melhorada pela adição de eIF4G ao lisado de germe de trigo empobrecido (Fig. 1), mas não se observou qualquer diferença na tradução quando se adicionou eIF4E ao lisado de germe de trigo empobrecido. A tradução do ARNm da ferritina pode ser totalmente suportada pela presença de ambas as subunidades, eIF4G e eIF4E (complexo misto), como ilustra a Fig. 1. Notavelmente, a eficiência da tradução parece estar mais correlacionada com a subunidade eIF4G do eIF4F do que com a subunidade eIF4E. Isto implica que o componente eIF4G foi crucial para a tradução do germe de trigo. As consequências da tradução oferecem uma produção de proteínas dependente de eIF4G e, através da ligação de eIF4G, o mRNA tapado promove níveis mais elevados de tradução do que o mRNA não tapado. Até às nossas descobertas, não era claro como é que os sinais de ferro celular alteram a afinidade da IRP pelo ARN do IRE e eliminam a repressão da tradução (22, 23). Os efeitos do aumento das concentrações de ferro celular in vivo ou em modelos de células de mamíferos em cultura são semelhantes aos do ferro na produção de proteínas in vitro. Em extractos livres de células, o ferro aumenta a formação da proteína ferritina (4). Duas interações RNA/Proteína IRE são afectadas de forma diferente pela ligação do ferro ao RNA IRE. O repressor IRP separa-se do ARN do IRE após a ligação ao ferro, permitindo que o ARNm seja traduzido em proteína. O eIF4G, uma subunidade do eIF4F, liga-se ao ARN do IRE à medida que o IRP se dissocia, muito provavelmente devido ao facto de os locais do eIF4G (eIF4F) se tornarem visíveis nos ARNs do IRE após a dissociação do IRP. Os ribossomas são recrutados para o ARNm pelo eIF4F depois de o eIF4G se ligar a um ARN do IRE. Descobrimos que a adição de ferro e eIF4G ao lisado de gérmen de trigo deficiente aumenta consideravelmente a tradução do ARNm da ferritina (17). Os riboreguladores do sinal metabólico do ferro são conhecidos como RNAs IRE. Ao alterar a atribuição de mRNAs metabólicos de ferro entre complexos com eIFs estimulantes e IRPs inibitórios, regulam as taxas de tradução.

9.3 A IRP afecta negativamente a tradução do ARNm da ferritina

Interação das proteínas citoplasmáticas com o ARNm IRE A tradução do ARNm da ferritina é regulada negativamente pelo IRP. Ao ligarem-se a uma série de proteínas, os IRE controlam a tradução ou a estabilidade do ARNm em resposta a variações do ferro celular. Existem dois tipos de proteínas de ligação ao ARN: as especializadas (IRP) e as gerais (factores de iniciação eucarióticos). Quando ocorre a ligação IRP, os ARNm com um IRE na região 5'-não traduzida dos transcritos não são traduzidos, enquanto os ARNm com um IRE na região 3'-não traduzida dos transcritos são mais estáveis. Através destes métodos, os IRPs preservam um equilíbrio ideal de ferro intracelular, aumentando a ingestão de ferro celular e diminuindo a exportação e armazenamento de ferro. Foram utilizados sistemas de tradução de ferritina IRE mRNA/IRP regulados por extrato de gérmen de trigo para estudar a base molecular por detrás desta repressão translacional. A nossa equipa desenvolveu um novo protocolo para investigar a montagem de eIFs em mRNA de ferritina controlado. Foi demonstrado que a interação entre o IRE e o IRP da ferritina inibe a tradução do ARNm da ferritina (com e sem tampa) tanto em lisados de germe de trigo deficientes como inteiros suplementados com eIF4G (Fig. 2) (17). A adição de IRP1 reduziu drasticamente a tradução in vitro do ARNm da ferritina (com e sem capa). Estes resultados implicam que o IRP1 se liga preferencialmente ao ARN do IRE da ferritina, o que inibe a tradução. Descobriu-se que, mesmo na presença de IRP1 ligado ao ARNm IRE proximal ao cap, o complexo de ligação ao cap eIF4F reúne-se (20). Uma vez que as ligações em ponte entre eIF4F e a pequena subunidade ribossómica não podem ser criadas na presença de IRP1, o controlo da tradução é prejudicado, tornando esta montagem ineficaz.

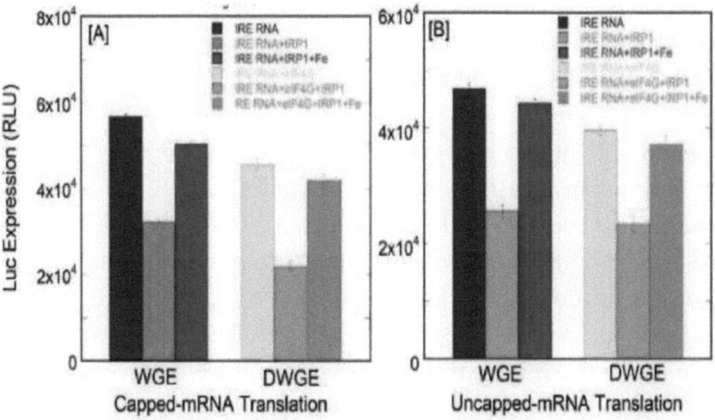

Figura 2. A IRP inibe a tradução do ARNm da ferritina. (A) ARNm da ferritina encapsulado e (B) ARNm da ferritina não encapsulado. Retirado da ref. 17.

Além disso, a adição de ferro no lisado de gérmen de trigo depletado suplementado com eIF4G restaurou a tradução do ARNm da ferritina (tapado/não tapado) através da estabilização do complexo de ARN eIF/IRE (4) e da desestabilização do complexo de ARN IRP1/IRE para promover a tradução (23). Ao fazer com que o IRP1 seja libertado do ARN do IRE e ao promover a ligação dos eIFs, o ferro inverteu o efeito inibitório do IRP1 na síntese proteica (Fig. 2 A e B). O aumento da quantidade de ferro dentro das células resultará numa diminuição da afinidade IRP1/ARN IRE e

aumentou a ligação do eIF4G, a montagem do ribossoma e a tradução do ARNm da ferritina. Independentemente de o ARN do IRE estar tapado ou não, a tradução do ARNm da ferritina aumentou quando o eIF4G foi adicionado ao lisado de germe de trigo deficiente. Por outro lado, nem o nível de tradução do ARNm da ferritina com ou sem tampa foi significativamente alterado pela suplementação com eIF4E. Estas observações parecem corresponder mais à eficiência de tradução com o eIF4G do que à ligação do cap ao eIF4E, uma vez que o eIF4E não consegue ligar-se ao ARN do IRE da ferritina, enquanto o eIF4G interage ativamente com o ARN do IRE. Em comparação com a tradução do ARNm do IRE sem tampa, descobrimos que o eIF4G aumentou a eficiência da tradução dependente da tampa num grau mais elevado (17). Quando o fator de iniciação eIF4G exógeno foi adicionado ao lisado de germe de trigo empobrecido, a tradução do ARNm da ferritina foi recuperada in vitro, indicando que o eIF4G reconhece especificamente o ARNm da ferritina. Além disso, a adição de ferro ao lisado de gérmen de trigo juntamente com eIF4G exógeno resulta numa síntese proteica melhorada, demonstrando que o ferro melhora a afinidade de ligação eIF4G/ARN RIRE. Os IRPs, ou repressores de proteínas, e o eIF4G, ou proteína de ligação ao ribossoma que promove a biossíntese geral de proteínas, são os dois tipos de proteínas a que os IREs se ligam. O ferro regula a rivalidade entre a ligação da IRP e da eIF4G ao ARN do IRE. Estes resultados indicam claramente que a produção da proteína do ARNm dos elementos reguladores da ferritina é positivamente reforçada pelo ferro e pelo eIF4G.

9.4 Ligação do ARNm da Ferritina IRE ao eIF4G

A ferritina IRE liga-se ao eIF4G (eIF4F que contém eIF4E, eIF4G e eIF4A) (17) tão firmemente como se liga ao eIF4F (4) (Fig. 3). A afinidade de ligação do ARN da ferritina com o eIF4F e o eIF4G aumentou cerca de cinco vezes com a adição de ferro (17), um resultado oposto à ligação do IRP1 ao ARN do IRE da ferritina (que é reduzida cerca de 17 vezes) (23). Os complexos IRE RNA-ferro estão, portanto, numa configuração que é favorável à ligação dos eIFs e desfavorável à ligação do repressor IRP quando as quantidades celulares de ferro livre ou fracamente ligado aumentam. Quando o ARN da ferritina IRE interage com o eIF4G, a afinidade de ligação situa-se na gama nanomolar. Descobriu-se que o eIF4G tem apenas um domínio de ligação ao ARN da ferritina IRE.

Enquanto $K_a = 1/K_d$, o equilíbrio de ligação foi registado em K_d e K_a. Quando se avaliam duas metodologias independentes de análise de dados, os resultados coincidem bastante bem. A afinidade de ligação do ARN da ferritina aos factores de iniciação eIF4G e eIF4E foi comparável à do ARNm da beta-globina (24) e a constante de dissociação é várias vezes superior à da interação ARN IRE/eIF4F da ferritina (4). Como observado anteriormente para a interação do eIF4G com a estrutura do laço do caule do ARN do vírus da encefalomiocardite, o ARN da ferritina IRE parece ligar-se seletivamente à subunidade eIF4G, uma vez que não foi encontrada qualquer ligação do eIF4G ao laço do caule de 30 oligonucleótidos do ARN 5S da levedura (um controlo negativo) (24). A investigação anterior que concluiu que a eliminação da capa m7G do IRE da ferritina não alterou a tradução em comparação com o efeito maior da remoção da estrutura do laço do caule do IRE é explicada pela forte interação do IRE-RNA com o eIF4G, mas sem a capa m7G (18).

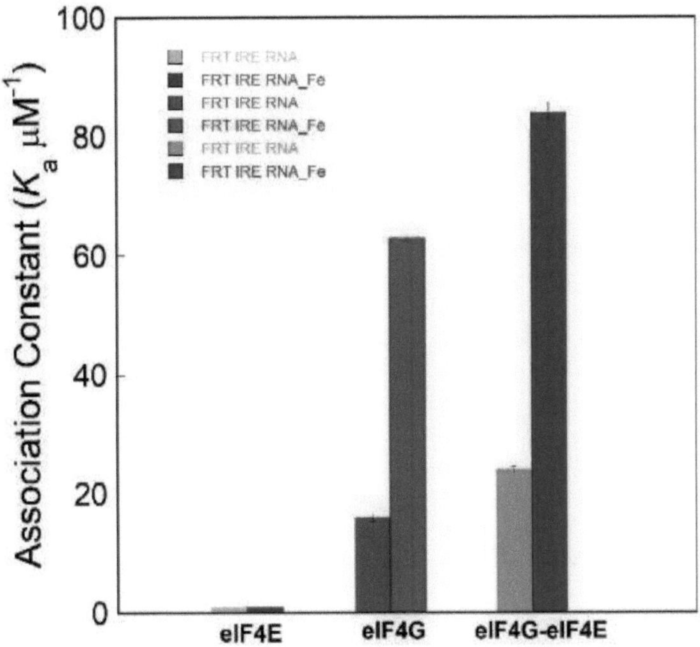

Figura 3. O ferro influencia a ligação da ferritina IRE ao eIF4G. Retirado da ref. 17.

A associação da ferritina IRE-RNA com o eIF4G não foi afetada significativamente pela presença do eIF4E. No entanto, o IRE-RNA da ferritina e o eIF4E não interagiram isoladamente (Fig. 3). De acordo com estes resultados, o ARN da ferritina IRE liga-se preferencialmente ao eIF4G em vez do eIF4E. A ligação da ferritina IRE-RNA ao eIF4G também foi reforçada pelo ferro, de acordo com experiências de equilíbrio. No entanto, a afinidade de ligação do eIF4E ao IRE da ferritina permaneceu inalterada após a adição de ferro. Enquanto o eIF4G se liga fortemente ao ARNm da ferritina, o eIF4E é incapaz de o fazer. De acordo com estes estudos, o ferro aumenta a estabilidade do ARN da ferritina IRE/eIF4G em solução, enquanto enfraquece a ligação do ARN da ferritina IRE/IRP1. Isto promove a libertação do repressor IRP1 e a ligação do eIF4F, o que, por sua vez, aumenta a produção de proteínas.

9.5 Ligação não competitiva do ARN do IRE e do eIF4E ao eIF4G

A ligação do fator de iniciação eucariótico eIF4F à capa m7G do ARNm marca o início da síntese proteica. Uma combinação supramolecular contendo eIF4F, eIF4G e eIF4E é conhecida como eIF4F. A IRP pode potencialmente ser contactada pela proteína de suporte eIF4G (25). Descobrimos (17) que a eIF4G se liga ao ARN do IRE da ferritina sem necessitar de uma interação com a eIF4E, o que indica que não é competitiva. Como já foi referido, o gráfico de Lineweaver-Burk foi utilizado para identificar as caraterísticas das ligações competitivas e não competitivas (26). Os gráficos de Lineweaver-Burk, como ilustrado na Fig. 4, demonstram a ligação não competitiva do ARN da ferritina e do eIF4E ao eIF4G. IRP1 e eIF4F, no entanto, ligam-se ao ARN da ferritina IRE de forma competitiva (4). Os locais de ligação da ferritina IRE e do eIF4E no eIF4G são distintos, de acordo com estudos de fluorescência.

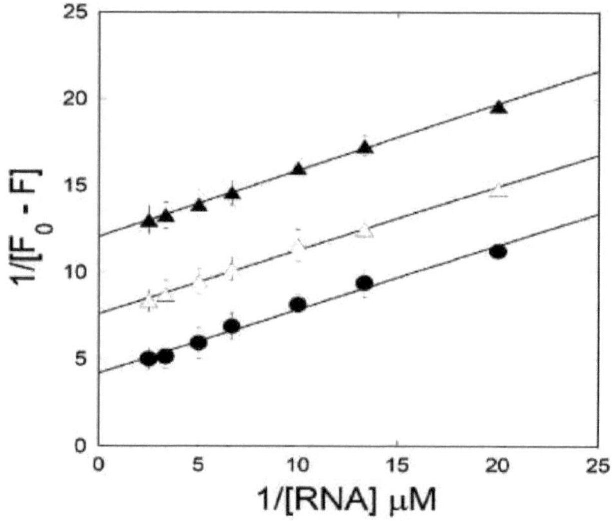

Figura 4. Ligação não competitiva do ARN da ferritina e do eIF4E ao eIF4G. eIF4G titulado com quantidades variáveis de 0,0 eIF4E (—●—) 50 nM eIF4E (—Δ—), e 100 nM eIF4E (—▲—) em função do ARNm da ferritina. Retirado da ref. 17.

Os nossos resultados são consistentes com o modelo cinético anterior, segundo o qual o eIF4G se liga ao eIF4E sem interagir com o eIF3. Porque é que o complexo eIF4F e a helicase eIF4A/eIF4B no mRNA se pré-montam com sucesso, mas a pequena subunidade ribossómica não é recrutada? O relatório demonstrou que a presença de IRP1 impede o estabelecimento de interações entre eIF4G e eIF3. Além disso, o sítio de ligação único do eIF4G no IRP1 impede que o eIF3 e o eIF4G se liguem um ao outro. Quando os sítios de ligação cognatos foram inseridos no mesmo local que o IRE, foi previamente demonstrado (20) que o início da tradução é também inibido por qualquer uma de duas proteínas de ligação ao ARN sem funções conhecidas na tradução eucariótica, a proteína U1A do spliceossoma e a proteína do revestimento do bacteriófago MS1 (27, 28). À luz destes resultados, propomos que o eIF4G recruta a subunidade ribossómica para o complexo eIFs pré-montado a fim de iniciar a síntese proteica e liga o ARN IRE independentemente do eIF4E.

9.6 Termodinâmica do Complexo IRE/eIFs da Ferritina

O ARN da ferritina IRE combina-se com factores de iniciação eucarióticos para formar um complexo. Utilizando a energia de ligação do complexo, foram identificados os tipos de forças envolvidas na formação do complexo entre o ARN da ferritina IRE e os factores de iniciação. Os diferentes parâmetros de energia foram medidos utilizando os dados de afinidade de ligação dependentes da temperatura. É possível inferir algumas informações sobre os tipos de forças e ligações envolvidas na formação de complexos a partir da variação da energia de ligação. Ao examinar os dados de extinção da fluorescência das proteínas, a afinidade de ligação dos complexos eIF4G/IRE e eIF4G-eIF4E/IRE com e sem ferro foi determinada em função da temperatura. O aumento dependente da temperatura da afinidade de ligação do complexo eIF4G/IRE e eIF4G.eIF4E/IRE foi demonstrado pela variação do sinal de intensidade a temperaturas variáveis. O aumento substancial da ligação dos eIFs ao IRE da ferritina foi observado após a adição de ferro. Do mesmo modo, a temperaturas mais baixas, as afinidades de ligação do complexo eIF4G/IRE e eIF4G.eIF4E/IRE na presença de ferro foram maiores. Em todas as temperaturas, observámos que o ferro melhorava a ligação do eIF4G e do eIF4G^eIF4F ao IRE (17). Aplicando valores de constante de dissociação de equilíbrio em função da temperatura, foram calculados parâmetros termodinâmicos para a ligação do ARN da ferritina ao eIF4G e ao complexo eIF4G-eIF4E com e sem adição de ferro. A equação de van der Hoff foi utilizada para examinar os dados de equilíbrio. Os gráficos lnKeq vs. T-1 para a ligação da ferritina IRE ao eIF4G e eIF4G.eIF4E na presença e ausência de ferro são apresentados na Fig. 5. Utilizando o ajuste de gráfico linear, foram calculadas as energias de ligação, a entalpia e a alteração da entropia. A adição de ferro provoca alterações consideráveis nos parâmetros termodinâmicos, na entalpia (AH), na entropia (AS) e na energia livre (AG) dos complexos RNA/eIFs da ferritina IRE. De forma notável, a presença de ferro levou a um aumento considerável da alteração do valor da energia livre para a associação da ferritina IRE com o complexo eIF4G ou eIF4G^eIF4F (17). De acordo com o relatório, as alterações de entalpia e a energia livre de ligação são principalmente indicadores negativos que apoiam a ligação do ARN e da proteína. A participação das forças de ligação entre as proteínas e o ARN é o principal fator que contribui para o sinal e a magnitude dos parâmetros termodinâmicos (29). A síntese do complexo a diferentes temperaturas foi considerada viável e a reação de ligação foi considerada espontânea com base nos valores negativos da energia livre. A reação de ligação foi classificada como exotérmica devido ao seu valor negativo de entalpia. O grande valor negativo de entalpia da formação do complexo indica a presença de ligações de hidrogénio (30).

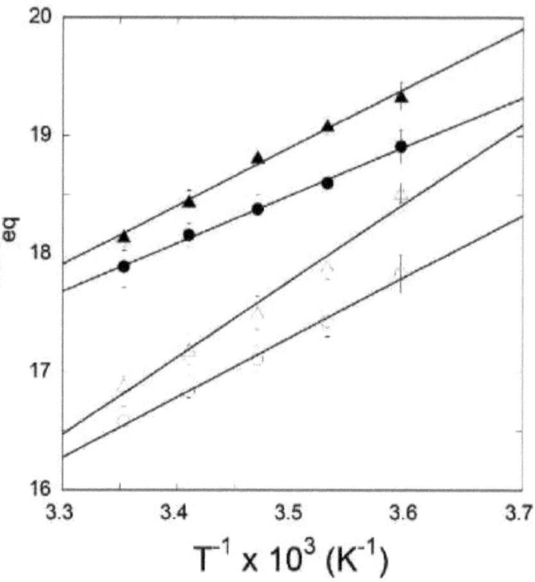

Figura 5. Gráfico de Van't Hoff da ligação do IRE da ferritina ao eIF4G (-O-), eIF4G-Fe $^{2+}$(—●—) eIF4G-eIF4E (—Δ—), e eIF4G-eIF4E-Fe $^{2+}$(—▲—) Retirado da ref. 17.

Contudo, na presença de ferro, um valor de entropia positivo para o ARN eIF4G/IRE e o ARN eIF4G.eIF4E/IRE sugeriu a participação de interações hidrofóbicas. Consequentemente, estes dados publicados (17) indicam que as interações hidrofóbicas e de ligação de hidrogénio são as principais forças actuantes no desenvolvimento do complexo eIF4G/IRE-RNA e eIF4G.eIF4E/IRE-RNA. A energia livre de ligação de eIF4G/IRE-RNA e eIF4G.eIF4E/IRE-RNA muda drasticamente com a adição de ferro. Esta mudança é consistente com uma alteração na energia livre de ligação de cerca de ~9,0, que é o valor normal para duas ligações de hidrogénio não covalentes adicionais (31). O ferro pode facilitar as alterações estruturais nos complexos de ARN eIF4G/IRE e ARN eIF4G.eIF4E/IRE, permitindo a formação de complexos estáveis com factores de iniciação da tradução e, em última análise, promovendo a biossíntese de proteínas, tal como evidenciado pelo aumento da energia livre de ligação para ARN eIF4G/IRE e ARN eIF4G.eIF4E/IRE na presença de ferro.

9.7 O ferro regula positivamente a tradução do ARNm do IRE

Devido ao efeito inibitório do IRP1 na ligação do eIF4G ao ARNm da ferritina, descobrimos que (17) o recrutamento do eIF4G, eIF4A e eIF4B na presença do IRP1 requer a ligação do eIF4E à estrutura do cap. As nossas descobertas também esclarecem um mistério da tradução: a cinética da interação de eIF4G e IRP1 com o ARN do IRE. Esta interação ajuda a explicar o mecanismo de controlo da tradução pelo ferro e pelo IRP1. Para a ordem cinética das interações entre as variáveis iniciadoras, foi sugerida. Antes de interagir com o eIF3 ligado à subunidade ribossómica 40S, o eIF4G forma primeiro uma associação com o eIF4E (32). No entanto, outros investigadores demonstraram que o eIF4G se liga ao eIF4E sem ter de interagir com o eIF3 (25). Os nossos resultados demonstraram a seletividade do eIF4G na interação e estimulação da tradução capped/uncapped do mRNA estruturado da ferritina pelo mRNA IRE da ferritina (17). Até recentemente, não se sabia como o sinal de ferro celular eliminava o repressor translacional (IRP1) e permitia o ativador translacional (eIF4F), ao mesmo tempo que alterava a afinidade do IRP para o ARNm da ferritina IRE (4, 17, 23). Investigámos a forma como a estimulação com ferro funciona como ativador dos factores de iniciação e promove a montagem com o ribossoma e o ARNm para iniciar o processo de tradução, bem como a forma como o IRP actua como inibidor estérico dos factores de iniciação da tradução que alteram o acesso do ribossoma ao ARNm. Mostrámos que o ferro reduz a ligação da ferritina IRE à IRP mas aumenta a afinidade da ligação da ferritina IRE ao eIF4G (4, 23). Assim, a tradução IRE-mRNA que é dependente de eIF4G aumenta. A regulação/repressão do ARNm deve alterar-se rapidamente de modo a reagir a quaisquer alterações no ferro celular. Um relatório anterior (4) mostrou que o eIF4F se liga ao IRE e que esta ligação desempenha um papel crucial no início da tradução do ARNm da ferritina. Segundo dados recentes (33), a ligação eIF4F/IRE está correlacionada com a eficiência de tradução do ARNm da ferritina. Berset *et al* (34) mostraram que o fator de iniciação eIF4G tem três domínios de ligação ao ARN. A eficiência da tradução e a afinidade de ligação in vitro e in vivo são diretamente afectadas pela supressão do domínio eIF4G, que é responsável pela ligação ao ARN. Quando o eIF4G estava presente em vez do eIF4E, a tradução do ARNm da ferritina com e sem tampa em lisados de gérmen de trigo depletados de eIF4F foi mais eficiente, tendo o ARNm com tampa um efeito maior. No lisado de germe de trigo depletado, a adição de eIF4G aumenta drasticamente a tradução do mRNA repórter da ferritina luciferase. Mostrámos (17, 33) que o ARNm da ferritina era incapaz de se ligar ao eIF4E. No lisado de gérmen de trigo que é dependente de eIF4F, a adição de um excesso de eIF4E não teve qualquer efeito na tradução do ARNm da ferritina. Estes resultados mostram que a tradução foi restaurada quando o eIF4G foi adicionado ao lisado de germe de trigo deficiente, indicando que a ligação do eIF4G ao ARNm IRE da ferritina é necessária para a produção de proteínas (17).

Foram apresentadas medições quantitativas entre o ARNm da ferritina IRE e as subunidades eIF4G e eIF4E, a fim de compreender melhor estas relações. Foi demonstrado que o IRE se liga ao fator eucariótico de iniciação da tradução eIF4F (4, 35), mas a especificidade da ligação ao eIF4G e a eficiência da tradução dependente do eIF4G foram investigadas recentemente. Um estudo recente apresenta uma prova direta da interação entre o ARN do IRE da ferritina e o eIF4G. Em comparação com o eIF4E, o ARN da ferritina IRE liga-se mais firmemente ao eIF4G. O ARN da ferritina IRE tem um único sítio de ligação forte no eIF4G, de acordo com os dados de ligação. Os nossos estudos recentes (26), que utilizaram a fluorescência intrínseca da proteína, mostraram que o eIF4F se liga à ferritina IRE mais firmemente do que o eIF4G e que a ligação da ferritina IRE e do eIF4E não é competitiva. De acordo com os resultados obtidos, a ferritina IRE forma um complexo com o eIF4G após a criação do complexo m7G cap/eIF4E. Esta montagem com o eIF4E pode estar envolvida apenas no início da biossíntese da proteína do ARNm da ferritina, possivelmente levando à produção do complexo de pré-iniciação 43S. Foi recentemente demonstrado que as interações entre eIF4F, IRE mRNA e m7G cap (26) apoiam a ideia de que o IRE RNA e o cap se ligam ao eIF4G e ao eIF4E através de uma ligação não competitiva. Descobriu-se que a expressão do ARNm da ferritina é funcionalmente determinada por esta ligação específica ao eIF4G. Parece que as interações eIF4G/ARN RIRE são necessárias para este resultado. De acordo com os dados termodinâmicos, a síntese do ARN eIF4G/IRE e do complexo eIF4G-eIF4E/IRE opõe-se à entropia e é impulsionada pela entalpia. A elevada entalpia de associação está correlacionada com a natureza robusta da ligação entre o ARN IRE e o fator de iniciação 4G. Os parâmetros de energia de ligação que regem a interação entre os eIFs e o ARN IRE da ferritina são notavelmente alterados pelo ferro.

A afinidade de ligação e o valor da energia livre do complexo de ARN eIFs-IRE são ainda aumentados pelo ferro. Esta mudança na energia livre sugere que se formam mais ligações de hidrogénio e pontes de sal entre as moléculas de ARN e de proteína (31, 36). De acordo com estes estudos publicados, a formação do complexo ferritina IRE RNA/eIF4G foi ainda mais estabilizada pela presença de ligações de hidrogénio. Foi demonstrado que a alteração de uma ligação de hidrogénio implica a alteração de toda a conformação de uma molécula (37). O componente eIF4G está encarregado de utilizar as forças de van der Waals, as pontes salinas e as ligações de hidrogénio para se ligar ao ARN (38-40). A tradução efectiva é facilitada pela ligação ribossómica e pela ligação ao ARN. Através da mudança conformacional do eIF4E, a subunidade eIF4E interage diretamente com a capa do mRNA para facilitar os processos de iniciação (41). A modificação estrutural do fator de iniciação eucariótico 4F é causada pela interação entre a ferritina IRE e o eIF4F (26). Assim, estas alterações estruturais oferecem uma localização vantajosa para a formação de complexos estáveis e para uma iniciação bem sucedida da tradução dependente do eIF4G. De acordo com um relatório (42), o ferro melhorou a ligação da ferritina IRE ao eIF4F, aumentou a dissociação da IRP do complexo IRP/IRE-RNA e, subsequentemente, melhorou a tradução ao criar uma plataforma mais estável para os factores de iniciação serem montados. Para uma tradução eficaz do mRNA, o ferro promove a afinidade de ligação do complexo eIF4G/IRE e ajuda na montagem de outros factores de iniciação, incluindo eIF4A, eIF4B, eIF3, PABP e cauda poli-A. Quando considerados coletivamente, estes resultados esclarecem a forma como o eIF4G interage com o IRE da ferritina para promover a tradução que depende do eIF4G. A função de outros factores de iniciação no controlo da tradução é ainda, na sua maioria, desconhecida. O ferro também tem o efeito biologicamente significativo de melhorar a afinidade de ligação do complexo eIF/IRE e facilitar a eficiência da tradução, criando uma plataforma mais estável para o ponto de montagem subsequente de outros factores de iniciação. Esta ligação ocorre durante as variações do sinal de ferro celular.

9.8 Conclusões

Através de interações proteína-RNAm entre a proteína reguladora do ferro (IRP) e os elementos responsivos ao ferro (IREs), o ferro controla a tradução do RNAm da ferritina. A subunidade eIF4G do eIF4F é o alvo específico da interação da estrutura do laço do caule do IRE da ferritina. O ferro aumenta a ligação do eIF4G ao ARN do IRE. O ferro regula a termodinâmica e o equilíbrio da ligação do eIF4G ao ARNm do IRE, o que, por sua vez, impulsiona a síntese proteica dependente do eIF4G. Uma vez que uma maior proporção de moléculas de ARNm-IRE da ferritina foi inactivada por interação com IRP do que as moléculas de ARNm da aconitase quando os níveis de ferro baixaram, a taxa de síntese proteica da ferritina aumenta em resposta a níveis elevados de ferro celular livre mais do que a da proteína de manutenção, a aconitase. A IRP liga-se a IREs individuais encontrados no 5'-UTR da ferritina em células deficientes em ferro para bloquear o início da tradução. Em competição com a estabilização proporcionada pelas ligações de hidrogénio entre o ARN do IRE e o eIF4G, os iões de ferro celulares desestabilizam os complexos ARN/IRP. Ao criar uma plataforma mais estável para o ponto de montagem subsequente de factores de iniciação adicionais, o ferro aumenta a afinidade de ligação do complexo eIF/IRE e promove a eficiência da tradução, realçando o significado biológico desta interação durante as alterações no ambiente celular. Ao ligar o fator de iniciação eIF4G, ocorre uma regulação positiva. Estes resultados revelam um passo regulador crítico na regulação do ferro e lançam luz sobre o controlo da tradução por proteínas de ligação ao mRNA (eIF4G e IRP) ao nível dos factores de iniciação da tradução. Para caraterizar e descobrir outros reguladores envolvidos na homeostase do ferro, será necessária mais investigação. Especificamente, são identificadas áreas-alvo no ARN do IRE, a fim de modificar a regulação da tradução para um potencial futuro desenho de medicamentos para várias doenças neurodegenerativas com regulação incorrecta do ferro, incluindo Parkinson e Alzheimer.

Referências

1. Piccinelli P, Samuelsson T. Evolution of the iron-responsive element. RNA. 2007;13(7):952-66.
2. Rogers JT, Cahill CM. Elementos semelhantes a ferro-responsivos e ferroptose neurodegenerativa. Learn Mem 2020; 27(9):(Aug 17):395-413.
3. Chen SC, Olsthoorn RCL. Relevância da estrutura do pseudotriloop do elemento responsivo ao ferro (IRE) para a ligação do IRP1/2 e validação de estruturas semelhantes ao IRE utilizando o sistema de três híbridos de levedura.

Gene. 2019 710(Aug 20):399-405. .
4. Ma J, Haldar S, Khan MA, Sharma SD, Merrick WC, Theil EC, et al. O Fe2+ liga-se ao elemento-RNA responsivo ao ferro, alterando seletivamente as afinidades de ligação às proteínas e regulando a repressão e ativação do mRNA. Proc Natl Acad Sci U S A. 2012;109(22):8417-22.
5. Pantopoulos K. Iron metabolism and the IRE/IRP regulatory system: an update. Ann N Y Acad Sci. 2004;1012:1-13.
6. Kawahara M, Kato-Negishi M, Tanaka KI. Amilóides: Reguladores da Homeostase Metálica na Sinapse. Molecules. 2020;25(6):1441(Mar 23).
7. Zhang P, Park H-J, Zhang J, Junn E, Andrews RJ, Velagapudi SP, et al. A tradução da proteína a-sinucleína intrinsecamente desordenada é inibida por uma pequena molécula que visa o seu mRNA estruturado. Proc Natl Acad Sci U S A. 2020;117(3):(Jan 21;):1457-67. .
8. Hare D, Ayton S, Bush A, Lei P. Um equilíbrio delicado: O metabolismo do ferro e as doenças do cérebro. Front Aging Neurosci. 2013;5(34):1-19.
9. Zhou ZD, Tan E-K. A via de sinalização da proteína reguladora do ferro (IRP) - elemento responsivo ao ferro (IRE) nas doenças neurodegenerativas humanas. Mol Neurodegener. 2017;12(75):1-13.
10. Zecca L, Youdim MB, Riederer P, Connor JR, Crichton RR. Iron, brain ageing and neurodegenerative disorders (Ferro, envelhecimento do cérebro e doenças neurodegenerativas). Nat Rev Neurosci 2004;5(11):(Nov):863-73.
11. Hershey JWB, Merrick WC. The pathway and mechanism of initiation of protein synthesis, in Translational Control of Gene Expression. Sonenberg N, Hershey JWB, Merrick WC, editores: Cold Spring Harbor Laboratory Press, Plainview, NY; 2000. 33-88 p.
12. Sonenberg N. mRNA 5' cap binding protein and control of cell growth. eds. JWBHea, editor: Cold Spring Laboratory Press, Cold Spring Harbor, NY; 1996. 245-69 p.
13. Merrick WC. Eukaryotic protein synthesis: Ainda um mistério. J Biol Chem. 2010;285:21197-201.
14. Hershey JWB. Controlo da tradução em células de mamíferos. Annu Rev Biochem. 1991;60:717-55.
15. Sonenberg N, Gingras AC. The mRNA 5' cap-binding protein eIF4E and control of cell growth. Curr Opin Cell Biol. 1998;10(2):268-75.
16. Merrick WC. Tradução dependente e independente da tampa em sistemas eucarióticos. Gene. 2004;332:1-11.
17. Khan MA. O mRNA dos elementos responsivos ao ferro da ferritina (IREs) interage com o eIF4G e ativa a tradução in vitro. Fronteiras em Biociência (Elite Ed). 2022;14(3)(17):1-11.
18. Dix DJ, Lin PN, Kimata Y, Theil EC. The iron regulatory region of ferritin mRNA is also a positive control element for iron-independent translation. Biochemistry. 1992;31(10):2818-22.

19. Goossen B, Hentze MW. A posição é o fator crítico determinante para a função dos elementos responsivos ao ferro como reguladores da tradução. Mol Cell Biol. 1992;12(5):1959- 66.
20. Muckenthaler M, Gunkel N, Frishman D, Cyrklaff A, Tomancak P, Hentze MW. A proteína reguladora do ferro-1 (IRP-1) é altamente conservada em duas espécies de invertebrados - caraterização dos homólogos da IRP-1 em Drosophila melanogaster e Caenorhabditis elegans. Eur J Biochem. 1998;254(2):230-7.
21. Gallie D. A tradução independente da capa conferida pelo líder 5' do tobacco etch virus é dependente do fator de iniciação eucariótico 4G. J Virol. 2001;75(24):12141- 52.
22. Khan MA, Ma J, Walden WE, Merrick WC, Theil EC, Goss DJ. A cinética rápida do elemento responsivo ao ferro (IRE) RNA / proteína reguladora do ferro 1 e os complexos IRE- RNA / eIF4F respondem de forma diferente aos iões metálicos. Nucleic Acids Res. 2014;42(10):6567-77.
23. Khan MA, Walden WE, Goss DJ, Theil EC. A deteção direta de Fe2+ por complexos de RNA mensageiro responsivo ao ferro: repressor enfraquece a ligação. J Biol Chem. 2009;284(44):30122-8.
24. Lomakin I, Hellen CUT, Pestova TV. A associação física do fator de iniciação eucariótico 4G (eIF4G) com o eIF4A aumenta fortemente a ligação do eIF4G ao local de entrada ribossómica interna do vírus da encefalomiocardite e é necessária para a iniciação interna da tradução. Mol Cell Biol. 2000;20:6019-29.
25. Muckenthaler M, Gray NK, Hentze MW. A ligação do IRP-1 ao ARNm da ferritina impede o recrutamento da pequena subunidade ribossómica pelo complexo de ligação ao cap eIF4F. Mol Cell. 1998;2(3):383-8.
26. Khan MA, Malik A, Domashevskiy AV, San A, Khan JA. Interação do mRNA do elemento responsivo ao ferro da ferritina (IRE) com o fator de iniciação da tradução eIF4F. Spectrochimica Ata Parte A: Espectroscopia Molecular e Biomolecular. 2020;243(118776):1-10.
27. Stripecke R, Oliveira CC, McCarthy JE, Hentze MW. Proteínas que se ligam a sítios da região não traduzida 5': um mecanismo geral para a regulação translacional de mRNAs em células humanas e de levedura. Mol Cell Biol. 1994;14(9):5898-909.
28. Stripecke R, Hentz MW. As proteínas bacteriófagas e spliceosomais funcionam como repressores cis/trans dependentes da posição da tradução do mRNA in vitro. Nucleic Acids Res. 1992;20:5555-64.
29. Ross PD, Subramanian S. Thermodynamics of protein association reactions: forces contributing to stability. Biochemistry. 1981;20(11):3096-102.
30. Tayyab S, Sam SE, Kabir MZ, Ridzwan NFW, Mohamad SB. Estudo da interação molecular de um fármaco anticancerígeno, o ponatinib, com a albumina do soro humano, utilizando métodos espectroscópicos e de acoplamento molecular. Spectrochimica Ata Parte A: Espectroscopia Molecular e Biomolecular. 2019;214(5 May):199-206.

31. Kuntz ID, Chen K, Sharp KA, Kollman PA. A afinidade máxima dos ligandos. Proc Natl Acad Sci U S A. 1999;96(18):9997-10002.
32. Haghighat A, Svitkin Y, Novoa I, Kuechler E, Skern T, Sonenberg N. O complexo eIF4G-eIF4E é o alvo da clivagem direta pela proteinase 2A do rinovírus. J Virol. 1996;70(12):8444-50.
33. Khan MA, Domashevskiy AV. O ferro aumenta as taxas de ligação e a eficiência translacional do mRNA dos elementos responsivos ao ferro (IREs) com o fator de iniciação eIF4F. PLoS One. 2021;16(4)(Apr 21):e0250374.
34. Berset C, Zurbriggen A, Djafarzadeh S, Altmann M, Trachsel H. RNA-binding activity of translation initiation fator eIF4G1 from *Saccharomyces cerevisiae*. RNA. 2003;9:871-80.
35. Khan MA, Goss DJ. Poly(A)-binding protein increases the binding affinity and kinetic rates of interaction of viral protein linked to genome with translation initiation factors eIFiso4F and eIFiso4F.4B complex. Biochemistry. 2012;51(7):1388-95.
36. Pace CN, Shirley BA, McNutt M, Gajiwala K. Forces contributing to the conformational stability of proteins. FASEB J. 1996;10(1):75-83.
37. Carberry SE, Rhoads RE, Goss DJ. A spectroscopic study of the binding of m7GTP and m7GpppG to human protein synthesis initiation fator 4E. Biochemistry. 1989;28:8078-83.
38. Tomoo K, Shen X, Okabe K, Nozoe Y, Fukuhara S, Morino S, et al. Caraterísticas estruturais do fator de iniciação humano 4E, estudadas por análises de cristais de raios X e simulações de dinâmica molecular. J Mol Biol. 2003;328(2):365-83.
39. Marcotrigiano J, Burley SK. Structural biology of eIF4F: mRNA recognition and preparation in eukaryotic translation initiation. Adv Protein Chem. 2002;61:269-97.
40. Slepenkov SV, Korneeva NL, Rhoads RE. Mecanismo cinético para a montagem do complexo m7GpppG.eIF4E.eIF4G. J Biol Chem. 2008;283(37):25227-37.
41. Kiraga-Motoszko K, Niedzwiecka A, Modrak-Wojcik A, Stepinski J, Darzynkiewicz E, Stolarski R. Termodinâmica do reconhecimento molecular do mRNA 5'cap pelo fator de iniciação eucariótico 4E da levedura. J Phys Chem B. 2011;115(27):8746-54.
42. Khan MA, Walden WE, Theil EC, Goss DJ. Thermodynamic and kinetic analyses of iron response element (IRE)-mRNA binding to iron regulatory protein, IRP1. Relatórios Científicos. 2017;7(1):1-11.

Capítulo 10

Regulação da tradução do ARNm pela ligação do eIF4F na deteção do ferro

As actividades metabólicas importantes e a homeostase do ferro estão intimamente relacionadas, uma vez que o ferro é necessário para muitos processos celulares essenciais. As doenças que afectam direta ou indiretamente o metabolismo do ferro são problemas de saúde graves, incluindo doenças neurodegenerativas como a doença de Parkinson e a doença de Alzheimer. As secções não traduzidas do ARNm das proteínas envolvidas na homeostase do ferro contêm componentes que respondem ao ferro. Os IREs ligam-se a dois tipos diferentes de proteínas: eIF4F, que se liga aos ribossomas e promove a síntese proteica geral, e IRPs, que são sequências relacionadas com a aconitase mitocondrial e funcionam como repressores proteicos. A síntese proteica começa cedo, quando o mRNA dos elementos responsivos ao ferro (IRE) interage com a maquinaria de tradução. Ao construir um complexo com o fator de iniciação eucariótico eIF4F, o ARNm da ferritina demonstrou uma taxa de associação de ligação mais elevada do que o ARNm da aconitase mitocondrial IRE. Uma maior ligação preferencial ao ARNm da ferritina foi demonstrada pela adição de ferro, que aumentou as taxas de associação e diminuiu as taxas de dissociação para ambos os ARNs IRE. O aumento da expressão proteica in vitro foi associado às taxas de ligação de ambos os complexos IRE RNA com eIF4F. A tradução de ambos os RNAs IRE foi acentuadamente aumentada no lisado de germe de trigo depletado pela presença de ferro e eIF4F. Esta variação aumenta as taxas de associação de ligação do complexo eIF4F-RNA, que por sua vez promove a tradução através de respostas graduais ao ferro in vivo. Também discutimos as taxas de ligação dependentes da temperatura do ARN do IRE com o eIF4F e examinamos o mecanismo de controlo da ligação do ARN do eIF4F. Quando o ferro foi adicionado, a energia de ativação para a criação do complexo proteína-RNA diminuiu, criando uma plataforma estável na qual a produção de proteínas pode começar. A redução da barreira energética faz com que o complexo proteína-RNA se associe mais rapidamente e se dissocie mais lentamente, favorecendo a produção efectiva de proteínas. Consequentemente, é possível que a adição de ferro provoque uma formação rápida, estável e vantajosa do complexo que instrui o sistema regulador sobre a melhor forma de reagir aos níveis de ferro celular. Estes resultados revelam um passo regulador crítico na homeostase do ferro e lançam luz sobre a cinética, os mecanismos e a regulação translacional da ligação do eIF4F aos RNAs IRE da ferritina e da aconitase mitocondrial.

10.1 Introdução

Numerosas funções fisiológicas, como o transporte de oxigénio, o metabolismo do ADN e a produção de energia celular, dependem do ferro. Numerosas doenças estão associadas a uma desregulação do metabolismo do ferro, que pode levar a um excesso ou a uma carência de ferro. Em condições fisiológicas, o ferro existe numa variedade de estados oxidativos entre os quais alterna. Apesar de ser pouco solúvel em água, o ferro férrico (III) mantém-se estável. Em contrapartida, a transferrina e outras proteínas actuam como ligandos do ferro férrico, ajudando-o a ultrapassar os problemas de solubilidade e a garantir uma elevada biodisponibilidade. Isto permite o transporte seguro do ferro férrico numa condição redox-inativa. Por outro lado, o ferro ferroso (II) tem uma elevada reatividade e é solúvel em água, o que aumenta o seu potencial de destruição quando é demasiado predominante. O ferro ferroso provoca a reação de Fenton, que produz espécies reactivas de oxigénio. Isto acaba por causar danos celulares, morte celular e falência de órgãos, afectando principalmente o sistema nervoso central, o fígado, o coração, o pâncreas e a tiroide (1, 2). A saúde humana depende da homeostase do ferro, e as doenças neurodegenerativas podem resultar de problemas de gestão do ferro celular (3). Um teor elevado de ferro no cérebro está associado a várias doenças, incluindo a ataxia de Friedreich, a doença de Parkinson e a doença de Alzheimer (4, 5). No cérebro, o ferro é necessário para uma série de processos fisiológicos, incluindo a produção de energia, a síntese de neurotransmissores, a mielinização dos neurónios e as actividades mitocondriais (6, 7). A absorção, o transporte e/ou o armazenamento de ferro são fortemente regulados a nível translacional através da via de sinalização das proteínas reguladoras do ferro (IRPs), apesar da existência de mecanismos de regulação do ferro a nível transcricional da expressão genética (8, 9). As IRPs ligam-se aos elementos responsivos ao ferro (IREs) para regular a homeostase do ferro. Os IREs são estruturas de 30 nucleótidos em forma de stemloop que consistem numa protuberância de citosina a meio do tronco (C8), uma hélice superior de cinco pares de bases, uma hélice inferior variável e um pseudo-tri-loop terminal (CAGUGX) (10, 11) (Fig. 1). Os IREs podem estar situados nas regiões 5'- ou 3'- não traduzidas (UTRs) dos mRNAs alvo (10, 12). Dependendo da localização dos IREs, as interações IRE/IRP regulam tanto a tradução como a degradação do mRNA. As proteínas IRP ligam-se com força diferente aos IREs da família IRE RNA (13), criando um conjunto gradual de respostas do mRNA às flutuações do ferro *in vivo*. A eliminação do IRE de 30 nt leva à remoção da modulação IRP e reprime a taxa de síntese proteica independente do IRP (13). Ao impedir a formação do complexo ARNm-ribossoma, a ligação do IRP ao IRE (que se encontra no 5'-UTR do ARNm alvo) inibe a tradução do ARNm em células deficientes em ferro (8, 14). Por outro lado, o ferro liga-se tanto aos IRPs como aos IREs em células com níveis elevados de ferro, causando alterações conformacionais que facilitam a separação dos IRPs do mRNA alvo. Como resultado, a mensagem torna-se mais estável e a produção de proteínas é melhorada (8).

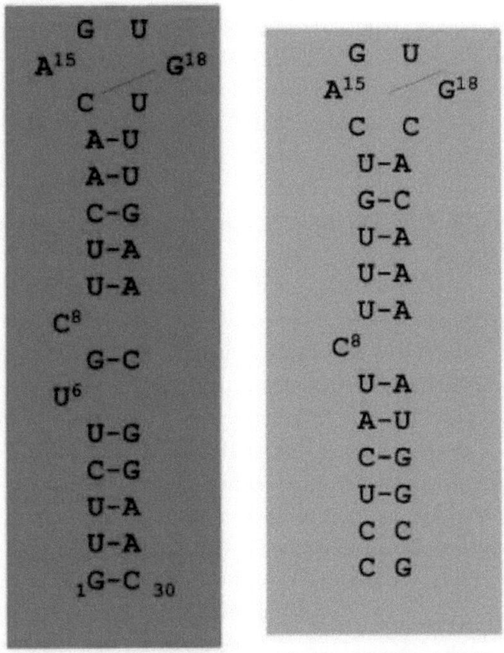

FRT IRE RNA ACO2 IRE RNA

Figura 1. Estruturas secundárias dos IREs da ferritina e da aconitase mitocondrial.

Quantidades elevadas de ferro na célula podem impedir a ligação IRP/IRE e incentivar a tradução da ferritina e da ferroportina, o que enfraquece os ARNm para o recetor da transferrina e o transportador de metais divalentes (8). Como resultado, a perturbação da via de sinalização IRP/IRE provocada pelos níveis elevados de ferro compromete a homeostase do ferro, o que, por sua vez, conduz à agregação de proteínas e à morte neuronal observadas nas doenças de Alzheimer e de Parkinson (15, 16). As proteínas envolvidas dobram-se mal, formando fibrilhas que se espalham pelos neurónios do cérebro. Um dos principais factores que influenciam a taxa de fibrilhação e a neurotoxicidade da proteína precursora amiloide (APP) na doença de Alzheimer e da a-sinucleína na doença de Parkinson é o nível de expressão destas proteínas (16, 17). Um método potencialmente eficaz de demonstrar o curso da doença de Alzheimer e de Parkinson consiste em suprimir seletivamente a tradução do ARNm, visando o ARN mensageiro que codifica a APP e/ou a a-sinucleína (18). O nosso relatório anterior (13) revelou um novo mecanismo para a regulação da tradução do ARNm induzida pelo ferro. O ferro aumenta a afinidade de ligação do fator eucariótico de iniciação da tradução eIF4F ao 5'-UTR do ARNm do IRE, importante para a expressão da proteína. Sugeriu-se que a ligação do ferro ao ARN do IRE induz alterações estruturais no ARN,

diminuindo assim a ligação IRP-RNA. Isto resulta numa ligação facilitada do eIF4F, conduzindo a um complexo estável de iniciação da tradução (13). A ligação da porção 5'-cap do ARNm ao eIF4E, a subunidade pequena do eIF4F, inicia a síntese proteica nos eucariotas (19, 20). A subunidade maior do eIF4F, o eIF4G, recruta factores de iniciação adicionais (eIF4B, eIF4A e eIF3) que ajudam a desenrolar a estrutura secundária dentro da sequência 5'-leader, permitindo a varredura do ribossoma 40S; o complexo eIF4F é estabilizado pela proteína de ligação poli-(A); e o eIF3 facilita a ligação da subunidade ribossómica 40S e a tradução do ARNm (21, 22). Pensa-se que o eIF4F, o eIF4A e o eIF4B trabalham em conjunto para desenrolar eficazmente a estrutura secundária na 5'- UTR do ARNm (23). A circularização funcional do ARNm, que é necessária para uma tradução eficaz, é incentivada por estes factores de iniciação. As estruturas de ARNm não codificantes desempenham um papel significativo nas taxas de iniciação da tradução e nos níveis de expressão genética das células eucarióticas. Um exemplo é a capacidade do ARN do IRE de se ligar tanto a um potenciador geral da síntese proteica (eIF4F) como a um inibidor específico da síntese proteica (IRP) (13, 24). Verificámos que os iões metálicos diminuem a estabilidade do IRP/IRE e, simultaneamente, aumentam a ligação eIF4F/IRE (13, 24). A cinética da ligação das proteínas e o impacto dos níveis de ferro nesta ligação determinarão se se forma um complexo ativador (eIF4F/IRE) ou um complexo repressor (IRE/IRP). Um fator essencial na ligação do ARN do IRE são as alterações conformacionais na estrutura do IRP (25). Duas moléculas de ARN do IRE ligam-se a um único IRP através de contactos comparáveis da área de superfície ARN-proteína. No entanto, as conformações das suas alças são diferentes (26), o que sugere a existência de diferentes mecanismos de ligação influenciados pela plasticidade conformacional do ARN e da proteína. De acordo com os relatórios (13, 24), o ARN do IRE forma um complexo estável através da interação com o IRP e a proteína de iniciação da tradução eIF4F. A ligação do ARN da ferritina IRE é competitiva entre a IRP e a eIF4F. Estes resultados implicam que uma fase essencial na regulação do ferro na biossíntese de proteínas é a interação do ARN do IRE com o eIF4F. Também analisámos os parâmetros cinéticos dependentes da temperatura que se correlacionam com
eficiência translacional na interação entre a ferritina e o RNAm da aconitase mitocondrial IRE com o eIF4F. Quando ambas as moléculas de RNA IRE se ligam ao IRP, o ferro aumenta as taxas de associação e diminui as energias de ligação (27). Adicionalmente, falamos sobre a recuperação da tradução do ARNm da aconitase mitocondrial e da ferritina após a adição de eIF4F exógeno aos extractos celulares depletados.

10.2 Cinética da ligação do eIF4F aos RNAs IRE da ferritina e da aconitase mitocondrial

eIF4F liga-se ao ARN do IRE; o ferro reforça a ligação do eIF4F ao ARN do IRE (13). Em primeiro lugar, pensamos em combinar rapidamente a proteína e o ARN em seringas de fluxo interrompido, a fim de medir a intensidade da fluorescência. Quando ligada ao ARN, o sinal de fluorescência de uma proteína diminui. Foi demonstrado que as taxas de ligação proteína/ARN do RIRE podem ser determinadas até à concentração de saturação do RNA. A primeira seringa tinha a proteína na concentração correta. Por outro lado, uma quantidade pré-determinada de ferro e ARN foi armazenada na segunda seringa. Investigações anteriores documentaram interações entre o ARNm da ferritina e o fator de iniciação eIF4F (13). Falamos também da forma como a temperatura e o ferro afectam a cinética da ligação do eIF4F à ferritina e ao ARN da aconitase IRE mitocondrial, a fim de compreender melhor a seletividade da formação do complexo entre a ferritina e o ARN da aconitase IRE. A Fig. 2 mostra os traços de fluxo interrompido para a mistura rápida de ferritina com o fator de iniciação eucariótico (eIF4F) e o ARN da aconitase mitocondrial IRE (28). Em condições de pseudo-primeira ordem, em que a concentração de proteínas era limitante e o teor de ARN era excessivo, foram avaliadas as taxas de ligação do complexo. Em contraste com o ARN da aconitase mitocondrial, a taxa de associação da ligação do eIF4F ao ARN da ferritina foi demonstrada como sendo mais rápida pelos dados de fluorescência de fluxo interrompido (28). Já referimos anteriormente (13) que os iões metálicos estabilizavam o complexo ARN/eIF4F, enquanto desestabilizavam a estabilidade do complexo ARN/IRP1. Mostrámos ainda a influência do ferro na associação da ferritina e do ARN da aconitase mitocondrial IRE com o eIF4F (Fig. 3). A adição de ferro aumentou a constante de velocidade de ligação para a interação da proteína eIF4F com a ferritina e o ARN da aconitase mitocondrial. Os traços cinéticos seguiram ajustes exponenciais simples ao longo das medições do curso de tempo. Além disso, a análise cinética dependente da temperatura de ambos os RNAs IRE com eIF4F na presença e ausência de ferro foi realizada para determinar as taxas de ligação para as interações RNA eIF4F-IRE.

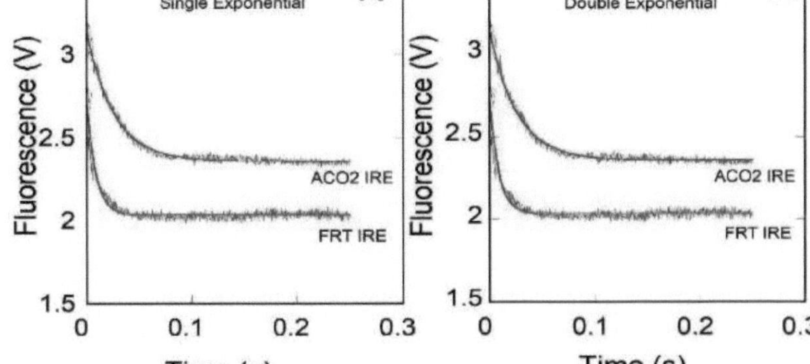

Figura 2. Taxas de associação para a ligação da ferritina e do RNAm da aconitase mitocondrial IRE com o eIF4F. Retirado da ref. 28.

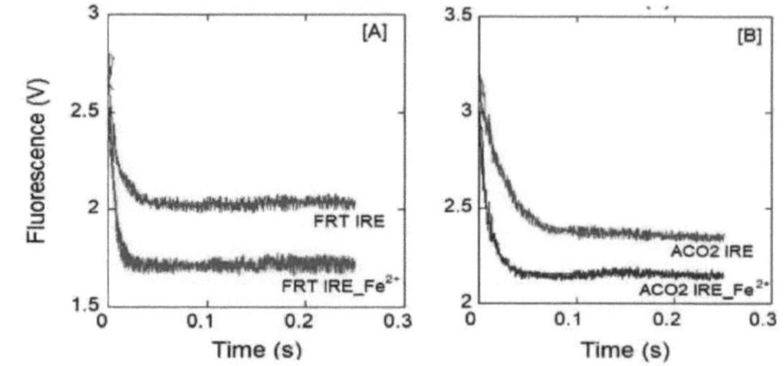

Figura 3. O ferro influencia as taxas de associação da ligação do eIF4F à ferritina e ao RNAm da aconitase IRE. Modificado da ref. 28.

O impacto da temperatura na ligação da ferritina e da aconitase mitocondrial IRE RNA ao eIF4F está representado na Fig. 4. À medida que a temperatura aumentava, também aumentavam as taxas de ligação medidas para as interações entre o eIF4F e o ARN do IRE. De acordo com os relatórios, os dois

As taxas de ligação do ARN do IRE ao eIF4F aumentam com a temperatura e a presença de ferro (28). O ARN da ferritina IRE apresentou consistentemente taxas de ligação mais elevadas do que o ARN da aconitase mitocondrial IRE, com e sem ferro, de acordo com dados cinéticos dependentes da temperatura.

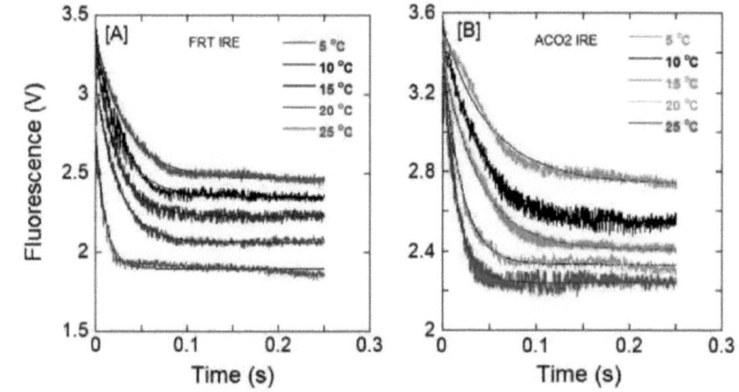

Figura 4. Cinética da ligação do ARN da ferritina e da aconitase mitocondrial ao eIF4F em função da temperatura. Retirado da ref. 28.

As energias de ativação para a ligação da ferritina e da aconitase mitocondrial IRE RNA ao eIF4F foram determinadas utilizando os valores observados da constante da taxa de ligação do IRE RNA ao eIF4F, como mostra o gráfico de Arrhenius da taxa medida versus temperatura (Fig. 5). O ARN da ferritina IRE e o ARN da aconitase mitocondrial IRE com complexos eIF4F têm valores de energia de ativação que foram obtidos ajustando os dados cinéticos dependentes da temperatura ao gráfico da equação de Arrhenius. A barreira energética de ligação para os dois ARN do IRE é consideravelmente alterada pela presença de ferro. A redução da barreira energética de ligação dos dois ARN do IRE em complexo com o eIF4F com a adição de ferro sugere que o ferro induz alterações conformacionais em ambos os complexos ARN do IRE/eIF4F, permitindo que o fator de iniciação da tradução eIF4F se ligue, aumentando subsequentemente a síntese proteica. A influência do ferro nas taxas de dissociação da ferritina e do complexo ARN IRE da aconitase mitocondrial com o eIF4F foi publicada noutro local para ajudar a compreender melhor o mecanismo cinético deste evento (28). Taxas de dissociação do complexo proteína/ARN pré-formado na cuvete de fluorescência que foram obtidas diluindo a amostra com tampão. As taxas de dissociação dos complexos RNA/eIF4F da ferritina e da aconitase mitocondrial foram reduzidas com a adição de ferro (28). Estes resultados sugerem que o ferro pode aumentar especificamente as taxas de associação enquanto diminui as taxas de dissociação de ambos os complexos ARN/proteína IRE. Isto implica que, na presença de ferro, o complexo eIF4F/RNA se desenvolve mais rapidamente e se dissocia mais lentamente.

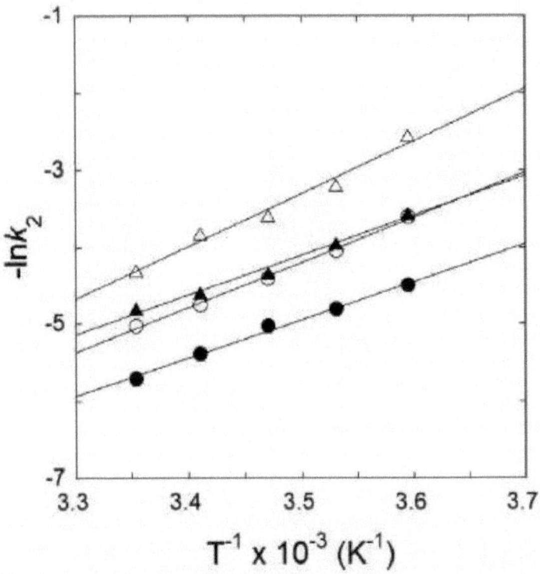

Figura 5. O ferro influencia as energias de ativação para a ligação do ARN da ferritina e da aconitase mitocondrial IRE ao eIF4F. retirado da ref. 28.

10.3 O ferro promove a ligação do complexo de iniciação da tradução ao ARNm do IRE

Investigámos o mecanismo através do qual os estimuladores de ferro se ligam ao ARNm da ferritina e da aconitase mitocondrial e afectam a tradução do ARN repórter da luciferase no extrato de células de germe de trigo sem eIF4F (29). Tanto o extrato celular depletado de eIF4F como o extrato celular completo de lisado de gérmen de trigo demonstraram a eficiência da tradução do ARNm tapado (Fig. 6). A eficiência da tradução do ARNm da ferritina e da aconitase mitocondrial no lisado de gérmen de trigo e no lisado de gérmen de trigo depletado suplementado com eIF4F diferiu significativamente. Quando o ARNm da ferritina foi adicionado, a tradução dos extractos de gérmen de trigo inteiro foi melhorada. A adição de ferro aumentou ainda mais a tradução do ARNm da ferritina com lisado de gérmen de trigo completo (Fig. 6). [7]Para iniciar a síntese proteica, a maioria dos ARNm celulares requer a presença de uma porção de cap no terminal 5' do ARNm para uma ligação eficaz ao complexo de pré-iniciação e ao recrutamento de ribossomas (30). Foi referido que o cap dirige a síntese do ARN da ferritina (31). O ARN da ferritina IRE mostrou uma elevada afinidade de ligação específica ao eIF4F, mesmo sem a capa m^7 G (13); a supressão da capa do ARNm da ferritina IRE afecta a tradução (32). Nas mesmas condições, o ARNm da ferritina foi adicionado a um extrato celular completo de gérmen de trigo e aumentou drasticamente a síntese proteica; no entanto, a síntese proteica não foi afetada quando o mesmo ARN foi adicionado a um extrato deficiente de gérmen de trigo.

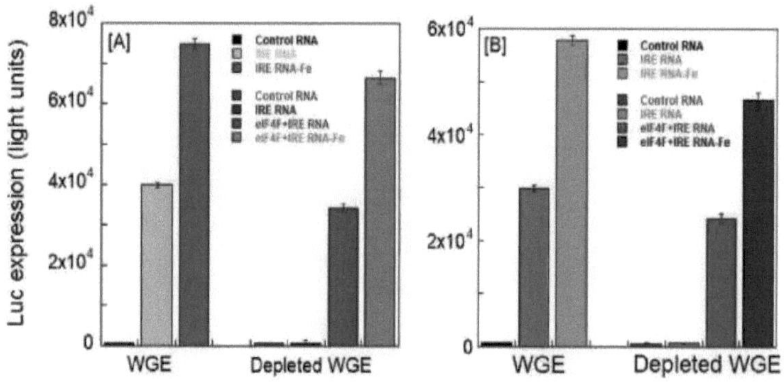

Figura 6. Biossíntese proteica reforçada pelo ferro de (A) ferritina e (B) ARNm da aconitase mitocondrial. Retirado da ref. 28.

Do mesmo modo, a tradução do extrato completo de gérmen de trigo foi acentuadamente amplificada após a adição do ARNm da aconitase mitocondrial IRE. Foi demonstrado que a tradução do ARNm da aconitase era reforçada pela presença de ferro. Por outro lado, a adição de eIF4F ao extrato de gérmen de trigo deficiente aumentou a tradução do ARN repórter da aconitase e da ferritina IRE luciferase. Mostrámos um aumento da tradução no extrato de gérmen de trigo depauperado suplementado com eIF4F na presença de ferro (28). Quando se adicionou eIF4F exógeno ao extrato de gérmen de trigo empobrecido, a tradução do ARN da aconitase mitocondrial e da ferritina com tampa recuperou quase totalmente, demonstrando a importância do eIF4F na síntese proteica in vitro. Os dados dos extractos de germe de trigo empobrecidos demonstram que os IREs não podem funcionar como elementos IRE e necessitam do complexo eIF4F para a tradução.

10.4 Mecanismos de controlo da tradução pelas proteínas de ligação ao ARN do IRE

Numerosos relatórios de uma variedade de organismos eucarióticos demonstraram o controlo da tradução por proteínas repressoras (30, 33, 34). O presente estudo é o primeiro de que temos conhecimento que caracteriza exaustivamente a relação entre um ARNm regulado por uma proteína activadora e o aparelho translacional eucariótico em relação à regulação da tradução do ARNm da ferritina e da aconitase mitocondrial IRE através do eIF4F. Por conseguinte, a questão de saber se e que outros ARNm são controlados de forma semelhante à ferritina e à aconitase mitocondrial continua a ser um tópico de conjetura. Utilizando eIFs parcialmente purificados do germe de trigo, foi demonstrada a função dos factores de iniciação eucarióticos na regulação positiva da síntese proteica do ARNm da ferritina IRE. Foram adicionados eIFs exógenos ao mRNA polyA+ de células de reticulócitos de coelho para aliviar a competição da ferritina com outros mRNAs. A produção de ferritina aumentou consideravelmente quando o lisado de gérmen de trigo empobrecido contendo factores de iniciação foi adicionado ao ARNm traduzido em condições de limitação dos eIFs. O ARNm da ferritina não é traduzido quando o conteúdo de ferro celular é baixo. O ARNm do recetor da transferrina é traduzido e estabilizado simultaneamente (35). Assim, a célula é poupada às despesas de síntese da ferritina quando não há ferro disponível para concentrar ou armazenar, e a captação de ferro é possibilitada pela síntese dos receptores de transferrina. Níveis elevados de ferro provocam a degradação do ARNm do recetor da transferrina e a tradução do ARNm da ferritina, o que permite o armazenamento do ferro e inibe a sua absorção.

Acredita-se que o passo limitador da taxa no início da síntese proteica é a ligação do eIF4F ao ARN do IRE (27). Um componente essencial da homeostase do ferro é o controlo da taxa de tradução do ARNm da ferritina. O aumento das concentrações celulares de ferro diminui simultaneamente a quantidade de moléculas de ARN do IRE ligadas ao IRP e aumenta a proporção de moléculas de ARN do IRE ligadas à proteína eIF4F (13, 24). Consequentemente, há um aumento na síntese de proteínas do mRNA. Tanto a afinidade como a eficiência da tradução das taxas de ligação dependentes da temperatura para as interações do eIF4F com a ferritina e o ARN IRE da aconitase mitocondrial variaram. Relatórios anteriores (13) mostraram que o RNAm IRE da ferritina interage com a proteína eIF4F, e esta interação desempenha um papel importante para o sucesso da tradução dependente de IRE. Os resultados da nossa investigação recente (36), que utilizou a análise de ligação competitiva e o docking molecular, demonstraram que o m7G cap se liga à subunidade eIF4E do eIF4F, enquanto o ARN do IRE se liga preferencialmente à subunidade eIF4G do eIF4F. Foram determinadas as taxas cinéticas relativas de ligação da ferritina e da aconitase mitocondrial IRE à proteína eIF4F, tanto na presença como na ausência de ferro. A ligação selectiva observada entre o ARN da ferritina ou da aconitase mitocondrial IRE ao eIF4F é explicada principalmente pelas variações nas taxas de ligação rápida. Anteriormente (27), mostrámos as taxas a que o ARN da ferritina IRE interage com as proteínas IRP e eIF4F. De acordo com investigações recentes, a temperatura afecta a rapidez com que o IRE se liga à proteína eIF4F, tanto com como sem ferro. Foi demonstrado que o ferro estabiliza o complexo através de interações com o ARN da ferritina IRE e a proteína eIF4F (13). As taxas de ligação do ARN da ferritina IRE à proteína eIF4F são sempre superiores às do ARN da aconitase mitocondrial IRE, de acordo com dados de fluxo interrompido recolhidos a várias temperaturas. O complexo eIF4F/IRE apresentou um aumento de duas vezes na taxa de ligação e uma diminuição de três vezes na taxa de dissociação na presença de ferro. Quando o eIF4F se liga aos RNAs IRE, há variações notáveis nas taxas de associação versus dissociação quando o ferro está presente. A proteína eIF4F compete cineticamente com o IRP pela ligação ao ARN do IRE, como revelam as taxas, e estes resultados favorecem o desenvolvimento e a estabilização do complexo eIF4F-IRE RNA-Fe^{2+} (13).

É interessante notar que o ferro afecta mais profundamente a ligação do RNAm da ferritina IRE ao eIF4F do que a ligação do RNAm da aconitase mitocondrial IRE. O ferro desempenha um papel crucial no sistema regulador IRE/IRP1 ou IRE/eIF4F, um circuito regulador pós-transcricional bem conhecido que não só mantém a homeostase do ferro em várias células como também contribui para o equilíbrio sistémico do ferro. O ferro afecta tanto a associação como a dissociação da ligação da ferritina e da aconitase IRE ao eIF4F. Parece que o ARN da ferritina IRE forma um complexo estável com a proteína eIF4F mais rapidamente do que com o ARN da aconitase IRE mitocondrial, com base na reação rápida da ligação da eIF4F ao ARN da ferritina IRE na presença de ferro. O fator de iniciação da tradução eucariótico sofre alterações conformacionais em resposta a interações com a estrutura em gancho do oligonucleótido do seu ARNm, o que reforça a ligação entre o ARN e os eIFs (37, 38). Utilizando alterações conformacionais semelhantes às observadas quando o IRP se liga ao ARN do IRE, o ferro estabiliza ainda mais o complexo eIF4F/ARN do IRE. Foram observadas diferenças significativas nas barreiras energéticas para a ligação dos ARNm da ferritina e da aconitase IRE ao eIF4F. As energias de ativação para os complexos IRE/eIF4F da ferritina e da aconitase foram reduzidas pela adição de ferro, sugerindo um caminho de barreira energética significativamente mais baixo que promove alterações conformacionais no complexo RNA-IRE eIF4F, que é essencial para a síntese proteica eficaz. Como demonstrámos anteriormente (24, 39), os iões metálicos ajudam a libertar o IRP do complexo IRP/ARN IRE, permitindo a ligação do eIF4F e um aumento da síntese proteica. Assim, o ferro inibe a ligação entre IRP e IRE RNA, ao mesmo tempo que promove a associação ribossoma-IRE RNA que inicia a tradução. O intermediário pode atingir mais rapidamente uma conformação estável porque o ARN-IRE da ferritina tem uma barreira energética mais baixa do que o ARN-IRE da aconitase mitocondrial. A proteína eIF4F sofre alterações conformacionais como resultado da ligação do ARN do IRE (36). O complexo estável é posicionado favoravelmente por estas alterações conformacionais, que aumentam a especificidade e facilitam uma tradução eficiente, dependente do ferro, conduzida pelo ARN do IRE, que é essencial para a regulação do ferro. O ferro cria uma base mais sólida para que o complexo de iniciação continue a reunir-se, o que diminui a dissociação do complexo e melhora a tradução. Foi demonstrado anteriormente (13) que o eIF4F e o IRP se ligam ao ARN do IRE da ferritina de forma competitiva. O nível de ferro celular diminui a ligação IRE/IRP e aumenta a afinidade de ligação eIF4F/IRE, a montagem do ribossoma e melhora a tradução do mRNA da ferritina (13). Também analisamos como a adição de eIF4F exógeno ao lisado de gérmen de trigo depletado de eIF4F aumenta a tradução dependente do ferro. A tradução in vitro do ARNm da ferritina e da aconitase IRE em extractos de gérmen de trigo e em extractos de gérmen de trigo deficientes suplementados com eIFs é grandemente reforçada pelo ferro. De acordo com estas descobertas, a adição de eIF4F exógeno e de ferro a extractos de germe de trigo depauperados resultou na restauração da tradução. Isto apoia a noção de que o ferro é essencial para a ligação do eIF4F ao ARN do IRE, o que, por sua vez, promove a produção de proteínas dependentes do eIF4F. A síntese proteica acelerada in vitro da ferritina e do ARN do IRE da aconitase mitocondrial resulta da ligação estabilizada pelo ferro e da montagem mais rápida do complexo eIF4F/ARN do IRE. Isto indica o significado biológico desta ligação durante as alterações no ambiente celular. Estes resultados realçam a importância do ferro na criação do complexo de ARN eIF4F/IRE, que tem uma vantagem cinética sobre o complexo de ARN IRP-IRE. Uma vez que a proteína eIF4F está presente em ambos os complexos e apenas o RNA IRE difere, as variações estruturais entre a ferritina e os RNAs IRE mitocondriais reflectem-se na estabilidade e nas caraterísticas cinéticas dos complexos proteína/RNA. As discrepâncias notáveis que surgem durante uma síntese proteica induzida pelo ferro in vitro para os ARN do IRE e as variações na sua ligação são, portanto, pelo menos parcialmente, explicadas por variações estruturais nos ARN do IRE (13). Descobrimos que o ARN do IRE reage rapidamente para se ligar às proteínas IRP e eIF4F. O ferro diminui a afinidade da IRP e faz com que o complexo IRP/ARN IRE se dissocie mais rapidamente. O aumento da associação do eIF4F e a diminuição da taxa de dissociação são possíveis graças à rápida libertação da IRP, o que aumenta a síntese proteica do ARNm. Um melhor conhecimento dos papéis desempenhados pelas proteínas eIF4F e IRP na mediação da distribuição celular do ferro pode eventualmente levar a uma nova compreensão dos mecanismos subjacentes às doenças neurodegenerativas e ao desenvolvimento de tratamentos inovadores para as mesmas.

10.5 Conclusões

O ferro desempenha um papel importante nas funções biológicas básicas. O controlo da homeostase do ferro é, por conseguinte, essencial, uma vez que um desequilíbrio do ferro conduz a várias doenças patológicas. Apesar dos recentes progressos significativos na nossa compreensão do metabolismo do ferro, o excesso de ferro continua a ser um grave problema de saúde a nível mundial. Um risco elevado de neurodegeneração e talvez de cancro está associado ao excesso de ferro. A ferroptose, que é uma consequência secundária da sobrecarga de ferro, pode levar à falência de órgãos. O excesso de ferro tem sido associado a várias doenças neurodegenerativas, embora ainda não seja claro se os níveis elevados de ferro são a causa ou o resultado da doença. Os tratamentos que reduzem os níveis sistémicos de ferro e evitam efeitos nocivos incluem a quelação do ferro e a promoção farmacológica da produção de hepcidina. Para ajudar no diagnóstico da doença, no estadiamento e na monitorização do tratamento, é necessária uma compreensão mais profunda da homeostase do ferro e o desenvolvimento de farmacoterapias e biomarcadores inovadores direcionados para o ferro, devido à vasta gama de doenças diversas associadas a um metabolismo do ferro desregulado. O ferro é ligado a uma classe de ARN não codificantes, que promove a produção de proteínas. Dois tipos de proteínas são ligados por RNAs IRE. Os repressores de proteínas conhecidos como IRPs, as sequências relacionadas com a aconitase mitocondrial e a biossíntese de proteínas gerais melhoradas (eIF4F) estão ligados aos ribossomas. O ferro regula a rivalidade entre a ligação do IRP e do eIF4F ao ARN do IRE. A família IRE regula o ARNm, orientando a síntese de várias proteínas envolvidas no metabolismo. Ao ligarem-se a uma série de proteínas - proteínas genéricas de ligação ao ARN, como nucleases ou factores de iniciação - os IRE controlam a tradução ou a estabilidade do ARNm em resposta a alterações na quantidade de ferro no ambiente circundante (IRPs). O IRE nos mRNAs da ferritina liga-se excecionalmente bem aos eIFs quando o IRP não está envolvido, tornando o IRE da ferritina tanto um elemento de controlo positivo da tradução (maior ligação aos eIFs) como um elemento de controlo negativo da tradução (ligação ao IRP). As interações do IRP com os IREs impedem a tradução e a ligação dos ribossomas. A ligação das nuclease é inibida e o ARNm é estabilizado pelas interações IRP com os IREs. Apesar de serem indirectos, os IREs são um fator benéfico de controlo da tradução. A estrutura tridimensional única do IRE parece ser definida por uma dobragem extensa, interações de longo alcance e flexibilidade conformacional. Uma possível utilização da investigação da estrutura dos IRE com complexos de metais de transição é a conceção racional de medicamentos dirigida a estruturas específicas de ARN. Ao centrar-se nas caraterísticas tridimensionais do ARN, é possível tirar partido da especificidade estrutural mais elevada da molécula do que a do ADN e da sua concentração comparativamente mais baixa do que a das proteínas. Nos domínios da biologia estrutural e molecular, a estrutura e a função únicas do IRE têm suscitado grande interesse.

Referências

1. Dixon SJ, Stockwell BR. O papel do ferro e das espécies reactivas de oxigénio

na morte celular. Nat Chem Biol 2014 10(1)(Jan):9-17. .

2. Papanikolaou G, Pantopoulos K. Iron metabolism and toxicity. Toxicol Appl Pharmacol. 2005;202(2):199-211.

3. Costain G, Ghosh MC, maio N, Carnevale A, Si YC, Rouault TA, et al. A ausência da proteína 2 de ligação ao elemento responsivo ao ferro causa uma nova síndrome neurodegenerativa. Brain Behav. 2019;142(5)(May 1):1195-202.

4. Ward RJ, Zucca FA, Duyn JH, Crichton RR, Zecca L. The role of iron in brain ageing and neurodegenerative disorders (O papel do ferro no envelhecimento do cérebro e nas doenças neurodegenerativas). Lancet Neurol. 2014;13(10)(Oct):1045-60.

5. Zecca L, Youdim MB, Riederer P, Connor JR, Crichton RR. Iron, brain ageing and neurodegenerative disorders (Ferro, envelhecimento do cérebro e doenças neurodegenerativas). Nat Rev Neurosci 2004;11(Nov 5):863-73.

6. Hare D, Ayton S, Bush A, Lei P. Um equilíbrio delicado: O metabolismo do ferro e as doenças do cérebro. Front Aging Neurosci. 2013;5(34):1-19.

7. Zhou ZD, Tan E-K. A via de sinalização da proteína reguladora do ferro (IRP) - elemento responsivo ao ferro (IRE) nas doenças neurodegenerativas humanas. Mol Neurodegener. 2017;12(75):1-13.

8. Pantopoulos K. Iron metabolism and the IRE/IRP regulatory system: an update. Ann N Y Acad Sci. 2004;1012:1-13.

9. Zhang DL, Ghosh MC, Rouault TA. As funções fisiológicas das proteínas reguladoras do ferro na homeostase do ferro - uma atualização. Front Pharmacol. 2014;5:124.

10. Piccinelli P, Samuelsson T. Evolution of the iron-responsive element. RNA. 2007;13(7):952-66.

11. Chen SC, Olsthoorn RCL. Relevância da estrutura do pseudotriloop do elemento responsivo ao ferro (IRE) para a ligação do IRP1/2 e validação de estruturas semelhantes ao IRE utilizando o sistema de três híbridos de levedura. Gene. 2019;710(Aug 20):399-405.

12. Rogers JT, Xia N, Wong A, Bakshi R, Cahill CM. Visando os elementos de resposta ao ferro dos mRNAs para a proteína precursora amiloide de Alzheimer e ferritina para tratar a neurotoxicidade aguda de chumbo e manganês. Int J Mol Sci. 2019;20(4):994.(Feb):1-16.

13. Ma J, Haldar S, Khan MA, Sharma SD, Merrick WC, Theil EC, et al. O Fe2+ liga-se ao elemento-RNA responsivo ao ferro, alterando seletivamente as afinidades de ligação às proteínas e regulando a repressão e ativação do mRNA. Proc Natl Acad Sci U S A. 2012;109(22):8417-22.

14. Pantopoulos K. Iron regulation of hepcidin through Hfe and Hjv: Vias comuns ou distintas? Hepatology. 2015;62(6):1922-3.

15. Kawahara M, Kato-Negishi M, Tanaka K. Amyloids: Reguladores da Homeostase Metálica na Sinapse. Molecules. 2020;25(6)(Mar): 1441.

16. Zhang P, Park HJ, Zhang J, Junn E, Andrews RJ, Velagapudi SP, et al. A

tradução da proteína a-sinucleína intrinsecamente desordenada é inibida por uma pequena molécula que visa seu mRNA estruturado. Proc Natl Acad Sci U S A. 2020;117(3)(Jan 21):1457-67.
17. Yang X, Williams JK, Yan R, Mouradian MM, Baum J. O aumento da dinâmica das fibrilas de a-sinucleína por 0-sinucleína leva à redução da semeadura e citotoxicidade. Sci Rep. 2019;9:17579.
18. Nakamori M, Junn E, Mochizuki H, Mouradian MM. Nucleic Acid-Based Therapeutics for Parkinson's Disease (Terapêutica à base de ácidos nucleicos para a doença de Parkinson). Neurotherapeutics. 2019;16(2)(Apr):287- 98.
19. Hershey JWB, Merrick WC. The pathway and mechanism of initiation of protein synthesis, in Translational Control of Gene Expression. Sonenberg N, Hershey JWB, Merrick WC, editores: Cold Spring Harbor Laboratory Press, Plainview, NY; 2000. 33-88 p.
20. Sonenberg N. mRNA 5' cap binding protein and control of cell growth. eds. JWBHea, editor: Cold Spring Laboratory Press, Cold Spring Harbor, NY; 1996. 245-69 p.
21. Gingras AC, Raught B, Sonenberg N. eIF4 initiation factors: effectors of mRNA recruitment to ribosomes and regulators of translation. Annu Rev Biochem. 1999;68:913-63.
22. Tarun SZJ, Sachs AB. Associação da proteína de ligação da cauda poli(A) da levedura com o fator de iniciação da tradução eIF-4G. EMBO J. 1996;15(24):7168-77.
23. Merrick WC. Mechanism and regulation of eukaryotic protein synthesis (Mecanismo e regulação da síntese proteica eucariótica). Microbiol Rev. 1992;56(2):291-315.
24. Khan MA, Walden WE, Goss DJ, Theil EC. A deteção direta de Fe2+ por complexos de RNA mensageiro responsivo ao ferro: repressor enfraquece a ligação. J Biol Chem. 2009;284(44):30122-8.
25. Walden WE, Selezneva AI, Dupuy J, Volbeda A, Fontecilla-Camps JC, Theil EC, et al. Structure of dual function iron regulatory protein 1 complexed with ferritin IRE-RNA. Science (Nova Iorque, NY). 2006;314(5807):1903-8.
26. Walden WE, Selezneva A, Volz K. Accomodating variety in iron-responsive elements: Estrutura cristalina do recetor de transferrina 1 B IRE ligado à proteína reguladora do ferro 1. FEBS Letters. 2012;586:32-5.
27. Khan MA, Ma J, Walden WE, Merrick WC, Theil EC, Goss DJ. A cinética rápida do elemento responsivo ao ferro (IRE) RNA / proteína reguladora do ferro 1 e os complexos IRE- RNA / eIF4F respondem de forma diferente aos iões metálicos. Nucleic Acids Res. 2014;42(10):6567-77.
28. Khan MA, Domashevskiy AV. O ferro aumenta as taxas de ligação e a eficiência de tradução do mRNA dos elementos responsivos ao ferro (IREs) com o fator de iniciação eIF4F. PLoS One. 2021;16(4)(Apr 21):e0250374.
29. Gallie D. Tradução independente de capilaridade conferida pelo líder 5' do

gene etch do tabaco
é dependente do fator de iniciação eucariótico 4G. J Virol. 2001;75(24):12141- 52.
30. Gray NK, Hentze MW. A proteína reguladora do ferro impede a ligação do complexo de pré-iniciação da tradução 43S aos mRNAs da ferritina e do eALAS. EMBO J. 1994;13(16):3882-91.
31. Dix DJ, Lin PN, McKenzie AR, Walden WE, Theil EC. The influence of the base-paired flanking region on structure and function of the ferritin mRNA iron regulatory element. J Mol Biol. 1993;231(2):230-40.
32. Dix DJ, Lin PN, Kimata Y, Theil EC. The iron regulatory region of ferritin mRNA is also a positive control element for iron-independent translation. Biochemistry. 1992;31(10):2818-22.
33. Gray NK, Hentze MW. Regulação da síntese de proteínas pela estrutura do mRNA. Mol
Biol Rep. 1994;19(3):195-200.
34. Gray NK, Pantopoulos K, Dandekar T, Ackrell BA, Hentze MW. Regulação translacional de enzimas do ciclo do ácido cítrico de mamíferos e Drosophila através de elementos responsivos ao ferro. Proc Natl Acad Sci U S A. 1996;93(10):4925-30.
35. Mullner EW, Neupert B, Kuhn LC. Um fator específico de ligação ao ARNm regula a estabilidade dependente do ferro do ARNm do recetor da transferrina citoplasmática. Cell. 1989;58(2):373-82.
36. Khan MA, Malik A, Domashevskiy AV, San A, Khan JA. Interação do mRNA do elemento responsivo ao ferro da ferritina (IRE) com o fator de iniciação da tradução eIF4F. Spectrochimica Ata Parte A: Espectroscopia Molecular e Biomolecular. 2020;243(118776):1-10.
37. Wang Y, Sha M, WY R, van Heerden A, Browning K, Goss D. Alterações conformacionais dependentes do pH e induzidas por ligandos do fator de iniciação da síntese proteica eucariótica eIFiso4F: um estudo de dicroísmo circular. Biochim Biophys Ata. 1996;1297:207-13.
38. Brazzolotto X, Timmins P, Dupont Y, Moulis JM. Alterações estruturais associadas às actividades de comutação da proteína reguladora do ferro humano 1. J Biol Chem. 2002;277(14)(Apr 5):11995-2000.
39. Khan MA, Walden WE, Theil EC, Goss DJ. Análises termodinâmicas e cinéticas da ligação do elemento de resposta ao ferro (IRE) -mRNA à proteína reguladora do ferro, IRP1. Sci Rep. 2017 7(1):8532.(Aug 17):1-11.

MIX
Papier aus verantwortungsvollen Quellen
Paper from responsible sources
FSC® C105338

Printed by Books on Demand GmbH, Norderstedt / Germany